U0142265

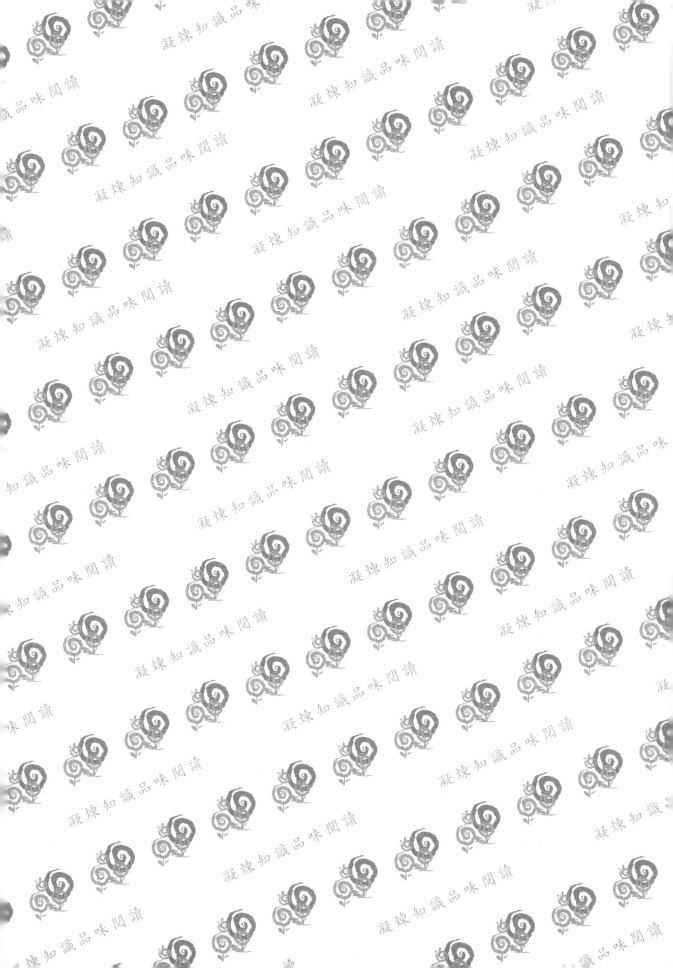

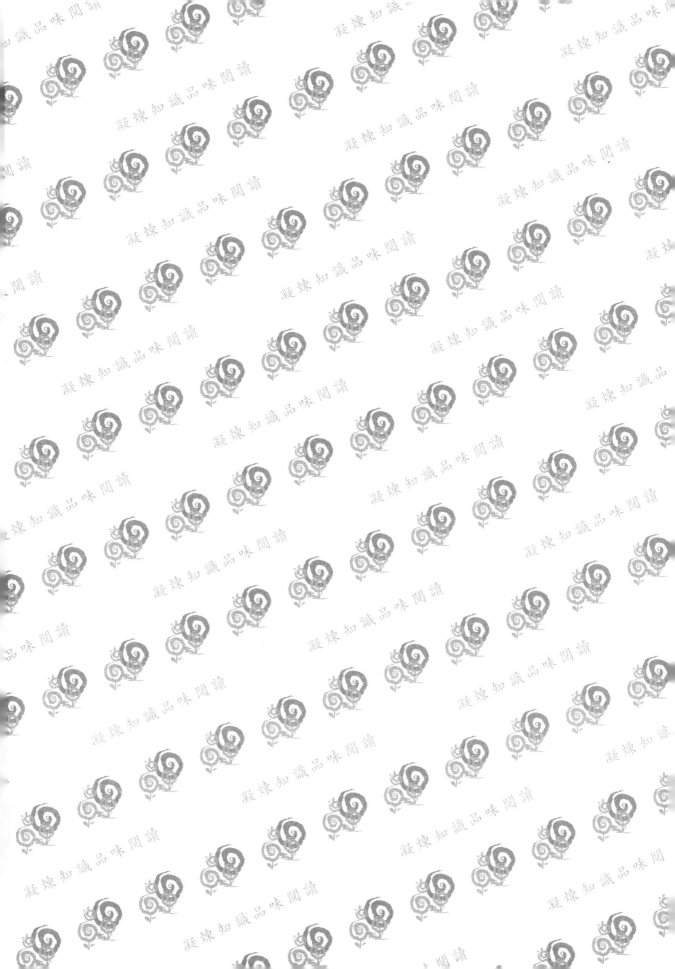

Microprocessor
Using Assembly Language and PIC18 Microcontroller

微處理器
組合語言與PIC18微控制器

曾百由　著

五南圖書出版公司 印行

前 言

　　撰寫本書的目標是希望作為學習資訊工程微處理器或機電控制微控制器的入門書籍，希望在讀者踏出學習的第一步時，可以提供一個有系統的學習材料。有別於近年來著重速成或體驗的微控制器簡短課程，本書希望提供完整的學習材料，利用組合語言並配合低廉的學習工具，讓讀者可以有效且正確地學習微控制器的知識與技術。

　　雖然本書採用較為新近的 PIC18F45K22 微控制器為學習目標，為降低學習的障礙與成本，搭配先前設計的 PIC18（APP 025）微控制器實驗板。由於高度的硬體相容性，有經驗的讀者不但能輕易地藉由些微的調整完成相同的開發工作，也可以藉此了解微控制器新技術的變化與進步。對於新進的讀者，可以根據自己的需求選擇適當的 PIC18F 微控制器功能學習，不需要學習全部的功能。例如，在類比訊號功能的部分，僅以類比訊號轉換器（ADC）為主；加強型波寬調變（PWM）模組或加強型通用同步非同步接收傳輸通訊模組（EUSART），僅以基本功能為目標，降低學習的障礙。

　　因為組合語言是最接近微控制器硬體操作與設計的程式語言，最容易讓讀者了解硬體運作的程序與原理。本書採用組合語言作為教學工具並以此撰寫所有的範例程式，並附上相關程式的流程方塊圖，希望讀者可以藉由每一行的組合語言程式指令了解程式設計與硬體運作的概念。即便讀者不是資訊工程或機電控制相關的專業人員，也希望可以藉由本書的學習建立紮實的基礎後再學習使用高階語言或圖形化工具撰寫程式，以得到最好的微控制器學習效果。

　　本書第一章回顧數位電路相關基礎的觀念；第二章則是對於 PIC18 系列微控制器的功能概況作一個簡略的介紹；第三章則詳細地介紹使用微處理器的相關組合語言指令，作為後續章節範例程式的基礎；第四章則是針對微處理器的記憶體配置與使用做一個完整的介紹，並建立基本的微處理器操作概念；第五章則針對實驗電路板的元件規劃與電路設計做詳細的說明，以便在後續章節配合使用；第六章到第十四章則是針對微處理器各項核心功能與周邊硬體功能與操作方法做詳細的介紹與說明，並配合組合語言範例程式與流程圖的示範引導讀者深入地了解微處理器各個功能的使用技巧與觀念。

　　如果因為教學時程而需要精簡內容時，建議以第二章至第九章為主要內容，再輔助以所需要的其他章節加強學效果。本書使用的 MPLAB X IDE 軟體可以由 Microchip 官方網站免費下載安裝，而且組合語言沒有版本的限制；但是仍然提供使用者本書撰寫時的相關軟體版本、範例程式檔案與參考資料作為學習的依據。雖然本書已提供必要的資料與圖說作為學習的輔助，但是仍然強烈建議讀者應自行閱讀參考文獻中的原廠資料手冊，以避免錯誤或遺漏更新。PIC18 實驗板（APP 025）與燒錄除錯硬體的取得，則可以聯繫 Microchip 台灣分公司（www.microchip.com.tw）。

　　如果因為選用的 PIC18F45K22 微控制器功能較為複雜，建議可以使用 PIC18F4520 微控制器系列的書籍作為入門的啟蒙。如果在學習本書所介紹的各項基礎觀念與技巧後，需要更深入的學習高階的程式開發技巧，可以參考與本書相關的 C 語言程式開發工具書籍的介紹。如果需要更精巧複雜的硬體功能以滿足設計需求的話，可以尋找更高階的 16 或 32 位元微控制器。只要讀者利用本書的內容建立基礎的學習與技術，在進入高階微控制器技巧的學習時，自然可以輕鬆的了解各項功能的變化與應用方式而得以滿足設計需求。

　　本書相關範例程式、電路圖與參考資料可於下列連結下載：
https://myweb.ntut.edu.tw/~stephen/MCU_PIC18_Assembly/index.htm

作者序

物換星移，科技日新月異。

早年以微控制器為基礎，利用教學經驗整理而成的教科書，如今也已逐漸地落後當今的科技產品。雖然作為教學材料而言，基礎觀念與技術並未改變，原來的教學內容也足以作為學校專業課程教材或業界專業人員的進修書籍；但是技術的進步不會停止，人類的欲求也永遠不會滿足。所以新的微控制器產品、功能與技術不斷地在市場需求與同業競爭下改良創新。即便舊有的產品仍然滿足學習的需求，一方面因為學習的方式有所改變，一方面因為新世代的創新求變，不論在軟體環境或硬體功能上，舊有產品逐漸不能滿足需求，催化這一本新教科書的誕生。

即便使用新的微控制器，重要的核心觀念與技術仍需要傳承延續。在創新求變的過程中，如果沒有完整與正確的觀念與基本的技術，也無法有效地開發應用系統。有別於一般教學迎合學生與潮流而使用高階程式語言或圖形化工具，為了讓有志學習的同好建立紮實的基礎，本書仍堅持以基礎的組合語言作為教學工具，期望能夠讓有心的讀者一探微控制器技術的真貌，而不是透過高階程式語言或圖形化工具隔山打虎或瞎子摸象。冀盼從正確而紮實的第一步開始，可以引導同好在未來面對資訊工程、機電整合或自動控制等需要微處理器概念的技術領域中怡然自得、隨心所欲。

人生的進步與成長也不會停止，感謝這麼多年來不斷提供協助的 Microchip 與出版社相關人員、學校的師長與同學，當然還有我最重要的家人支持。很高興這本書的封面是由我的女兒協助設計，這也是我的人生成長與傳承的紀錄。與大家共享共勉。

曾百由

目錄

CHAPTER 1

微處理器與數位電路簡介

1.1 微處理器簡介

數位運算的濫觴要從 1940 年代早期的電腦雛形開始。這些早期的電腦使用真空管以及相關電路來組成數學運算與邏輯運算的數位電路,這些龐大的電路元件所組成的電腦大到足以占據一個數十坪的房間,但卻只能作簡單的基礎運算。一直到 1947 年,貝爾實驗室所發明的電晶體取代了早期的真空管,有效地降低了數位電路的大小以及消耗功率,逐漸地提高了電腦的使用率與普遍性。從此之後,隨著積體電路(Integrated Circuit, IC)的發明,大量的數位電路不但可以被建立在一個微小的矽晶片上,而且同樣的電路也可以一次大量重複製作在同一個矽晶圓上,使得數位電路的應用隨著成本的降低與品質的穩定廣泛地進入到一般大眾的生活中。

在數位電路發展的過程中,所謂的微處理器(microprocessor)這個名詞首先被應用在 Intel® 於 1971 年所發展的 4004 晶片組。這個晶片組能夠執行 4 位元大小的指令並儲存輸出入資料於相關的記憶體中。相較於當時的電腦,所謂的「微」處理器在功能與尺寸上,當然是相當的微小。但是隨著積體電路的發達,微處理器的功能卻發展得越來越龐大,而主要的發展可以分為兩個系統。

第一個系統發展的方向主要強調強大的運算功能,因此硬體上將使用較多的電晶體來建立高位元數的資料通道、運算元件與記憶體,並且支援非常龐大的記憶空間定址。這一類的微處理器通常被歸類為一般用途微處理器,它本身只負責數學邏輯運算的工作以及資料的定址,通常會搭配著外部的相關元件以及程式資料記憶體一起使用。藉由這些外部輔助的相關元件,或稱為晶片組

（chipset），使得一般用途微處理器可以與其他記憶體或輸出入元件溝通，以達到使用者設計要求的目的。例如在一般個人電腦中常見的 Core® 及 Pentium® 處理器，也就是所謂的 CPU（Central Processing Unit），便是屬於這一類的一般用途微處理器。

第二個微處理器系統發展的方向，則朝向將一個完整的數位訊號處理系統功能完全建立在一個單一的積體電路上。因此，在這個整合的微處理器系統上，除了核心的數學邏輯運算單元之外，必須要包含足夠的程式與資料記憶體、程式與資料匯流排、以及相關的訊號輸出入介面周邊功能。而由於所具備的功能不僅能夠作訊號的運算處理，並且能夠擷取外部訊號或輸出處理後的訊號至外部元件，因此這一類的微處理器通常被稱作為微控制器（Micro-Controller），或者微控制器元件（Micro-Controller Unit, MCU）。

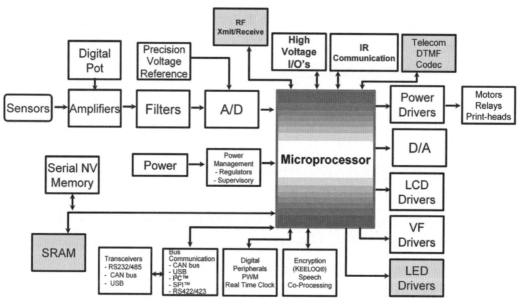

圖 1-1　微處理器與可連接的周邊功能
（實心方塊為目前已整合於微處理器內之功能）

由於微控制器元件通常內建有數位訊號運算、控制、記憶體，以及訊號輸出入介面在同一個系統晶片上，因此在設計微控制器時，上述內建硬體與功能的多寡便會直接地影響到微控制器元件的成本與尺寸大小。相對地，下游的廠商在選擇所需要的微控制器時，便會根據系統所需要的功能以及所能夠負擔的成本挑選適當的微控制器元件。通常微控制器製造廠商會針對一個相同數位訊號處理功能的核心微處理器設計一系列的微控制器晶片，提供不同程式記憶體大小、周邊功能、通訊介面以及接腳數量的選擇，藉以滿足不同使用者以及應用需求的選擇。

目前微處理器的運算資料大小，已經由早期的 8 位元微處理器，發展到 32 位元，甚至於一般個人電腦的 64 位元的微處理器也可以在一般的市場上輕易地取得。因此，使用者必須針對應用設計的需求選擇適當的微處理器，而選擇的標準不外乎是成本、尺寸、周邊功能與記憶體大小。有趣的是，在個人電腦的使用上，隨著視窗軟體系統的升級與應用程式的功能增加，使用者必須不斷地追求速度更快，位元數更多，運算功能更強的微處理器；但是在一般的微控制器實務運用上，8 位元的微控制器便可以滿足一般應用系統的需求，使得 8 位元微控制器的應用仍然是目前市場的主流。所不同的是，隨著應用的增加，越來越多不同的周邊功能與資料通訊介面不斷地被開發並整合到 8 位元的微控制器上，以滿足日益複雜的市場需求。

目前在實務的運用上，由於一般用途微處理器僅負責系統核心的數學或邏輯運算，必須搭配相關的晶片組才能夠進行完整的程式與資料記憶體的擷取、輸出入控制等等相關的功能，例如一般個人電腦上所使用的 Core® 及 Pentium® 微處理器。因此，在這一類的一般用途微處理器發展過程中，通常會朝向標準化的規格發展，以便相關廠商配合發展周邊元件。因為標準化的關係，即使是其他廠商發展類似的微處理器，例如 AMD® 所發展的同等級微處理器，也可以藉由標準化的規格以及類似的周邊元件達到同樣的效能。這也就是為什麼各家廠商或自行拼裝的個人電腦或有不同，但是它們都能夠執行一樣的電腦作業系統與相關的電腦軟體。

相反地，在所謂微控制器這一類的微處理器發展上，由於設計者在應用開發的初期便針對所需要的硬體、軟體，或所謂的韌體，進行了特殊化的安排與規劃，因此所發展出來的系統以及相關的軟硬體便有了個別的獨立性與差異性。在這樣的前提下，如果沒有經過適當的調整與測試，使用者幾乎是無法將一個設計完成的微控制系統直接轉移到另外一個系統上使用。例如，甲廠商所發展出來的汽車引擎微控制器或者是輪胎胎壓感測微控制器，便無法直接轉移到乙廠商所設計的車款上。除非經由工業標準的制定,將相關的系統或者功能制定成為統一的硬體界面或通訊格式,否則廠商通常會根據自我的需求與成本的考量選用不同的控制器與程式設計來完成相關的功能需求。即便是訂定了工業標準,不同的微控制器廠商也會提供許多硬體上的解決方案,使得設計者在規劃時可以有差異性的選擇。例如,在規劃微控制器使用通用序列埠(Universal Serial Bus, USB)的設計時,設計者可以選用一般的微控制器搭配外部的 USB 介面元件,或者是使用內建 USB 介面功能的微控制器。因此,設計者必須要基於成本的考量以及程式撰寫的難易與穩定性做出最適當的設定;而不同的廠商與設計者便會選擇不同的設計方法、硬體規劃以及應用程式內容。也就是因為這樣的特殊性,微控制器可以客製化的應用在少量多樣的系統上,滿足特殊的使用要求,例如特殊工具機的控制系統;或者是針對數量龐大的特定應用,選擇低成本的微控制器元件有效地降低成本而能夠普遍地應用,例如車用電子元件與 MP3 播放控制系統;或者是具備完整功能的可程式控制系統,提供使用者修改控制內容的彈性空間,例如工業用的可程式邏輯控制器(Programmable Logic Controller, PLC)。也就是因為微控制器的多樣化與客製化的特色,使得微控制器可以廣泛地應用在各式各樣的電子產品中,小到隨身攜帶的手錶或者行動電話,大到車輛船舶的控制與感測系統,都可以看到微控制器的應用。也正由於它的市場廣大,引起了為數眾多的製造廠商根據不同的觀念、應用與製程開發各式各樣的微控制器,其種類之繁多即便是專業人士亦無法完全列舉。而隨著應用的更新與市場的需求,微控制器也不斷地推陳出新,不但滿足了消費者與廠商的需求,也使得設計者能夠更快速而方便的完成所需要執行的特定工作。

在種類繁多的微處理器產品中,初學者很難選擇一個適當的入門產品作為學習的基礎。即便是選擇微控制器的品牌,恐怕都需要經過一番痛苦的掙扎。事實上,各種微處理器的設計與使用觀念都是類似的,因此初學者只要選擇一個適當的入門產品學習到基本觀念與技巧之後,便能夠類推到其他不同的微處理器應用。基於這樣的觀念,本書將選擇目前在全世界 8 位元微控制器市場占有率最高的 Microchip® 微控制器作為介紹的對象。本書除了介紹各種微處理器所具備的基本硬體與功能之外,並將使用 Microchip® 產品中功能較為完整的 PIC18 系列微控制器作為程式撰寫範例與微處理器硬體介紹的對象。本書將介紹一般撰寫微處理器所使用的基本工具——組合語言，引導讀者能夠撰寫功能更完整、更有效率的應用程式。並藉由組合語言程式的範例程式詳細地介紹微處理器的基本原理與使用方法，使得讀者可以有效地學習微處理器程式設計的過程與技巧，有效地降低開發的時間與成本。

不論微處理器的發展如何的演變，相關的運算指令與周邊功能都是藉由基本的數位邏輯元件建構而成。因此，在詳細介紹微處理器的各個功能之前，讓我們一起回顧相關的基本數位運算觀念與邏輯電路元件。

1.2　數位運算觀念

◎ 類比與數位訊號

在生活周遭的各式各樣用品中，存在著不同的訊號處理方式，基本上可以概略地分成類比與數位兩大類的方式。在數位運算被發明之前，人類的生活使用的都是類比的訊號。所謂的類比（Analog）訊號，也就是所謂的連續（Continuous）訊號，指的是一個在時間上連續不斷的物理量，不論在任何時間，不論使用者用多微小的時間單位去劃分，都可以量測到整個物理量的數值。例如每一天大氣溫度的量測，在早期人類使用玻璃管式的酒精或者水銀溫度計時，不論是每一分鐘、每一秒鐘、每一毫秒（1/1,000秒）甚至每一微秒（1/1,000,000秒），在這些傳統的溫度計上都可以讀取到一個溫度值。因此我們說，這些溫度計所顯示的訊號是連續不斷的，也就是所謂的類比訊號。而數位（Digital）訊號，也就是所謂的離散（Discrete）訊號，訊號的狀態是片段的狀態所聯結而成的。數位訊號是人類使用數位電路之後所產生的，因此這一類的訊號便存在於一般的數位電子產品中。例如同樣是量測溫度的溫度計，現在的家庭中多使用電子式的溫度計，量測結果都是以數字的方式顯示在銀幕上。這些溫度的數字並不是隨時隨地地在變化，而是每隔一段時間，也就是所謂的週期，才做一次變化。如果拿著吹風機對著這種數位溫度計加熱，將會發現到溫度的上升是每一秒，甚至間隔好幾秒才會改變一次。這是因為數位溫度計裡面的電子電路或者微處理器每隔一個固定的週期才會進行溫度的量測與顯示的更新，而在這個週期內顯示的溫度是不會改變的。因此當我們把顯示的溫度與時間畫成一條曲線時，將會發現溫度是許多不連續的片段所組成，這就是所謂的數位或者離散的訊號。因此，就像在圖 1-2 所顯示的兩個溫度計，類比的溫度計所量測的溫度曲線有著連續不斷地變化，而數位的溫度計則顯示著片段的變化結果。

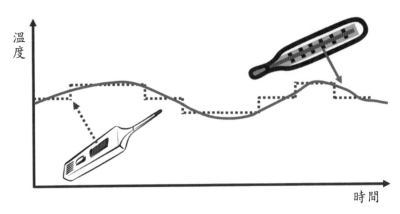

圖 1-2　類比與數位溫度計量測的溫度曲線

▋訊號編碼方式

在數位電路或者是微處理器系統中，為了要表示一個訊號的狀態以配合數位電路的架構或者是操作者的資訊溝通，必須要使用適當的訊號編碼方式。由於在一般的 8 位元微處理器中多半是以整數的方式處理訊號，因此在這裡將介紹幾種基本的訊號編碼方式，包括十進位編碼、二進位編碼、十六進位編碼及 BCD（Binary Coded Decimal）編碼方式。

■十進位編碼（Decimal Numbering）

十進位編碼方式是一般常用的數學計量方法。一如大家所熟悉的數字，每一個位數可以有 10 種不同的數字（0,1,2,3,4,5,6,7,8,9），當每一個位數的大小超過 9 時就必須要進位到下一個層級（Order）的位數。換句話說，每一個層級位數的大小將會相差 10 倍。例如在圖 1-3 中，以十進位編碼的 462 這個數字，2 代表的是個位數（也就是 10^0），6 代表的是十位數（也就是 10^1），4 代表的是百位數（也就是 10^2）。而其所代表的大小也就是圖 1-3 算式中所列出的總和。

數字	D_3	D_2	D_1	D_0
位數大小	10^3	10^2	10^1	10^0

十進位編碼數字 $(D_3\ D_2\ D_1\ D_0)_{10} = D_3 \times 10^3 + D_2 \times 10^2 + D_1 \times 10^1 + D_0 \times 10^0$

例：$(462)_{10} = 4 \times 10^2 + 6 \times 10^1 + 2 \times 10^0$

圖 1-3　十進位編碼

■ 二進位編碼（Binary Numbering）

　　由於在數位電路元件中每一個元件只能存在有高電壓與低電壓兩種狀態，分別代表著 1 與 0 兩種數值，因此在數位電路中每一個位數就僅能夠有兩種不同的數字變化。當數字的大小超過 1 時，就必須進位到下一個層級的位數。換句話說，每一個層級位數的大小將會相差兩倍。例如在圖 1-4 中，以二進位編碼的 1011 這個數字，最左邊的 1 代表的位數大小是 2^3，0 代表的位數大小是 2^2，接下來的 1 代表的位數大小是 2^1，最右邊的 1 代表的位數大小是 2^0。而其所代表的大小也就是圖 1-4 算式中所列出的總和。

數字	B_3	B_2	B_1	B_0
位數大小	2^3	2^2	2^1	2^0

二進位編碼數字 $(B_3\ B_2\ B_1\ B_0)_2 = B_3 \times 2^3 + B_2 \times 2^2 + B_1 \times 2^1 + B_0 \times 2^0$

例：$(1011)_2 = 1 \times 2^3 + 0 \times 2^2 + 1 \times 2^1 + 1 \times 2^0 = (8 + 0 + 2 + 1)_{10} = 11_{10}$

圖 1-4　二進位編碼

■ 十六進位編碼（Hexadecimal Numbering）

　　上述的兩種編碼方式，十進位編碼是一般人所常用的計量方式，而二進位編碼則是數位系統計算與儲存資料的計量方式。雖然經過適當的訓練，使用者可以習慣二進位編碼的數字系統；然而由於二進位編碼的數值過於冗長，造成

CHAPTER

1

訊號顯示或者程式撰寫時的不便。因此爲了更簡捷有效的表示數位化的訊號，便有了十六進位編碼方式的產生。

　　每一個十六進位編碼的位數可以有 16 種數字的變化。而由於常用的阿拉伯數字僅有十個數字符號，因此超過 9 的部分便藉由英文字母 ABCDEF 來代表 10、11、12、13、14 與 15。而每一個層級位數的大小將會相差 16 倍。例如在圖 1-5 中，以十六進位編碼的 2A4D 這個數字，最左邊的 2 代表的位數大小是 16^3，A 代表的位數大小是 16^2，接下來的 4 代表的位數大小是 16^1，最右邊的 D 代表的位數大小是 16^0。而其所代表的大小也就是圖 1-5 算式中所列出的總和。

數字	H_3	H_2	H_1	H_0
位數大小	16^3	16^2	16^1	16^0

十六進位編碼數字 $(H_3 H_2 H_1 H_0)_{16} = H_3 \times 16^3 + H_2 \times 16^2 + H_1 \times 16^1 + H_0 \times 16^0$

例：$(2A4D)_{16} = (2 \times 16^3 + 10 \times 16^2 + 4 \times 16^1 + 13 \times 16^0)_{10}$

$\qquad\qquad = (2 \times 4096 + 10 \times 256 + 4 \times 16 + 13 \times 16)_{10} = 10829_{10}$

圖 1-5　十六進位編碼

▋ 訊號編碼的轉換

　　在上面的範例中，說明了如何將二進位編碼或者是十六進位編碼的數值轉換成十進位編碼的數字。而當需要將十進位的數值轉換成二進位或十六進位編碼數字時，通常較爲常用的方式是所謂的連續除法（Successive Division）的方式。

■十進位編碼轉換二進位編碼

　　轉換時，只要將十進位的數值除以 2 後所得的商數連續地除以 2，然後將所得到的餘數依序的由最低位數填寫，便可以得到二進位的轉換結果。

例：將 462_{10} 轉換成二進位數字表示

$$462 \div 2 = 231 \quad 餘 \quad 0 \times 2^0$$
$$231 \div 2 = 115 \quad 餘 \quad 1 \times 2^1$$
$$115 \div 2 = 57 \quad 餘 \quad 1 \times 2^2$$
$$57 \div 2 = 28 \quad 餘 \quad 1 \times 2^3$$
$$28 \div 2 = 14 \quad 餘 \quad 0 \times 2^4$$
$$14 \div 2 = 7 \quad 餘 \quad 0 \times 2^5$$
$$7 \div 2 = 3 \quad 餘 \quad 1 \times 2^6$$
$$3 \div 2 = 1 \quad 餘 \quad 1 \times 2^7$$
$$1 \div 2 = 0 \quad 餘 \quad 1 \times 2^8$$

$$462_{10} = 111001110_2$$

■十進位編碼轉換十六進位編碼

轉換時，只要將十進位的數值除以 16 後所得的商數連續地除以 16，然後將所得到的餘數依序的由最低位數填寫，便可以得到十六進位的轉換結果。

例：將 10829_{10} 轉換成十六進位數字表示

$$10829 \div 16 = 676 \quad 餘 \quad 13 \rightarrow D \times 16^0$$
$$676 \div 16 = 42 \quad 餘 \quad 4 \quad \times 16^1$$
$$42 \div 16 = 2 \quad 餘 \quad 10 \rightarrow A \times 16^2$$
$$2 \div 16 = 0 \quad 餘 \quad 2 \quad \times 16^3$$

$$10829_{10} = 2A4D_{16}$$

CHAPTER

1

CHAPTER

1

■十六進位編碼轉換二進位編碼

　　轉換時，只要將十六進位編碼的每一個十六進位數字直接轉換成一組四個二進位編碼數字即可。

　　例：將 $2A4D_{16}$ 轉換成二進位編碼

十六進位編碼	2	A	4	D
	↓	↓	↓	↓
二進位編碼	0010	1010	0100	1101

■二進位編碼轉換十六進位編碼

　　轉換時，只要將二進位的數值由低位數開始，每四個二進位數字一組直接轉換成一個十六進位編碼數字即可。

　　例：將 10101001001101_{2} 轉換成十六進位編碼

二進位編碼	0010	1010	0100	1101
	↓	↓	↓	↓
十六進位編碼	2	A	4	D

BCD 訊號的編碼

　　在某一些數位訊號系統的應用中，為了顯示資料的方便，例如使用七段顯示器，有時候會將十進位編碼的每一個層級數字直接地轉換成二進位編碼方式來存取，這樣的編碼方式這叫作 BCD 編碼（Binary Coded Decimal）。由於十進位編碼的每一個層級數字需要四個二進位數字才能夠表示，因此在 BCD 編碼的資料中，每四個的二進位數字便代表了 0 到 9 的十進位數字；雖然四個二進位的數值可以表示最大到 15 的大小，但是在 BCD 編碼的資料中 10～15 是不被允許在這四個二進位數字的組合中。

■十進位編碼轉換成 BCD 編碼

轉換時，只要直接將每一個層級的十進位編碼數字轉換成二進位編碼的數字即可。

例：將 462_{10} 轉換成 BCD 編碼數字表示

十進位編碼　　4　　6　　2

↓　　　↓　　　↓

二進位編碼　0100　0110　0010

$$462_{10} \rightarrow 010001100010_{BCD}$$

■BCD 編碼轉換成十進位編碼

轉換時，只要將二進位的數值由低位數開始，每四個二進位數字一組直接轉換成一個十進位編碼數字即可。

例：將 10001100010_{BCD} 轉換成十進位編碼數字表示

二進位編碼　　0100　　0110　　0010

↓　　　↓　　　↓

十進位編碼　　4　　　6　　　2

$$10001100010_{BCD} \rightarrow 462_{10}$$

ASCII 編碼符號

ASCII 編碼符號是一個國際公認的數字、英文字母與鍵盤符號的標準編碼，總共包含 128 個編碼符號。ASCII 是 American Standard Code for Information Interchange 的縮寫。ASCII 編碼符號的內容如表 1-1 所示。這 128 個

ASCII 編碼符號可以用七個二進位數字編碼所代表，因此在數位訊號系統中便可以藉由這些編碼來傳遞文字資料；例如，微處理器與電腦之間，或者是電腦與電腦之間的資料傳輸，都可以利用 ASCII 編碼符號來完成。

在個人電腦上，通常會利用「超級終端機」這個應用程式以 ASCII 編碼的訊號透過 COM 埠以 RS-232 的通訊架構傳輸資料到其他數位訊號系統。我們將會在稍後的範例中見到這樣的應用。而在功能較爲完整的微處理器上，通常也會具備這樣子的通訊功能，以便將相關的資料傳輸到其他的數位訊號系統中。

值得注意的是，在 ASCII 編碼符號中有一些是無法顯示的控制符號，例如 ASCII 編碼表中的前三十二個。這一些控制符號是用來控制螢幕或終端機上的顯示位址以及其他相關的訊息。

表 1-1　ASCII 編碼符號

Code		MSB							
		0	1	2	3	4	5	6	7
LSB	0	NUL	DLE	Space	0	@	P	`	p
	1	SOH	DC1	!	1	A	Q	a	q
	2	STX	DC2	"	2	B	R	b	r
	3	ETX	DC3	#	3	C	S	c	s
	4	EOT	DC4	$	4	D	T	d	t
	5	ENQ	NAK	%	5	E	U	e	u
	6	ACK	SYN	&	6	F	V	f	v
	7	Bell	ETB	'	7	G	W	g	w
	8	BS	CAN	(	8	H	X	h	x
	9	HT	EM	)	9	I	Y	i	y
	A	LF	SUB	*	:	J	Z	j	z
	B	VT	ESC	+	;	K	[	k	{
	C	FF	FS	,	<	L	\	l		
	D	CR	GS	-	=	M	]	m	}
	E	SO	RS	.	>	N	^	n	~
	F	SL	US	/	?	O	_	o	DEL

▋狀態與事件的編碼

在數位訊號系統中，數字並不見得一定代表著一個用來運算的數值，數字經常也會被使用來作為一些相關的事件或者系統狀態的代表。例如，使用者可以用八個二進位數字代表需要監測的四個儲油槽中溫度與壓力是否超過所設定的監測值，如圖 1-6 所示；當量測的結果超過所預設的控制值時，可以將數字訊號設定為 1；否則，將相對應的數字訊號設定為 0。

在這樣的條件設定下，這四個儲油槽的溫度與壓力狀態可以組合出一組八個二進位數字訊號所組成的資料。雖然這組數字訊號並不代表任何有意義的數值，但是它卻可以用來表示跟儲油槽有關的狀態或事件的發生，這也是在數位系統中常見到的應用。除此之外，這一組數字的內容與實際的硬體電路有絕對密切的關係，使用者必須得配合設計系統時相關的電路資料才能夠了解所對應的狀態與事件。

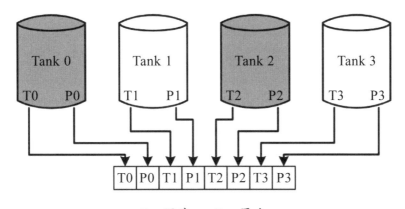

T：溫度　　P：壓力

圖 1-6　儲油槽中溫度與壓力狀態編碼

▋2 的補數法表示

在數位訊號系統中，所有的數學運算都是以二進位的方式來完成。而二進位的加減乘除運算與一般常用的十進位運算法則並沒有太大的差異。比較特別的是，數位訊號運算在處理負數或者是減法的運算時，一般都會採用一個特別的數值表示方式，通常稱之爲 2 的補數法（2's Complementary）。

在簡單的數位訊號系統或者是微處理器應用程式中，通常只會處理正的數值，而不考慮小於 0 的數值運算。但是在需要考慮負數或者是減法運算時，爲了增加運算的效率並且減少微處理器硬體的設計製造成本，通常會採用 2 的補數法方式進行。

在一般八位元的系統中，如果只表示正數的話，可以表示的範圍是由 0 到 255（2^8-1），也就是二進位的 00000000～11111111。但是，如果要表示的範圍包含正數與負數的可能時，2 的補數法是最廣泛被採用的方式。由於要表示正數與負數，2 的補數法所能表示的範圍雖然同樣地涵蓋二進位的 00000000～11111111 的 256 個數字，但是其範圍則改變爲十進位的 −128 到 +127。基本上，二進位最高位元標示的是數值的正負號，如果數值爲正數，最高位元爲 0；如果數值爲負數，最高位元爲 1。剩下的七個位元數則表示數值的大小。數值的大小可以經由簡單的運算法則計算得到，其步驟簡列如下：

Step 1　如果數值爲正數，則直接使用二進位的方式轉換。

Step 2　如果數值爲負數，則必須先將二進位方式轉換後每一個位元的數字作補數運算，然後再加以 1。所謂的補數運算，即是將二進位數值中的 0 變成 1，1 則變成 0。如此便可以得到所謂的 2 的補數法表示數字。

讓我們用簡單的例題來學習 2 的補數法的數值轉換方式。

例：將 +100 與 −100 以 2 的補數法方式表示。

解：(A) +100 爲正數，所以最高位元爲 0。100 則可以直接轉換爲 1100100。因此，+100 完整的 2 的補數法表示爲 01100100。

(B) −100 爲負數，所以最高位元爲 1。100 則可以直接轉換爲 1100100。但是負數必須經過補數的運算，然後再加 1。因此，100 將轉換爲 1100100，經過補數運算成爲 0011011 之後，再加 1 成爲 0011100。最後，−100 的完整 2 的補數法表示爲 10011100。

CHAPTER

1

2 的補數法除了用來表示負數之外，在許多數位系統與微處理器的硬體上，為了降低設計與製造的成本，通常都會將減法運算改變為加負數的運算。因此，2 的補數法使用是非常地廣泛。

在某些場合，如果使用者需要將 2 的補數法標示的數值轉換成十進位或作進一步的分析計算時，也可以利用同樣的方法轉換而得。換句話說，它的步驟同樣是：

Step 1　　如果數值為正數，則直接使用二進位的方式轉換。

Step 2　　如果數值為負數，則必須先將每一個位元的數字作補數的運算後再轉換為十進位數字，然後再加 1。如此便可以得到所謂的十進位表示數字的大小，最後要記得加上負號標示。

例：將 2 的補數法方式的 10011100 轉換為十進位表示。

解：10011100，因為最高位元為 1，所以為負數。因為是負數，所以 0011100 必須先經過補數的運算，然後再加以 1。因此，0011100 將經過補數運算成為 1100011 之後，再加 1 成為 1100100，也就是十進位的 100。最後，10011100 的完整十進位表示，必須加上負號成為 −100。

1.3　邏輯電路

任何一個數位訊號系統或者微處理器，基本上都是由許多邏輯電路元件所組成的。在這個章節中，將回顧一些基本的邏輯電路元件與相關的邏輯運算或設計的方法。

▋基本的邏輯元件

基本的邏輯元件包含：AND、OR、NOT、XOR、NAND 與 NOR。所有的數位訊號系統皆可以由這些基本邏輯元件組合而成。

■ AND Gate

AND Gate，一般稱為「且」閘。它的邏輯元件符號、布林代數（Boolean Algebra）表示方式及真值表（Truth Table）如圖 1-7 所示。

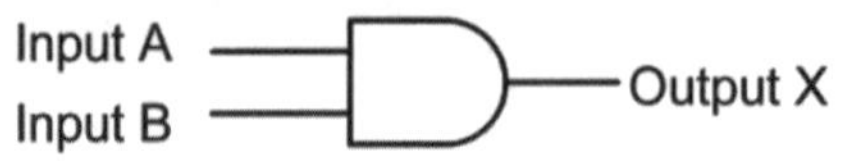

$$X = A \ and \ B$$

$$X = A \times B = AB$$

Input		Output
A	B	X=A × B
0	0	0
0	1	0
1	0	0
1	1	1

圖 1-7　AND 閘邏輯元件符號、布林代數表示方式及真值表

由真值表可以看到，只有當輸入 A 與輸入 B 的條件都成立而為 1 時，AND 閘的輸出 X 才會成立為 1。當 AND 閘的輸入條件數目增加為 N 個時，真值表的大小將會增加為 2^N 個。不過只有當所有輸入條件都成立而為 1 時，AND 閘的輸出 X 才會成立為 1。

AND 閘除了作為一般的邏輯條件判斷之外，另一個常見的用途是作為訊號傳輸與否的控制。如圖 1-8 所示，當控制訊號為 0 時，輸出訊號將永遠為 0，也就是說在輸出端永遠看不到傳輸訊號的變化；當控制訊號為 1 時，輸出訊號將會等於傳輸訊號，而且將反映傳輸訊號的變化。利用簡單的 AND 閘，可以在數位訊號系統中達到控制訊號傳輸的目的。這種控制傳輸訊號的方法一般稱作為正向控制（Positive Control）。

傳輸訊號 ────┐
　　　　　　　⊃── 輸出訊號
控制訊號 ────┘

控制訊號 = 0　→　輸出訊號 = 0

控制訊號 = 1　→　輸出訊號 = 傳輸訊號

圖 1-8　AND 閘作為訊號傳輸控制

■ OR Gate

OR Gate，一般稱為「或」閘。它的邏輯元件符號、布林代數表示方式及眞值表如圖 1-9 所示。

由眞值表可以看到，只要當輸入 A 與輸入 B 的條件任何一個成立而為 1 時，OR 閘的輸出 X 就會成立為 1。當 OR 閘的輸入條件數目增加為 N 個時，眞值表的大小將會增加為 2^N 個。不過只有當所有輸入條件都不成立而為 0 時，OR 閘的輸出 X 才會為 0。相反地，只要有任何一個輸入條件成立而為 1 時，OR 閘的輸出 X 就會成立為 1。

Input A ────┐
　　　　　　　⊃── Output X
Input B ────┘

$X = A \ or \ B$

$X = A + B$

Input		Output
A	B	X = A + B
0	0	0
0	1	1
1	0	1
1	1	1

圖 1-9　OR 閘邏輯元件符號、布林代數表示方式及真值表

OR 閘除了作爲一般的邏輯條件判斷之外，它也可以作爲訊號傳輸與否的控制。如圖 1-10 所示，當控制訊號爲 1 時，輸出訊號將永遠爲 1，也就是說，在輸出端永遠看不到傳輸訊號的變化；當控制訊號爲 0 時，輸出訊號將會等於傳輸訊號，而且將反映傳輸訊號的變化。利用簡單的 OR 閘，也可以在數位訊號系統中達到控制訊號傳輸的目的。這種控制傳輸訊號的方法一般稱作爲負向控制（Negative Control）。使用 OR 閘控制傳輸訊號而輸出訊號不變時，輸出訊號將爲 1；但是使用 AND 閘控制傳輸訊號而輸出訊號不變時，輸出訊號將爲 0。

控制訊號 = 0　→　輸出訊號 = 傳輸訊號
控制訊號 = 1　→　輸出訊號 = 1

圖 1-10　OR 閘作爲訊號傳輸控制

■NOT Gate

NOT Gate，一般稱爲「反向」閘。它的邏輯元件符號、布林代數表示方式及眞值表如圖 1-11 所示。由眞值表可以看到，輸出 X 的結果永遠與輸入 A 的條件相反。

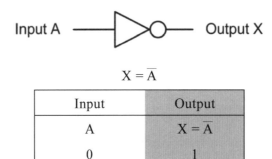

$$X = \overline{A}$$

Input	Output
A	$X = \overline{A}$
0	1
1	0

圖 1-11　NOT 閘邏輯元件符號、布林代數表示方式及眞值表

■ XOR Gate

XOR（Exclusive OR）Gate，一般稱爲「互斥或」閘。它的邏輯元件符號、布林代數表示方式及真值表如圖 1-12 所示。

由真值表可以看到，只要當輸入 A 與輸入 B 的條件相同時，XOR 閘的輸出 X 就會爲 0；當輸入 A 與輸入 B 的條件不同時，XOR 閘的輸出 X 就會爲 1。因此在數位電路的設計上，互斥或閘通常被拿來作爲訊號的比較使用。

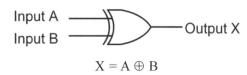

$$X = A \oplus B$$

Input		Output
A	B	$X = A \oplus B$
0	0	0
0	1	1
1	0	1
1	1	0

圖 1-12　XOR 閘邏輯元件符號、布林代數表示方式及真值表

■ NAND Gate

NAND Gate，它的邏輯元件符號、布林代數表示方式及真值表如圖 1-13 所示。實際上，它就是將 AND 閘的運算結果再經過一個反向器做反向運算後輸出。

■ NOR Gate

NOR Gate，它的邏輯元件符號、布林代數表示方式及真值表如圖 1-14 所示。實際上，它就是將 OR 閘的運算結果再經過一個反向器做反向運算後輸出。

NAND 閘與 NOR 閘在邏輯電路的設計上也被稱作爲萬能閘（Universal Gate），因爲在設計上可以使用這兩種邏輯元件的其中一種組合出所有前面所列出的基本邏輯元件。因此，在積體電路的設計上，常常會以 NAND 閘或者 NOR 閘作爲設計的基礎，以便統一積體電路的製造程序。

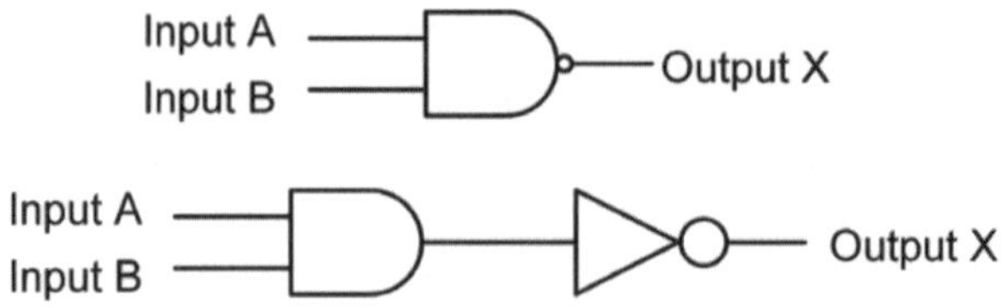

$$X = \overline{AB}$$

Input		Output
A	B	$X = \overline{AB}$
0	0	1
0	1	1
1	0	1
1	1	0

圖 1-13　NAND 閘邏輯元件符號、布林代數表示方式及真值表

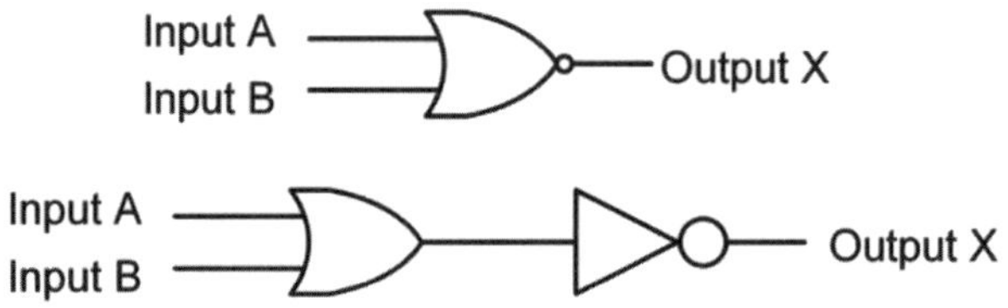

$$X = \overline{A + B}$$

Input		Output
A	B	$X = \overline{A + B}$
0	0	1
0	1	0
1	0	0
1	1	0

圖 1-14　NOR 閘邏輯元件符號、布林代數表示方式及真值表

組合邏輯

簡單的數位訊號系統可以由上述的基本邏輯元件根據設計的需求組合而成。如果設計的需求條件並未牽涉到輸入條件狀態的發生先後順序，而僅由輸入條件的瞬間狀態組合決定輸出結果，這一類的數位訊號系統可稱為組合邏輯（Combinational Logic）。

例如在汽車上為提醒駕駛人一些注意狀態的警告聲音，可藉由蜂鳴器的觸發產生。如果設計蜂鳴器觸發的需求如下，

1. 車門打開*且*鑰匙插入
2. 車門打開*且*頭燈打開

由於這兩個條件只要有一個成立，蜂鳴器就要觸發。因此兩個條件之間為「或」的關係。上述的系統可以根據條件設計為如圖 1-15 之組合邏輯系統。

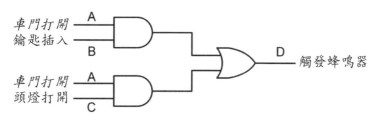

圖 1-15 汽車蜂鳴器觸發的組合邏輯系統

在實務上，為了降低成本與故障發生的機會，當一個數位訊號系統建立之後的第一個問題便是如何進一步地簡化系統。事實上，圖 1-15 的系統可以被簡化為如圖 1-16 的邏輯設計，利用真值表便可以證明這兩個系統的功能是相同的。

要如何簡化一個組合邏輯系統呢？這時候便需要學習並運用相關的布林代數技巧與觀念。

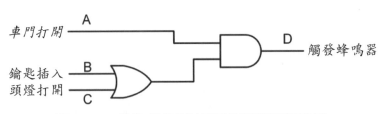

圖 1-16　簡化的汽車蜂鳴器觸發邏輯設計

1.4　布林代數

　　運用布林代數的主要目的在於利用簡便的數學運算符號來進行組合邏輯的相關運算與整理。由於使用圖形元件來表示組合邏輯系統會隨著系統元件數目的增加而越趨困難，遑論要對這些邏輯系統進行整理與分析。因此，必須使用較為有效率的方法與工具，布林代數的使用正可以彌補邏輯元件圖所無法完成的工作。因此，在數位邏輯系統設計的過程中，邏輯元件圖與布林代數的對應轉換是時常進行的工作，也是必備的基本技能。

　　當需要將邏輯元件圖轉換成布林代數時，只需要依序地由輸入端逐步地將邏輯運算關係轉換成代數運算符號式後，漸進地整理邏輯元件圖直到最終的輸出端，即可得到完整相對應的布林代數式，如圖 1-17 所示。過程中最重要的因素是「小心謹慎」。

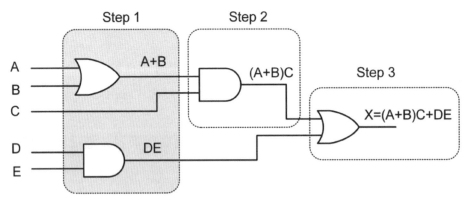

圖 1-17　邏輯元件圖轉換成布林代數

　　相反地，當需要將布林代數繪製成邏輯元件圖時，則需要由最終的輸出逐一逆向地將布林運算符號化成邏輯元件，這是較爲繁瑣的工作。例如，要繪製 X = (AB + CD) E 的布林代數所相對的邏輯元件圖時，必須依照圖 1-18 的步驟。

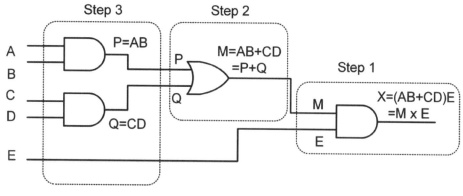

圖 1-18　　布林代數轉換成邏輯元件圖

布林代數基本定理

　　在進行布林代數相關的計算、分析與化簡時，可以運用一些基本的布林代數定理與法則。

　　基本的布林代數定理包含：交換律：

$$A + B = B + A$$
$$AB = BA$$

　　結合律：

$$A + (B + C) = (A + B) + C$$
$$A (BC) = (AB) C$$

CHAPTER

1

分配律：

$$A(B + C) = AB + AC$$
$$(A + B)(C + D) = AC + AD + BC + BD$$

基本的布林代數法則包含：

$$A0 = 0$$
$$A1 = A$$
$$A + 0 = A$$
$$A + 1 = 1$$
$$AA = A$$
$$A + A = A$$
$$A \times \overline{A} = 0$$
$$A + \overline{A} = 1$$
$$\overline{\overline{A}} = A$$
$$A + \overline{A}B = A + B$$
$$\overline{A} + AB = \overline{A} + B$$

這些定理與法則可以運用來整理或化簡布林代數。

例：

$$X = A(B + C) + C$$
$$= AB + AC + C$$
$$= AB + (AC + C)$$
$$= AB + (A + 1)C$$
$$= AB + (1)C$$
$$= AB + C$$

De Morgan's Theorem

De Morgan's Theorem，又稱第摩根定理，是常被運用來化簡布林代數的工具之一。特別是在需要將輸出端有反向（NOT）運算的邏輯運算，如 NAND 或 NOR，化簡成其他形式時特別有用。其基本定理為

$$\overline{A+B} = \overline{A} \cdot \overline{B}$$
$$\overline{A \cdot B} = \overline{A} + \overline{B}$$
$$\overline{A+B+C} = \overline{A} \cdot \overline{B} \cdot \overline{C}$$
$$\overline{A \cdot B \cdot C} = \overline{A} + \overline{B} + \overline{C}$$

運用第摩根定理，可以將一些組合邏輯布林代數作有效的化簡。

例：

$$X = \overline{AB} + \overline{(AB \cdot (\overline{C+D}))}$$
$$= \overline{AB} + (\overline{AB} + (\overline{\overline{C+D}}))$$
$$= \overline{AB} + (\overline{AB} + (C+D))$$
$$= \overline{A} + \overline{B} + (\overline{A} + \overline{B} + (C+D))$$
$$= (\overline{A} + \overline{A}) + (\overline{B} + \overline{B}) + (C+D)$$
$$= \overline{A} + \overline{B} + C + D$$

卡諾圖

Karnaugh Mapping，又稱卡諾圖，也是常被運用來化簡布林代數的工具。而且依照正確的步驟運用，將可以得到最簡化形式的布林代數表示。卡諾圖基本上是藉由表格來表示可能的邏輯組合，使用者必須先將可能的邏輯組合一一地填入到表格中。再將可化簡的邏輯組合群組圈併起來，然後便可以依照簡單的規則得到最簡化形式的布林代數方程式。

卡諾圖所使用的表格可以隨著輸入條件數目的多寡加以調整，如圖 1-19

所示，分別爲二～四個輸入條件所使用的卡諾圖表格。

	B	$\overline{B}$
A		
$\overline{A}$		

	C	$\overline{C}$
AB		
$\overline{A}$B		
$\overline{A}\overline{B}$		
A$\overline{B}$		

	CD	$\overline{C}$D	$\overline{C}\overline{D}$	C$\overline{D}$
AB				
$\overline{A}$B				
$\overline{A}\overline{B}$				
A$\overline{B}$				

圖 1-19　卡諾圖表格

使用卡諾圖時，可以依照下列幾個簡單的步驟進行：

1. 將需要化簡整理的布林代數方程式轉換成所謂的 SOP（Sum-Of-Product）形式。
2. 將每一項邏輯組合填入到卡諾圖表格中。
3. 將卡諾圖表格中相鄰的邏輯組合，以 2 的次方數大小的方塊群組化，並將各個群組以最簡單的邏輯式標示。
4. 將所有化簡的群組以「或」閘串聯，即可得到最簡化的布林代數方程式。

例：化簡 $X = \overline{A}B + \overline{A}\,\overline{B}\,\overline{C} + AB\overline{C} + A\overline{B}\,\overline{C}$

1. 首先將布林代數化簡成 SOP 的形式

$$X = \overline{A}B + \overline{A}\,\overline{B}\,\overline{C} + AB\overline{C} + A\overline{B}\,\overline{C}$$

$$\because \overline{A}B = \overline{A}B(C + \overline{C}) = \overline{A}BC + \overline{A}B\overline{C}$$

$$\Rightarrow X = \overline{A}BC + \overline{A}B\overline{C} + \overline{A}\,\overline{B}\,\overline{C} + AB\overline{C} + A\overline{B}\,\overline{C}$$

2. 將每一項邏輯組合填入到三個輸入條件的卡諾圖表格中

	C	$\overline{C}$
AB		1
$\overline{A}$B	1	1
$\overline{A}\,\overline{B}$		1
A$\overline{B}$		1

3. 將卡諾圖表格中相鄰的邏輯組合，以最大的 2 個次方數大小的方塊群組化，並將各個群組以最簡單的邏輯式標示。

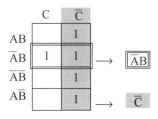

4. 在這裡可以看到所有的邏輯組合可以被化簡成兩個群組，而每個群組所相對應的布林代數組合便是最簡化的布林代數方程式。

$$X = \overline{A}B + \overline{A}\,\overline{B}\,\overline{C} + AB\overline{C} + A\overline{B}\,\overline{C}$$
$$= \overline{A}B + \overline{C}$$

1.5 多工器與解多工器

組合邏輯的另外一個重要的應用是多工器（Multiplexer）與解多工器（De-multiplexer）。

所謂的多工器，指的是將一個硬體或者是資料的通道作多重用途的使用；單一的硬體當然在同一個時間不可能同時進行多樣的工作，但是卻可以藉著硬體電路的切換選擇，依照使用者所設定的順序，利用單一的硬體完成多個不同的工作，這就是多工器的目的。換句話說，多工器的目的就是要分享有限的資源。例如，當數位元件之間只有單一的資料通道，如果必須要顯示多個事件的狀態就必須以多工器切換的方式依序的顯示，如圖 1-20 所示。藉由選擇設定的切換，在輸出端便可以依照使用者能設定得到不同事件的狀態。

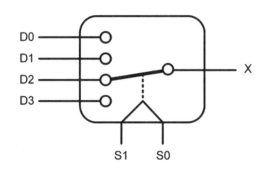

Select Setting		Output
S1	S0	X
0	0	D0
0	1	D1
1	0	D2
1	1	D3

圖 1-20　多工器資料切換

　　相反地，如果需要經由單一個資料路徑將某一個狀態傳遞到不同的系統元件時，也可以利用類似的觀念進行傳輸資料的切換，以達到分享的效果，這樣的功能元件稱之為解多工器，如圖 1-21 所示。藉由選擇設定的切換，可以依照使用者設定將資料傳輸到不同的輸出端或者系統元件。

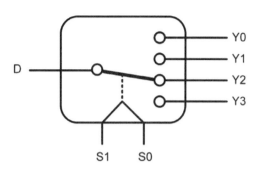

Select Setting		Output
S1	S0	D
0	0	Y0
0	1	Y1
1	0	Y2
1	1	Y3

圖 1-21　解多工器資料切換

1.6　順序邏輯

在前面所敘述的各種組合邏輯、布林運算或者數學運算等等的數位訊號處理，它們的運算結果都只和運算當時的輸入條件狀態有關係，而和其他時間的系統狀態無關。但是如果數位訊號的運算與系統過去的狀態有關，或者則是和某一個輸入條件曾經發生的狀態有關時，這時候所運用到的數位系統觀念稱之為順序邏輯（Sequential Logic）。簡單地說，順序邏輯就是有記憶的邏輯運算。有記憶的邏輯元件基本上都是由正反器（Flip-Flop）及暫存器（Register）所組成的。

正反器與暫存器

■SR 正反器

正反器的種類有許多種，最基本的 SR 正反器的運作是可以由 NAND 或 NOR 來說明它的基本觀念，如圖 1-22 所示。

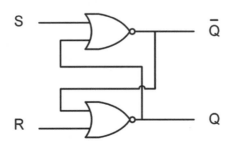

Input		Output	
S	R	Q	
0	0	Q	保持 Hold
0	1	0	清除 Reset
1	0	1	設定 Set
1	1	Not Allowed	

圖 1-22　SR 正反器

由眞值表可以清楚地看到，藉由輸入端的設定可以將輸出端的狀態保持、清除或者設定，如此便可以將某一事件的狀態加以保留，而達到記憶的效果。而由於輸入端的狀態改變隨時會直接影響到輸出端的狀態，因此可以將 SR 正反器改良成爲具有控制閘（Gated）的 SR 正反器，如圖 1-23 所示。

藉由控制閘 G 的訊號控制，只有當 G=1 的時候輸入端 S 與 R 的狀態才能夠改變輸出端的 Q 狀態。如此一來，輸出端的狀態 Q 就可以更正確而有效地維持。

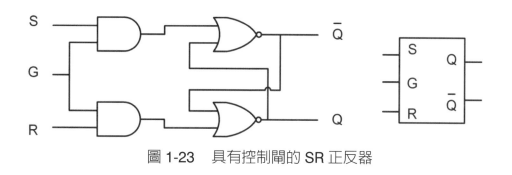

圖 1-23　具有控制閘的 SR 正反器

■D 正反器

　　如果正反器的用途只是要鎖定某一個狀態的話，這時候可以使用 D 正反器，如圖 1-24 所示。當 G = 1 時，便可以將當時 D 的狀態鎖定在正反器的輸出 Q，直到下一次 G = 1 時才會再次更新鎖定的狀態。

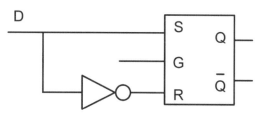

圖 1-24　具有控制閘的 D 正反器

■JK 正反器

　　JK 正反器則是將兩級 SR 正反器串聯在一起，可以更有效地避免輸入端的訊號波動意外地造成輸出端的狀態改變，如圖 1-25 所示。同時 JK 正反器的設計提供了另外一項的輸入設定選擇：當兩個輸入端皆為 1 時，輸出端將會做反向的變化；如果此時輸出端為 1，則將反向變為 0；如果輸出端為 0，則將反向變為 1。這樣的反向變化在許多特定的應用中是非常地有用。

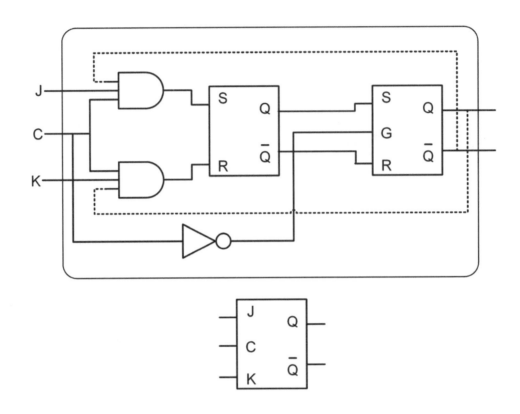

Input		Output	
J	K	Q	
0	0	Q	保持 Hold
0	1	0	清除 Reset
1	0	1	設定 Set
1	1	$\overline{Q}$	反向 Toggle

圖 1-25　JK 正反器

■ 移位暫存器

　　如果將多個 JK 正反器串接起來，便可以得到一組多位元的資料記憶體。
而這一組資料記憶體可以藉由硬體的設計，讓資料能夠以串列或並列的方式傳
送到其他相關元件中。例如圖 1-26 便是一個可以將資料以並列方式傳入再以

串列方式傳出的一組資料記憶體。這樣的資料記憶體又可以稱之爲移位暫存器
（Shift Register）。

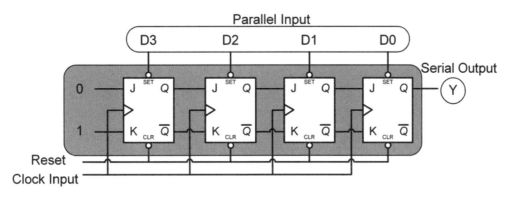

圖 1-26　移位暫存器

計數器

　　計數器是一個非常重要的數位邏輯元件，它可以用來記錄事件發生的次
數，也可以用來計算事件發生所經過的時間，也就是計時器。計數器是每一個
微處理器所必備的元件。最基本的計數器是漣波計數器（Ripple Counter），其
架構圖如圖 1-27 所示。由計數器的結構圖可以看到，當每一次計數波形有所
改變的時候，暫存器所代表的數值將會被遞加一而達到計數的功能。

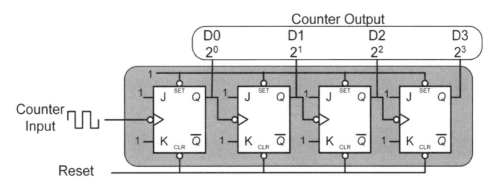

圖 1-27　漣波計數器

　　有了對於上述的數位邏輯元件的基本認識，將有助於讀者了解在各種微處理器中的硬體電路組成，以便發揮微處理器的最大功能。如果讀者想要對邏輯電路有更深一層的了解，可以參考坊間眾多的邏輯設計或者數位電路教科書。在此強烈建議讀者必須要有適當的數位電路背景，才能夠完整地學習到微處理器的功能與應用技巧。

1.7　數值的邏輯計算

　　在微處理器的系統中，由於資料處理是以 8 個位元（bit），或稱為位元組（byte）為單位，因此在資料進行邏輯處理時，必須以 8 個位元同時進行邏輯運算。這樣的數值邏輯運算除了必要的場合之外，有時是為了擷取特定的狀態資料，有時則是為了快速調整同一位元組的數值，而不用逐一位元地調整。

　　例如，在前面監視油槽的範例中，如果需要判斷是否有任一油槽的溫度是否達到上限，這樣的需求可以有兩種作法：1. 逐一位元檢查；2. 利用數值邏輯運算同時檢查所有相關位元。

　　如果選擇逐一位元檢查，則需要四個步驟分別檢查 T0,T1,T2,T3 四個位元，判斷每一個位元是否為 1 即可知道是否有任一油槽達到溫度上限。這樣的作法雖然直覺簡單，但是卻耗費時間與運算資源。

　　如果選擇使用位元組的邏輯計算，則可以快速完成多個位元的檢查。例如，將油槽的狀態位元組設為資料 A ，如果需要判斷是否某一個油槽溫度都超過上限，則可以使用下列邏輯計算：

$$L = A \text{ AND } (10101010)_2$$

只要 L 的數值不是 0，即代表所檢測的條件成立，也就是有某一個或多個油槽溫度超過上限。

　　例如油槽檢測資料目前為 10110001，若檢測條件為是否有任一油槽溫度超過上限，則使用下列邏輯計算：

$$L = (10110001)_2 \text{ AND } (10101010)_2 = (10100000)_2$$

由於 L 的結果不為 0，代表至少有一個油槽的溫度超過上限。雖然這樣的運算無法明確得知哪一個油槽溫度超過上限，卻可以用一次的邏輯運算得知需要的檢測結果，可以有效降低運算時間與資源。

上述範例中利用 0 將不須檢測的條件位元利用 AND 運算的特性加以忽略，而使用 1 保留所需檢測的位元。類似的數值邏輯運算也可以使用 OR 或 XOR 擷取出適當的位元資料進行所需的邏輯判斷，是使用微處理器基本而必要的手段。

如果所需要的檢測條件改為是否全部的油槽溫度都超過上限，則可以改用 OR 的邏輯運算。只是需要將邏輯運算式改為

$$L = A \text{ OR } (01010101)_2$$

並判斷結果是否全部為 1 即可。

例如油槽檢測資料目前為 10110001，若檢測條件為是否全部油槽溫度都超過上限，則使用下列邏輯計算：

$$L = (10110001)_2 \text{ OR } (01010101)_2 = (11110101)_2$$

由於 OR 運算的特性，因此 bit 1 與 bit 3 不是 1，所以只要檢查 L 是否所有位元皆為 1，即可判斷是否全部油槽溫度皆超過上限。範例中因為 OR 運算的特性，使用 1 將所有壓力檢測位元加以忽略，而以 0 檢測溫度位元。

PIC18 微控制器簡介

　　單晶片微控制器的應用非常地廣泛，從一般的家電生活用品、工業上的自動控制，一直到精密複雜的醫療器材都可以看到微控制器的蹤影。而微控制器的發展隨著時代與科技的進步變得日益複雜，不斷有新功能的增加，使微控制器的硬體架構更為龐大。從早期簡單的數位訊號輸出入控制，到現今許多功能強大使用複雜的通訊介面，先進的微控制器已不再是早期簡單的數位邏輯元件組合。

　　在眾多的微控制器市場競爭中，8 位元的微控制器一直是市場的主流，不論是低階或高階的應用往往都以 8 位元的微控制器作為基礎核心，逐步地發展成熟而成為實際應用的產品。雖然科技的發展與市場的競爭，許多領導的廠商已經推出更先進的微控制器，例如 16 位元或 32 位元的微處理器，或者是具備數位訊號處理功能的 DSP 控制器，但是在一般的商業應用中仍然以 8 位元的微控制器為市場的大宗。除了因為 8 位元微控制器的技術已臻於成熟的境界，眾多的競爭者造成產品價格的合理化，各家製造廠商也提供了完整的周邊功能與硬體特性，使得 8 位元微控制器可以滿足絕大部分的使用者需求。

　　在眾多的 8 位元微控制器競爭者之中，Microchip® 的 PIC® 系列微控制器擁有全世界第一的市場占有率，這一系列的微控制器提供了為數眾多的硬體變化與功能選擇。從最小的 6 支接腳簡單微控制器，到 84 支接腳的高階微控制器，Microchip® 提供了使用者多樣化的選擇。從 PIC10、12、16 到 18 系列的微控制器，使用者不但可以針對自己的需求與功能選擇所需要的微控制器，而且各個系列之間高度的軟體與硬體相容性讓程式設計得以發揮最大的功能。

　　在過去的發展歷史中，Microchip® 成功地發展了從 PIC10、12 與 16 系列的基本 8 位元微控制器，至今仍然是市場上基礎微控制器的主流產品。近幾年來，Microchip® 也成功地發展了更進步的產品，也就是 PIC18 系列微控制器。
PIC18 系列微控制器是 Microchip® 在 8 位元微控制器的高階產品，不但全系
列皆配置有硬體的乘法器，而且藉由不同產品的搭配，所有相關的周邊硬體都
可以在 PIC18 系列中找到適合的產品使用。除此之外，Microchip 並為 PIC18
系列微控制器開發了 C18 與 XC8 的 C 語言程式編譯器，提供使用者更有效率
的程式撰寫工具。透過 C 語言程式庫的協助，使用者可以撰寫許多難度較高或
者是較為複雜的應用程式，例如 USB 與 Ethernet 介面硬體使用的相關程式，
使得 PIC18 系列微控制器成為一個功能強大的微控制器系列產品。

而隨著科技的進步，Microchip® 也將相關產品的程式記憶體從早期的一次
燒錄（One-Time Programming, OTP）及可抹除記憶體（EEPROM），提升到
容易使用的快閃記憶體（Flash ROM），使開發工作的進行更為快速而便利。

2.1　Microchip® 產品的優勢

RISC 架構的指令集

PIC® 系列微控制器的架構是建立在改良式的哈佛（Harvard）精簡指令集
（RISC, Reduced Instruction Set Computing）的基礎上，並且提供了全系列產
品無障礙的升級途徑，所以設計者可以使用類似的指令與硬體完成簡單的 6 支
腳位 PIC10 微控制器的程式開發，或者是高階的 100 支腳位 PIC18 微控制器
的應用設計。這種不同系列產品之間的高度相容性使得 PIC® 系列微控制器提
供更高的應用彈性，而設計者也可以在同樣的開發設計環境與觀念下快速地選
擇並完成相關的應用程式設計。

核心硬體的設計

所有 PIC 系列微控制器，設計開發上有著下列一貫的觀念與優勢：

- 不論使用的是 12 位元、14 位元或者是 16 位元的指令集，都有向下相
  容的特性；而且這些指令集與相對應的核心處理器硬體都經過最佳化

的設計，以提供最大的效能與計算速度。

- 由於採用哈佛（Harvard）式匯流排的硬體設計，程式與資料是在不同的匯流排上傳輸，可以避免運算處理時的瓶頸並增加整體性能的表現。

- 而且硬體上採用兩階段式的指令擷取方式，使處理器在執行一個指令的同時可以先行擷取下一個執行指令，而得以節省時間提高運算速度。

- 在指令與硬體的設計上，每一個指令都只占據一個字元（word）的長度，因此可以加強程式的效率並降低所需要的程式記憶體空間。

- 對於不同系列的微處理器，僅需要最少 33 個指令，最高 83 個指令，因此不論是學習撰寫程式或者進行除錯測試，都變得相對地容易。

- 而高階產品向下相容的特性，使得設計者可以保持原有的設計觀念與硬體投資，並保留已開發的工作資源，進而提高程式開發的效率並減少所需要的軟硬體投資。

▌硬體整合的周邊功能

　　PIC® 系列微控制器提供了多樣化的選擇，並將許多商業上標準的通訊協定與控制硬體與核心控制器完整地整合。因此，只要使用簡單的指令，便可以將複雜的資料輸出入功能或運算快速地完成，有效地提升控制器的運算效率。如圖 2-1 所示，PIC® 系列微控制器提供內建整合的通訊協定與控制硬體包括：

■ 通訊協定與硬體

- RS232/RS485
- SPI
- I²C
- CAN
- USB
- LIN
- Radio Frequency (RF)
- TCP/IP

CHAPTER

2

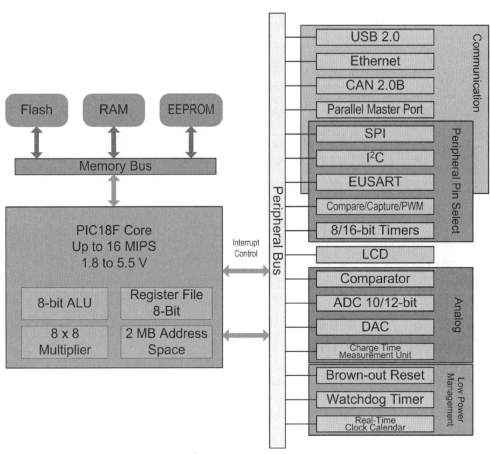

圖 2-1 Microchip® PIC18F 系列硬體整合的周邊功能

■ 控制與時序周邊硬體

- 訊號捕捉（Input Capture）
- 輸出比較（Output Compare）
- 波寬調變（Pulse Width Modulator, PWM）
- 計數器／計時器（Counter/Timer）
- 監視（看門狗）計時器（Watchdog Timer）

■ 資料顯示周邊硬體

- 發光二極體 LED 驅動器

- 液晶顯示器 LCD 驅動器

■ 類比周邊硬體

- 最高達 12 位元的類比數位轉換器
- 類比訊號比較器及運算放大器
- 電壓異常偵測
- 低電壓偵測
- 溫度感測器
- 震盪器
- 參考電壓設定
- 數位類比訊號轉換器

　　同時在近期推出的新產品採用了許多低功率消耗的技術，在特定的狀況下可以將微控制器設定為睡眠或閒置的狀態。在這個狀態下，控制器將消耗相當低的功率而得以延長系統電池使用的時間。

整合式發展工具

　　Microchip® 提供了許多便利的發展工具供程式設計者使用。從整合式的發展環境 MPLAB X IDE 提供使用者利用各種免費的 MPASM 組合語言組譯器撰寫程式，到價格便宜的 C18 或 XC8 編譯器（學生版為免費提供），以及物廉價美的 ICD4、PICKit4 程式燒錄除錯器，讓一般使用者甚至於學生可以在個人電腦上面完成各種形式微控制器程式的撰寫與除錯。同時 Microchip® 也提供了許多功能完整的測試實驗板以及程式燒錄模擬裝置，可以提供更完善和強大的功能，讓使用者可以完全地測試相關的軟硬體而減少錯誤發生的機會。

16 位元的數位訊號控制器

　　除了在 8 位元微控制器的完整產品線之外，Microchip® 也提供了更進步的 16 位元數位訊號控制器（dsPIC 系列產品）與 PIC24 系列產品，以及 32 位元

CHAPTER

2

的 PIC32 系列微控制器。由於商品的相似性與相容性,降低了使用者進入高階數位訊號控制器的門檻。而 dsPIC® 數位訊號控制器不但提供了功能更完整強大的周邊硬體之外,同時也具備有硬體的數位訊號處理(Digital Signal Processing, DSP)引擎,能夠做高速有效的數位訊號運算處理。

上述眾多的優點及產品的一致性與相容性,讓使用者可以針對單一 PIC 系列微控制器進行深入而有效的學習之後,快速地將相關的技巧與觀念轉換到其他適合的微控制器上。因此,使用者不需要花費許多時間學習不同的工具及微控制器的特性或指令,便可以根據不同的系統需求選擇適合的微控制器完成所需要的工作。

也就是因為上述的考量,本書將利用功能較為完整的 8 位元的 PIC18F45K22 微控制器作為本書介紹基本功能微處理器的範例。這個 8 位元微處理器延續 PIC18 早期的代表性產品 PIC18F452 與 PIC18F4520 的功能,隨著微控制器技術的進步,持續擴充其功能,也同時保持與前期產品的高度相容性。由於 PIC18F45K22 微控制器配備有許多核心處理器與周邊硬體的功能,在後續的章節中我們將先作一個入門的介紹,然後在介紹特定硬體觀念時再一一地作完整的功能說明與實用技巧的範例演練。

2.2　PIC18 系列微控制器簡介

▌功能簡介

以 PIC18F45K22 微控制器為例,它是一個 40(DIP)或 44(PLCC/QTFP)支腳位的 8 位元微控制器,它是由 PIC18F452 與 PIC18F4520 微控制器所衍生的新一代微控制器。這兩個微控制器的基本功能簡列如表 2-1 所示。

表 2-1　PIC18F4520 與 PIC18F45K22 微控制器基本功能表

特性〔Features〕	PIC18F4520	PIC18F45K22
操作頻率〔Operating Frequency〕	DC-40 MHz	DC-64 MHz
程式記憶體〔Program Memory〕(Bytes)	32768	32768

表 2-1　（續）

特性〔Features〕	PIC18F4520	PIC18F45K22
程式記憶體〔Program Memory〕（Instructions）	16384	16384
資料記憶體〔Data Memory〕（Bytes）	1536	1536
EEPROM資料記憶體〔Data EEPROM Memory〕（Bytes）	256	256
中斷來源〔Interrupt Sources〕	20	33
輸出入埠〔I/O Ports〕	Ports A, B, C, D, E	Ports A, B, C, D, E
計時器〔Timers〕（8/16-bit）	4	3/4
CCP模組〔Capture/Compare/PWM Module〕	1	2
增強CCP模組〔Enhanced CCP Module〕	1	2
串列通訊協定〔Serial Communications〕	MSSP, Enhanced USART	2×MSSP, 2×Enhanced USART
並列通訊協定〔Parallel Communications〕	PSP	-
10 位元類比轉數位訊號模組〔10-bit Analog-to-Digital Module〕	13 Input Channels	28 input channels 2 Internal
重置功能〔RESETS〕	POR, BOR, RESET Instruction, Stack Full, Stack Underflow, (PWRT, OST), MCLR (optional), WDT	POR, BOR, RESET Instruction, Stack Full, Stack Underflow (PWRT, OST), MCLR (optional), WDT
可程式高低電壓偵測〔Programmable Low Voltage Detect〕	Yes（高低電壓）	Yes（低電壓）
可程式電壓異常偵測〔Programmable Brown-out Reset〕	Yes	Yes
組合語言指令集〔Instruction Set〕	75 Instructions; 83 with Extended Instruction Set enabled	75; 83 with Extended Instruction Set enabled
IC封裝〔Packages〕	40-pin PDIP 44-pin QFN 44-pin TQFP	40-pin DIP 44-pin PLCC 44-pin TQFP

CHAPTER

2

CHAPTER

2

　　由表 2-1 的比較可以看到 PIC18F45K22 微控制器與發展較早的 PIC18F4520 微控制器具有高度的相容性。

◈ PIC18 微控制器共同的硬體特性

❑ 高效能的精簡指令集核心處理器
❑ 使用最佳化的 C 語言編譯器架構與相容的指令集
❑ 核心指令相容於傳統的 PIC16 系列微處理器指令集
❑ 高達 64 K 位元組的線性程式記憶體定址
❑ 高達 1.5 K 位元組的線性資料記憶定址
❑ 多達 1024 位元組的 EEPROM 資料記憶
❑ 位置高達 16 MIPS 的操作速度
❑ 可使用 DC～64 MHz 的震盪器或時序輸入
❑ 可配合四倍相位鎖定迴路（PLL）使用的震盪器或時序輸入

■ 周邊硬體功能特性

❑ 每支腳位可輸出入高達 25 mA 電流
❑ 三個外部的中斷腳位
❑ TIMER0 模組：配備有 8 位元可程式的 8 位元或 16 位元計時器／計數器
❑ TIMER1/3/5 模組：16 位元計時器／計數器
❑ TIMER2/4/6 模組：配備有 8 位元週期暫存器的 8 位元計時器／計數器
❑ 可選用輔助的外部震盪器時需輸入計時器：TIMER1/TIMER3/TIMER5
❑ 兩組輸入捕捉／輸出比較／波寬調變（CCP）模組
　• 16 位元輸入捕捉，最高解析度可達 6.25 ns
　• 16 位元輸出比較，最高解析度可達 100 ns
　• 波寬調變輸出可調整解析度為 1-10 位元，最高解析度可達 39 kHz（10 位元解析度）～156 kHz（8 位元解析度）
❑ 兩組增強型的 CCP 模組
　• 1、2 或 4 組 PWM 輸出
　• 可選擇的輸出極性、可設定的空乏時間

・自動停止與自動重新啓動

❏ 主控式同步串列傳輸埠模組（MSSP）：可設定爲 SPI 或 I²C 通訊協定模式

❏ 可定址的通用同步／非同步傳輸模組：支援 RS-485 與 RS-232 通訊協定

❏ 被動式並列傳輸埠模組（PSP）

■ 類比訊號功能特性

❏ 高採樣速率的 10 位元類比數位訊號轉換器模組

❏ 類比訊號比較模組

❏ 可程式並觸發中斷的低電壓偵測

❏ 可程式的電壓異常重置

■ 特殊的微控制器特性

❏ 可重複燒寫 100,000 次的程式快閃（Flash）記憶體

❏ 可重複燒寫 1,000,000 次的 EEPROM 資料記憶體

❏ 大於 40 年的快閃程式記憶體與 EEPROM 資料記憶體資料保存

❏ 可由軟體控制的自我程式覆寫

❏ 開機重置、電源開啓計時器及震盪器開啓計時器

❏ 內建 RC 震盪電路的監視計時器（看門狗計時器）

❏ 可設定的程式保護裝置

❏ 節省電能的睡眠模式

❏ 可選擇的震盪器模式

❏ 4 倍相位鎖定迴路

❏ 輔助的震盪器時序輸入

❏ 5 伏特電壓操作下使用兩支腳位的線上串列程式燒錄（In-Circuit Serial Programming, ICSP）

❏ 僅使用兩支腳位的線上除錯（In-CircuitDebugging, ICD）

■ CMOS 製造技術

❏ 低耗能與高速度的快閃程式記憶體與 EEPROM 資料記憶體技術

❏ 完全的靜態結構設計
❏ 寬大的操作電壓範圍（2.0 V～5.5 V）
❏ 符合工業標準更擴大的溫度操作範圍

增強的新功能

　　PIC18F45K22 微控制器不但保持了優異的向下相容性，同時也增加了許多新的功能；特別是在核心處理器與電能管理方面，更是有卓越的進步。以下所列為較為顯著的改變之處：

■ 電能管理模式

　　除了過去所擁有的執行與睡眠模式之外，新增加了閒置（idle）模式。在閒置模式下，核心處理器將會停止作用，但是其餘的周邊硬體可以選擇性的繼續保持作用，並且可以在中斷訊號發生的時候喚醒核心處理器進行必要的處理工作。藉由閒置模式的操作，不但可以節約核心處理器不必要的電能浪費，同時又可以藉由周邊硬體的持續操作維持微控制器的基本功能，因此可以在節約電能與工作處理之間取得一個有效的平衡。

　　同時為了縮短電源啟動或者系統重置時微控制器應用程式啟動執行的時間，PIC18F45K22 微控制器並增加了雙重速度的震盪器啟動模式。當啟動雙重輸出的模式時，腳位控制器取得穩定的外部震盪器時序脈波之前，可以先利用微控制器所內建的 RC 震盪電路時序脈波進行相關的開機啟動工作程序；一旦外部震盪器時序脈波穩定之後，便可以切換至主要的外部時序來源而進入穩定的操作狀態。這樣的雙重速度震盪器啟動功能可以有效縮短微控制器在開機時等待穩定時序脈波所需要的時間。

　　除此之外，藉由新的半導體製程有效地將微控制器的電能消耗降低，在睡眠模式下可以僅使用低於 0.1 微安培的電量，將有助於延長使用獨立電源時的系統操作時間。

■ PIC18F45K22 微控制器增強的周邊功能

　　除了維持傳統的 PIC18F4520 微控制器眾多周邊功能之外，PIC18F45K22

微控制器增強或改善了許多新的周邊硬體功能。包括：

- 增強的周邊硬體功能
  - 多達 28 個通道的 10 位元解析度類比數位訊號轉換模組
  - 具備自動偵測轉換的能力
  - 獨立化的通道選擇設定位元
  - 可在睡眠模式下進行訊號轉換
- 二個具備輸入多工切換的類比訊號比較器
- 加強的可定址 USART 模組
  - 支援 RS-485, RS-232 與 LIN 1.2 通訊模式
  - 無需外部震盪器的 RS-232 操作
  - 外部訊號啓動位元的喚醒功能
  - 自動的鮑率（Baud Rate）偵測與調整
- 加強的 CCP 模組，提供更完整的 PWM 波寬調變功能
  - 可提供 1、2 或 4 組 PWM 輸出
  - 可選擇輸出波形的極性
  - 可設定的空乏時間（deadtime）
  - 自動關閉與自動重新啓動

■ 彈性的震盪器架構

- 可高達 64 MHz 操作頻率的四種震盪器選擇模式
- 輔助的 TIMER1 震盪時序輸入
- 可運用於高速石英震盪器與內部震盪電路的 4 倍鎖相迴路（PLL, Phase Lock Loop）
- 加強的內部 RC 震盪器電路區塊：
  - 八個可選擇的操作頻率：31 kHz 到 8 MHz。提供完整的時脈操作速度
  - 使用鎖相迴路（PLL）時可選擇 31 kHz 到 32 MHz 的時脈操作範圍
  - 可微調補償頻率飄移。
- 時序故障保全監視器：當外部時序故障時，可安全有效的保護微控制器操作。

CHAPTER

2

■ 微控制器的特殊功能

- 更為廣泛的電壓操作範圍：2.0 V～5.5 V
- 可程式設定十六個預設電壓的高／低電壓偵測模組，並提供中斷功能。

這些加強的新功能，搭配傳統既有的功能使得 PIC18F45K22 微控制器得以應付更加廣泛的實務應用與處理速度的要求。

2.3　PIC18F45K22 微控制器腳位功能

由於 PIC18F45K22 微控制器與 PIC18F 系列的高度相容性與優異功能，在本書後續的內容中將以 PIC18F45K22 微控制器作為應用說明的對象，但是讀者仍然可以將相關應用程式使用於較早發展的 PIC18F 微控制器。相關的應用程式範例也會盡量使用與其他系列的 PIC® 微控制器相容的指令集，藉以增加範例程式的運用範圍。

PIC18F45K22 微控制器硬體架構方塊示意圖如圖 2-2 所示。

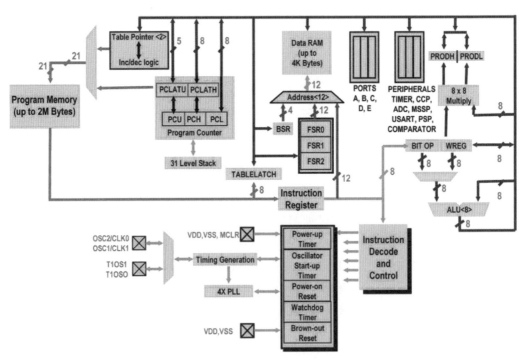

圖 2-2　PIC18F45K22 微控制器硬體架構示意圖

◎ PIC18F45K22 微控制器腳位功能

PIC18F45K22 微控制器相關的腳位功能設定如圖 2-3 所示。

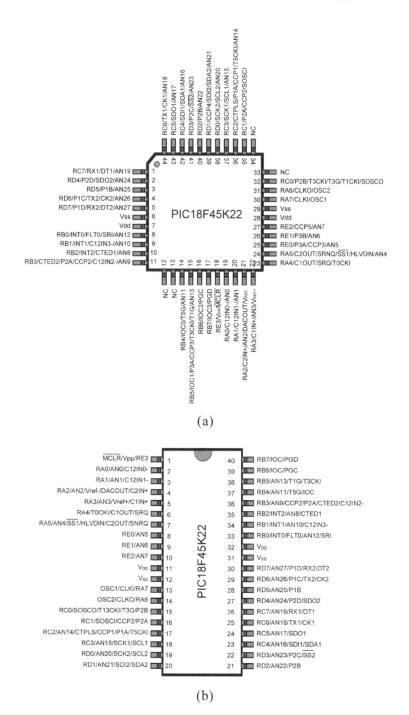

(a)

(b)

圖 2-3 PIC18F45K22 微控制器腳位圖：(a) 44 pins TQFP，(b) 40 pins PDIP

PIC18F45K22 微控制器相關的腳位功能說明如表 2-2 所示。

表 2-2(1)　PIC18F45K22 微控制器相關的腳位功能（PORTA）

Pin Number（腳位編號）				Pin Name（腳位名稱）	Pin Type	Buffer Type	Description（功能敘述）
PDIP	TQFP	QFN	UQFN				
2	19	19	17	RA0/C12IN0-/AN0			
				RA0	I/O	TTL	Digital I/O.
				C12IN0-	I	Analog	Comparators C1 and C2 inverting input.
				AN0	I	Analog	Analog input 0.
3	20	20	18	RA1/C12IN1-/AN1			
				RA1	I/O	TTL	Digital I/O.
				C12IN1-	I	Analog	Comparators C1 and C2 inverting input.
				AN1	I	Analog	Analog input 1.
4	21	21	19	RA2/C2IN+/AN2/DACOUT/V_{REF-}			
				RA2	I/O	TTL	Digital I/O.
				C2IN+	I	Analog	Comparator C2 non-inverting input.
				AN2	I	Analog	Analog input 2.
				DACOUT	O	Analog	DAC Reference output.
				V_{REF-}	I	Analog	A/D reference voltage (low) input.
5	22	22	20	RA3/C1IN+/AN3/V_{REF+}			
				RA3	I/O	TTL	Digital I/O.
				C1IN+	I	Analog	Comparator C1 non-inverting input.
				AN3	I	Analog	Analog input 3.
				V_{REF+}	I	Analog	A/D reference voltage (high) input.
6	23	23	21	RA4/C1OUT/SRQ/T0CKI			
				RA4	I/O	ST	Digital I/O.
				C1OUT	O	CMOS	Comparator C1 output.
				SRQ	O	TTL	SR latch Q output.
				T0CKI	I	ST	Timer0 external clock input.
7	24	24	22	RA5/C2OUT/SRNQ/$\overline{SS1}$/HLVDIN/AN4			
				RA5	I/O	TTL	Digital I/O.
				C2OUT	O	CMOS	Comparator C2 output.
				$\overline{SRNQ}$	O	TTL	SR latch Q output.
				$\overline{SS1}$	I	TTL	SPI slave select input (MSSP1).
				HLVDIN	I	Analog	High/Low-Voltage Detect input.
				AN4	I	Analog	Analog input 4.
14	31	33	29	RA6/CLKO/OSC2			
				RA6	I/O O	TTL	Digital I/O.
				CLKO		—	In RC mode, OSC2 pin outputs CLKOUT which has 1/4 the frequency of OSC1 and denotes the instruction cycle rate.
				OSC2	O	—	Oscillator crystal output. Connects to crystal or resonator in Crystal Oscillator mode.
13	30	32	28	RA7/CLKI/OSC1			
				RA7	I/O	TTL	Digital I/O.
				CLKI	I	CMOS	External clock source input. Always associated with pin function OSC1.
				OSC1	I	ST	Oscillator crystal input or external clock source input ST buffer when configured in RC mode; CMOS otherwise.

表 2-2(2)　PIC18F45K22 微控制器相關的腳位功能（PORTB）

Pin Number（腳位編號）				Pin Name（腳位名稱）	Pin Type	Buffer Type	Description（功能敘述）
PDIP	TQFP	QFN	UQFN				
33	8	9	8	RB0/INT0/FLT0/SRI/AN12			
				RB0	I/O	TTL	Digital I/O.
				INT0	I	ST	External interrupt 0.
				FLT0	I	ST	PWM Fault input for ECCP Auto-Shutdown.
				SRI	I	ST	SR latch input.
				AN12	I	Analog	Analog input 12.
34	9	10	9	RB1/INT1/C12IN3-/AN10			
				RB1	I/O	TTL	Digital I/O.
				INT1	I	ST	External interrupt 1.
				C12IN3-	I	Analog	Comparators C1 and C2 inverting input.
				AN10	I	Analog	Analog input 10.
35	10	11	10	RB2/INT2/CTED1/AN8			
				RB2	I/O	TTL	Digital I/O.
				INT2	I	ST	External interrupt 2.
				CTED1	I	ST	CTMU Edge 1 input.
				AN8	I	Analog	Analog input 8.
36	11	12	11	RB3/CTED2/P2A/CCP2/C12IN2-/AN9			
				RB3	I/O	TTL	Digital I/O.
				CTED2	I	ST	CTMU Edge 2 input.
				P2A[2]	O	CMOS	Enhanced CCP2 PWM output.
				CCP2[2]	I/O	ST	Capture 2 input/Compare 2 output/PWM 2 output.
				C12IN2-	I	Analog	Comparators C1 and C2 inverting input.
				AN9	I	Analog	Analog input 9.
37	14	14	12	RB4/IOC0/T5G/AN11			
				RB4	I/O	TTL	Digital I/O.
				IOC0	I	TTL	Interrupt-on-change pin.
				T5G	I	ST	Timer5 external clock gate input.
				AN11	I	Analog	Analog input 11.
38	15	15	13	RB5/IOC1/P3A/CCP3/T3CKI/T1G/AN13			
				RB5	I/O	TTL	Digital I/O.
				IOC1	I	TTL	Interrupt-on-change pin.
				P3A[1]	O	CMOS	Enhanced CCP3 PWM output.
				CCP3[1]	I/O	ST	Capture 3 input/Compare 3 output/PWM 3 output.
				T3CKI[2]	I	ST	Timer3 clock input.
				T1G	I	ST	Timer1 external clock gate input.
				AN13	I	Analog	Analog input 13.
39	16	16	14	RB6/IOC2/PGC			
				RB6	I/O	TTL	Digital I/O.
				IOC2	I	TTL	Interrupt-on-change pin.
				PGC	I/O	ST	In-Circuit Debugger and ICSP™ programming clock pin.
40	17	17	15	RB7/IOC3/PGD			
				RB7	I/O	TTL	Digital I/O.
				IOC3	I	TTL	Interrupt-on-change pin.
				PGD	I/O	ST	In-Circuit Debugger and ICSP™ programming data pin.

CHAPTER

2

表 2-2(3)　PIC18F45K22 微控制器相關的腳位功能（PORTC）

Pin Number（腳位編號）				Pin Name（腳位名稱）	Pin Type	Buffer Type	Description（功能敘述）
PDIP	TQFP	QFN	UQFN				
15	32	34	30	RC0/P2B/T3CKI/T3G/T1CKI/SOSCO			
				RC0	I/O	ST	Digital I/O.
				P2B[2]	O	CMOS	Enhanced CCP1 PWM output.
				T3CKI[1]	I	ST	Timer3 clock input.
				T3G	I	ST	Timer3 external clock gate input.
				T1CKI	I	ST	Timer1 clock input.
				SOSCO	O	—	Secondary oscillator output.
16	35	35	31	RC1/P2A/CCP2/SOSCI			
				RC1	I/O	ST	Digital I/O.
				P2A[1]	O	CMOS	Enhanced CCP2 PWM output.
				CCP2[1]	I/O	ST	Capture 2 input/Compare 2 output/PWM 2 output.
				SOSCI	I	Analog	Secondary oscillator input.
17	36	36	32	RC2/CTPLS/P1A/CCP1/T5CKI/AN14			
				RC2	I/O	ST	Digital I/O.
				CTPLS	O	—	CTMU pulse generator output.
				P1A	O	CMOS	Enhanced CCP1 PWM output.
				CCP1	I/O	ST	Capture 1 input/Compare 1 output/PWM 1 output.
				T5CKI	I	ST	Timer5 clock input.
				AN14	I	Analog	Analog input 14.
18	37	37	33	RC3/SCK1/SCL1/AN15			
				RC3	I/O	ST	Digital I/O.
				SCK1	I/O	ST	Synchronous serial clock input/output for SPI mode (MSSP).
				SCL1	I/O	ST	Synchronous serial clock input/output for I²C mode (MSSP).
				AN15	I	Analog	Analog input 15.
23	42	42	38	RC4/SDI1/SDA1/AN16			
				RC4	I/O	ST	Digital I/O.
				SDI1	I	ST	SPI data in (MSSP).
				SDA1	I/O	ST	I²C data I/O (MSSP).
				AN16	I	Analog	Analog input 16.
24	43	43	39	RC5/SDO1/AN17			
				RC5	I/O	ST	Digital I/O.
				SDO1	O	—	SPI data out (MSSP).
				AN17	I	Analog	Analog input 17.
25	44	44	40	RC6/TX1/CK1/AN18			
				RC6	I/O	ST	Digital I/O.
				TX1	O	—	EUSART asynchronous transmit.
				CK1	I/O	ST	EUSART synchronous clock (see related RXx/DTx).
				AN18	I	Analog	Analog input 18.
26	1	1	1	RC7/RX1/DT1/AN19			
				RC7	I/O	ST	Digital I/O.
				RX1	I	ST	EUSART asynchronous receive.
				DT1	I/O	ST	EUSART synchronous data (see related TXx/ CKx).
				AN19	I	Analog	Analog input 19.

CHAPTER

2

表 2-2(4)　PIC18F45K22 微控制器相關的腳位功能（PORTD）

Pin Number（腳位編號）				Pin Name（腳位名稱）	Pin Type	Buffer Type	Description（功能敘述）
PDIP	TQFP	QFN	UQFN				
19	38	38	34	RD0/SCK2/SCL2/AN20			
				RD0	I/O	ST	Digital I/O.
				SCK2	I/O	ST	Synchronous serial clock input/output for SPI mode (MSSP).
				SCL2	I/O	ST	Synchronous serial clock input/output for I²C mode (MSSP).
				AN20	I	Analog	Analog input 20.
20	39	39	35	RD1/CCP4/SDI2/SDA2/AN21			
				RD1	I/O	ST	Digital I/O.
				CCP4	I/O	ST	Capture 4 input/Compare 4 output/PWM 4 output.
				SDI2	I	ST	SPI data in (MSSP).
				SDA2	I/O	ST	I²C data I/O (MSSP).
				AN21	I	Analog	Analog input 21.
21	40	40	36	RD2/P2B/AN22			
				RD2	I/O	ST	Digital I/O
				P2B[1]	O	CMOS	Enhanced CCP2 PWM output.
				AN22	I	Analog	Analog input 22.
22	41	41	37	RD3/P2C/SS2/AN23			
				RD3	I/O	ST	Digital I/O.
				P2C	O	CMOS	Enhanced CCP2 PWM output.
				SS2	I	TTL	SPI slave select input (MSSP).
				AN23	I	Analog	Analog input 23.
27	2	2	2	RD4/P2D/SDO2/AN24			
				RD4	I/O	ST	Digital I/O.
				P2D	O	CMOS	Enhanced CCP2 PWM output.
				SDO2	O	—	SPI data out (MSSP).
				AN24	I	Analog	Analog input 24.
28	3	3	3	RD5/P1B/AN25			
				RD5	I/O	ST	Digital I/O.
				P1B	O	CMOS	Enhanced CCP1 PWM output.
				AN25	I	Analog	Analog input 25.
29	4	4	4	RD6/P1C/TX2/CK2/AN26			
				RD6	I/O	ST	Digital I/O.
				P1C	O	CMOS	Enhanced CCP1 PWM output.
				TX2	O	—	EUSART asynchronous transmit.
				CK2	I/O	ST	EUSART synchronous clock (see related RXx/DTx).
				AN26	I	Analog	Analog input 26.
30	5	5	5	RD7/P1D/RX2/DT2/AN27			
				RD7	I/O	ST	Digital I/O.
				P1D	O	CMOS	Enhanced CCP1 PWM output.
				RX2	I	ST	EUSART asynchronous receive.
				DT2	I/O	ST	EUSART synchronous data (see related TXx/CKx).
				AN27	I	Analog	Analog input 27.

CHAPTER 2

表 2-2(5)　PIC18F45K22 微控制器相關的腳位功能（PORTE）

Pin Number（腳位編號）				Pin Name（腳位名稱）	Pin Type	Buffer Type	Description（功能敘述）
PDIP	TQFP	QFN	UQFN				
8	25	25	23	RE0/P3A/CCP3/AN5			
				RE0	I/O	ST	Digital I/O.
				P3A[2]	O	CMOS	Enhanced CCP3 PWM output.
				CCP3[2]	I/O	ST	Capture 3 input/Compare 3 output/PWM 3 output.
				AN5	I	Analog	Analog input 5.
9	26	26	24	RE1/P3B/AN6			
				RE1	I/O	ST	Digital I/O.
				P3B	O	CMOS	Enhanced CCP3 PWM output.
				AN6	I	Analog	Analog input 6.
10	27	27	25	RE2/CCP5/AN7			
				RE2	I/O	ST	Digital I/O.
				CCP5	I/O	ST	Capture 5 input/Compare 5 output/PWM 5 output
				AN7	I	Analog	Analog input 7.
1	18	18	16	RE3/VPP/MCLR			
				RE3	I	ST	Digital input.
				VPP	P		Programming voltage input.
				MCLR	I	ST	Active-low Master Clear (device Reset) input.

縮寫符號：TTL = TTL compatible input; CMOS = CMOS compatible input or output; ST = Schmitt Trigger input with CMOS levels; I= Input; O = Output; P = Power.

註解

1: 當設定位元為 PB2MX、T3CMX、CCP3MX及CCP2MX 設為1時，預設功能為 P2B、T3CKI、CCP3/P3A 及CCP2/P2A。

2: 當設定位元為PB2MX、T3CMX、CCP3MX及CCP2MX清除為0時，作為P2B、T3CKI、CCP3/P3A及CCP2/P2A的替代腳位。

2.4　PIC18F45K22 微控制器程式記憶體架構

PIC18F45K22 微控制器記憶體可以區分為三大區塊，包括：

- 程式記憶體（Program Memory）
- 隨機讀寫資料記憶體（Data RAM）
- EEPROM 資料記憶體

由於採用改良式的哈佛匯流排架構，資料與程式記憶體使用不同的獨立匯流排，因此核心處理器得以同時擷取程式指令以及相關的運算資料。由於不同的處理器在硬體設計上及使用上都有著完全不同的方法與觀念，因此將針對上面三類記憶體區塊逐一地說明。

▋程式記憶體架構

程式記憶體儲存著微處理器所要執行的指令，每執行一個指令便需要將程式的指標定址到下一個指令所在的記憶體位址。由於 PIC18F45K22 微控制器的核心處理器是一個使用 16 位元（bit）長度指令的硬體核心，因此每一個指令將占據兩個位元組（byte）的記憶體空間。而且 PIC18F45K22 微控制器建置有高達 16 K 個指令的程式記憶空間，因此在硬體上整個程式記憶體便占據了多達 32 K 位元組的記憶空間。

在 PIC18 系列的微處理器上建置一個有 21 位元長度的程式計數器（Program Counter），因此可以對應到高達 2 M 的程式記憶空間。由於 PIC18F45K22 微控制器實際配備有 32 K 位元組的記憶空間，在超過 32 K 位元組的位址將會讀到全部為 0 的無效指令。PIC18F45K22 微控制器的程式記憶體架構如圖 2-4 所示。

在正常的情況下，由於每一個指令的長度為兩個位元組，因此每一個指令的程式記憶體位址都是由偶數的記憶體位址開始，也就是說，程式計數器最低位元將會一直為 0。而每執行完一個指令之後，程式計數器的位址將遞加 2 而指向下一個指令的位址。

而當程式執行遇到需要進行位址跳換時，例如執行特別的函式（CALL、RCALL）或者中斷執行函式（Interrupt Service Routine, ISR）時，必須要將目前程式執行所在的位址作一個暫時的保留，以便於在函式執行完畢時得以回到適當的程式記憶體位址繼續未完成的工作指令；當上述呼叫函式的指令被執行時，程式計數器的內容將會被推入堆疊（Stack）的最上方。或者在執行函式完畢而必須回到原先的程式執行位址的指令（RETURN、RETFIE 及 RETLW）時，必須要將先前保留的程式執行位址由堆疊的最上方位址取出。因此，在硬體上設計有一個所謂的返回位址堆疊（Return Address Stack）暫存器空間，而這一個堆疊暫存器的結構是一個所謂的先進後出（First-In-Last-Out）暫存器。依照函式呼叫的前後順序將呼叫函式時的位址存入堆疊中；越

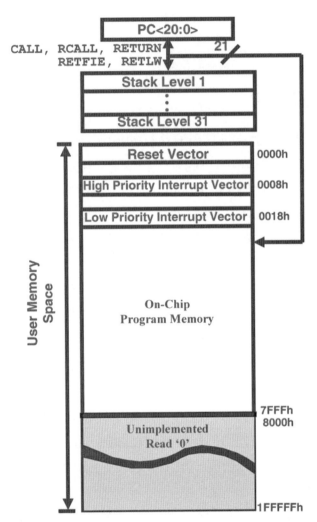

圖 2-4　PIC18F45K22 微控制器程式記憶體架構圖

先呼叫函式者所保留的位址將會被推入越深的堆疊位址。在程式計數器與堆疊存取資料的過程中，並不會改變程式計數器高位元栓鎖暫存器（PCLATH、PCLATU）的內容。

　　返回位址堆疊允許最多達三十一個函式呼叫或者中斷的發生，並保留呼叫時程式計數器所記錄的位址。這個堆疊暫存器是由一個 31 字元（word）深度而且每個字元長度為 21 位元的隨機資料暫存器及一個 5 位元的堆疊指標（Stack Pointer, STKPTR）所組成；這個堆疊指標在任何的系統重置發生時將會被初始化爲 0。在任何一個呼叫函式指令（CALL）的執行過程中，將會引發一個堆疊的推入（push）動作。這時候，堆疊指標將會被遞加 1 而且指標所指的堆疊暫存器位址將會被載入程式計數器的數值。相反地，在任何一個返回程式指令（RETURN）的執行過程中，堆疊指標所指向的堆疊暫存器位址內容將會被推出（pop）堆疊暫存器而轉移到程式計數器，在此同時堆疊指標將會被遞減 1。堆疊的運作如圖 2-5 所示。

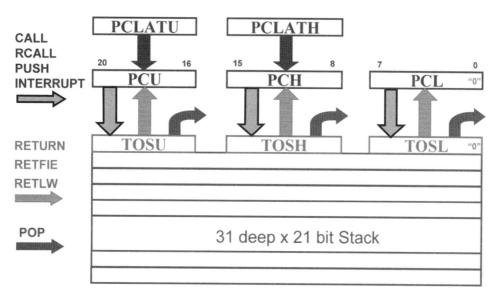

圖 2-5　堆疊的運作

　　堆疊暫存器的空間並不屬於程式資料記憶體的一部分。堆疊指標是一個可讀寫的記憶體，而堆疊最上方所儲存的記憶體位址是可以透過特殊功能暫存器 SFR 來完成讀寫的動作。資料可以藉由堆疊頂端（Top-of-Stack）的特殊功能暫存器被推入或推出堆疊。藉由狀態（Status）暫存器的內容可以檢查堆疊指標是否到達或者超過所提供的 31 層堆疊空間範圍。

　　堆疊頂端的資料記憶體是可以被讀取或者寫入的，在這裡總共有三個資料暫存器 TOSU、TOSH 及 TOSL 被用來保留堆疊指標暫存器（STKPTR）所指向的堆疊位址內容。這樣的設計將允許使用者在必要時建立一個軟體堆疊。在執行一個呼叫函式的指令（CALL、RCALL 及中斷）之後，可以藉由軟體讀取 TOSU、TOSH 及 TOSL 而得知被推入到堆疊裡的數值，然後將這些數值另外存放在使用者定義的軟體堆疊記憶體。而在從被呼叫函式返回時，可以藉由指令將軟體堆疊的數值存放在這些堆疊頂端暫存器後，再執行返回（RETURN）的指令。如果使用軟體堆疊的話，使用者必須注意要將中斷的功能關閉，以避免意外的堆疊操作發生。

▋堆疊指標（STKPTR）

堆疊指標暫存器記錄了堆疊指標的數值，以及堆疊飽滿（Stack Full）狀態位元 STKFUL 與堆疊空乏（Underflow）狀態位元 STKUNF。堆疊指標暫存器的內容如表 2-3 所示。

表 2-3　返回堆疊指標暫存器 STKPTR 位元定義

STKFUL	STKUNF	—	SP4	SP3	SP2	SP1	SP0
bit 7							bit 0

堆疊指標的內容（SP4:SP0）可以是 0 到 31 的數值。每當有數值被推入到堆疊時，堆疊指標將會遞加 1；相反地，當有數值從堆疊被推出時，堆疊指標將會被遞減 1。在系統重置時，堆疊指標的數值將會為 0。使用者可以讀取或者寫入堆疊指標數值，這個功能可以在使用即時操作系統（Real-Time Operation System）的時候用來維護軟體堆疊的內容。

當程式計數器的數值被推入到堆疊中超過 31 個字元的深度時，例如連續呼叫 31 次函式而不做任何返回程式的動作時，堆疊飽滿狀態位元 STKFUL 將會被設定為 1；但是這個狀態位元可以藉由軟體或者是電源啟動重置（POR）而被清除為 0。

當堆疊飽滿的時候，系統所將採取的動作將視設定位元（Configuration bit）STVREN（Stack Overflow Reset Enable）的狀態而定。如果 STVREN 被設定為 1，則第三十一次的推入動作發生時，系統將會把狀態位元 STKFUL 設定為 1 同時並重置微處理器。在重置之後，STKFUL 將會保持為 1 而堆疊指標將會被清除為 0。如果 STVREN 被設定為 0，在第三十一次推入動作發

生時，STKFUL 將會被設定爲 1 同時堆疊指標將會遞加到 31。任何後續的推
入動作將不會改寫第三十一次推入動作所載入的數值，而且堆疊指標將保持爲
31。換句話說，任何後續的推入動作將成爲無效的動作。

當堆疊經過足夠次數的推出動作，使得所有存入堆疊的數值被讀出之
後，任何後續的推出動作將會傳回一個 0 的數值到程式計數器，並且會將 ST-
KUNF 堆疊空乏狀態位元設定爲 1，只是堆疊指標將維持爲 0。STKUNF 將會
被保持設定爲 1，直到被軟體清除或者電源啓動重置發生爲止。要注意到當回
傳一個 0 的數值到程式計數器時，將會使處理器執行程式記憶體位址爲 0 的重
置指令；使用者的程式可以撰寫適當的指令在重置時檢查堆疊的狀態。

◨ 推入與推出指令

在堆疊頂端是一組可讀寫的暫存器，因此在程式設計時能夠將數值推入或
推出堆疊而不影響到正常程式執行是一個非常方便的功能。要將目前程式計數
器的數值推入到堆疊中，可以執行一個 PUSH 指令。這樣的指令將會使堆疊
指標遞加 1 而且將目前程式計數器的數字載入到堆疊中。而最頂端相關的三個
暫存器 TOSU、TOSH 及 TOSL 可以在數值推入堆疊之後被修正，以便安置一
個所需要返回程式的位址到堆疊中。

同樣地，利用 POP 指令便可以將堆疊頂端的數值更換成爲之前推入到堆
疊中的數值，而不會影響到正常的程式執行。POP 指令的執行將會使堆疊指
標遞減 1，而使得目前堆疊頂端的數值作廢。由於堆疊指標減 1 之後，將會使
前一個被推入堆疊的程式計數器位置變成有效的堆疊頂端數值。

◨ 堆疊飽滿與堆疊空乏重置

利用軟體規劃 STVREN 設定位元可以在堆疊飽滿或者堆疊空乏的時候產
生一個重置的動作。當 STVREN 位元被清除爲零時，堆疊飽滿或堆疊空乏的
發生將只會設定相對應的 STKFUL 及 STKUNF 位元，但卻不會引起系統重置。
相反地，當 STVREN 位元被設定爲 1 時，堆疊飽滿或堆疊空乏除了將設定相
對應的 STKFUL 或 STKUNF 位元之外，也將引發系統重置。而這兩個 STK-

FUL 與 STKUNF 狀態位元只能夠藉由使用者的軟體或者電源啓動重置（POR）來清除。因此，使用者可以利用 STVREN 設定位元在堆疊發生狀況而產生重置時，檢查相關的狀態位元來了解程式的問題。

◉ 快速暫存器堆疊（Fast Register Stack）

除了正常的堆疊之外，中斷執行函式還可以利用快速中斷返回的選項。PIC18F45K22 微控制器提供了一個快速暫存器堆疊，用來儲存狀態暫存器（STATUS）、工作暫存器（WREG）及資料記憶區塊選擇暫存器（BSR, Bank Select Register）的內容，但是它只能存放一筆的資料。這個快速堆疊是不可以讀寫的，而且只能用來處理中斷發生時上述相關暫存器目前的數值使用。而在中斷執行程式結束前，必須使用 FAST RETURN 指令由中斷返回，才可以將快速暫存器堆疊的數值載回到相關暫存器。

使用快速暫存器堆疊時，無論是低優先或者高優先中斷都會將數值推入到堆疊暫存器中。如果高低優先中斷都同時被開啓，對於低優先中斷而言，快速暫存器堆疊的使用並不可靠。這是因爲當低優先中斷發生時，如果高優先權中斷也跟著發生，則先前因低優先中斷發生而儲存在快速堆疊的內容將會被覆寫而消失。

如果應用程式中沒有使用到任何的中斷，則快速暫存器堆疊可以被用來在呼叫函式或者函式執行結束返回正常程式前，回復相關狀態暫存器（STATUS）、工作暫存器（WREG）及資料記憶區塊選擇暫存器（BSR）的數值內容。簡單的範例如下：

```
     CALL  SUB1, FAST    ;STATUS, WREG, BSR 儲存在快速暫存器堆疊
     ……
SUB1 ……
     ……
     RETURN FAST         ;將儲存在快速暫存器堆疊的數值回復
```

◗▌程式計數器相關的暫存器

　　程式計數器定義了要被擷取並執行的指令記憶體位址，它是一個 21 位元長度的計數器。程式計數器的低位元組被稱作爲 PCL 暫存器，它是一個可讀取或寫入的暫存器。而接下來的高位元組被稱作爲 PCH 暫存器，它包含了程式計數器第八到十五個位元的資料而且不能夠直接地被讀取或寫入；因此，要更改 PCH 暫存器的內容必須透過另外一個 PCLATH 栓鎖暫存器來完成。程式計數器的最高位元組被稱作爲 PCU 暫存器，它包含了程式計數器第十六到二十個位元的資料，而且不能夠直接地被讀寫。因此，要更改 PCU 暫存器的內容必須透過另外一個 PCLATU 栓鎖暫存器來完成。這樣的栓鎖暫存器設計是爲了要保護程式計數器的內容不會被輕易地更改，而如果需要更改時可以將所有的位元在同一時間更改，以免出現程式執行錯亂的問題。

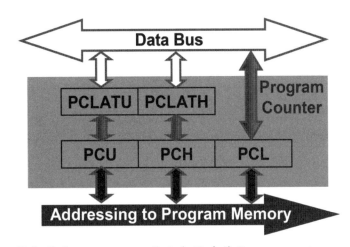

讀取 PCL 暫存器時，PCU/PCH 的內容同時移至 PCLATU/PCLATH

寫入資料至 PCL 暫存器時，PCLATU/PCLATH 的內容同時移至 PCU/PCH

圖 2-6　程式計數器相關暫存器的操作示意圖

　　程式計數器的內容將指向程式記憶體中相關位址的位元組資料，爲了避免程式計數器的數值與指令字元的位址不相符而未對齊，PCL 暫存器的最低位元將會被固定爲 0。因此程式計數器在每執行完一個指令之後，將會遞加 2 以指向程式記憶體中下一個指令所在位元組的位址。

呼叫或返回函式的相關指令（CALL 或 RCALL）以及程式跳行（GOTO 或 BRA）相關的指令將直接修改程式計數器的內容。使用這些指令將不會把相關栓鎖暫存器 PCLATU 與 PCLATH 的內容轉移到程式計數器中。只有在執行寫入 PCL 暫存器的過程中才會將栓鎖暫存器 PCLATU 與 PCLATH 的內容轉移到程式計數器中。同樣地，也只有在讀取 PCL 暫存器的內容時才會將程式計數器相關的內容轉移到上述的栓鎖暫存器中。程式記憶體相關暫存器的操作示意如圖 2-6 所示。

時序架構與指令週期

處理器（一般由 OSC1 提供）的時序輸入在內部將會被分割為四個相互不重複的時序脈波，分別為 Q1、Q2、Q3 與 Q4，如圖 2-7 所示。藉由圖 2-8 的微處理器架構，可以更清楚的瞭解這些階段的動作。在 Q1 脈波期間，微處理器從指令暫存器（Instruction Register）讀取指令，由指令解碼與控制元件分析並掌握接下來的運算動作與資料；在 Q2 脈波，藉由控制一般記憶體區塊的記憶體管理單元（Memory Management Unit, MMU），提供所需要的資料記憶體位址，將資料由記憶體區塊或工作暫存器（Working Register, WREG）透過 8 位元匯流排的訊號傳給核心的數學邏輯單元（Arithmetic Logic Unit, ALU），讀取指令所需資料；在 Q3 脈波，藉由指令解碼後控制 ALU 中的多工器與解多工器將輸入資料連通到指令定義的對應數位電路處理資料執行指令運算動作；最後在 Q4 脈波，再次藉由控制 ALU 的輸出解多工器與指令所指定的目標暫存器位址，透過指定的記憶體管理單元 MMU 回存指令運算結果資料到指定的目標記憶體並預捉下一個指令到指令暫存器。在處理器內部，程式計數器將會在每一個 Q1 發生時遞加 2；而在 Q4 發生時，下一個指令將會從程式記憶體中被擷取並鎖入到指令暫存器中。然後在下一個指令週期中，被擷取的指令將會被解碼並執行。

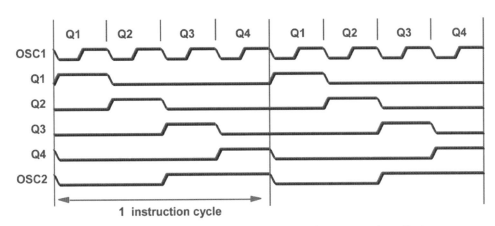

Q1 讀取指令、Q2 讀取資料、Q3 執行運算、Q4 回存運算結果

圖 2-7　微控制器指令週期時序圖

指令流程與傳遞管線（Pipeline）

每一個指令週期包含了四個動作時間 Q1、Q2、Q3 與 Q4。指令擷取與執行透過一個傳遞管線的硬體安排，使得處理器在解碼並執行一個指令的同時擷取下一個將被執行的指令。不過因為這樣的傳遞管線設計，每一個指令週期只能夠執行一個指令。如果某一個指令會改變到程式計數器的內容時，例如 CALL、RCALL、GOTO，則必須使用兩個指令週期才能夠完成這些指令的執行。

擷取指令的動作在程式計數器於 Q1 工作時間遞加 1 時也同時開始；在執行指令的過程中，Q1 工作時間被擷取的指令將會被鎖入到指令暫存器；然後在 Q2、Q3 與 Q4 工作時間內被鎖入的指令將會被解碼並執行。如果執行指令需要讀寫相關的資料時，資料記憶體將會在 Q2 工作時間被讀取，然後在工作時間 Q4 將資料寫入到所指定的資料記憶體位址，如圖 2-8 所示。

CHAPTER

2

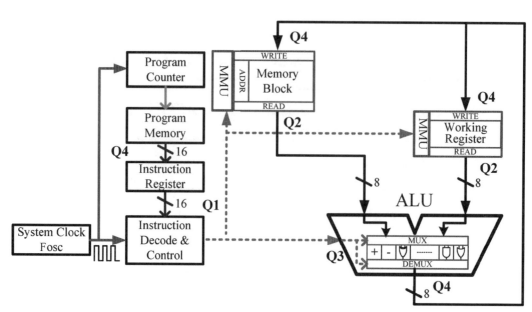

圖 2-8　PIC18 微控制器核心處理器運作與時脈關係

組合語言指令

PIC18 系列微處理器的指令集增加了許多早期微處理器所沒有的加強功能，但同時也保持了可以容易由低階微處理器升級的相容性。除了三到四個特別的指令需要兩個字元的程式記憶空間之外，大部分的指令都只需要單一字元（word, 16 位元）程式記憶體的空間。

每一個單一字元指令是由十六個位元所組成，這些位元內容則可以被分割為運算碼以及運算元。運算碼（OPCODE）是用來定義核心處理器變數需要執行的運算形式，運算元（OPERAND）則定義了所要處理的資料或資料記憶體所在的位址。

3.1 PIC18 系列微處理器指令集

PIC18 系列微處理器的指令集可以區分為四個基本的類別：

1. 位元組資料運算（Byte-Oriented Operations）
2. 位元資料運算（Bit-Oriented Operations）
3. 常數運算（Literal Operations）
5. 程式流程控制運算（Control Operations）

位元組資料運算類型指令

PIC18 系列微處理器指令集的位元組資料運算類型指令內容如表 3-1 所示。大部分的位元組資料運算指令將會使用三個運算元：

1. 資料暫存器（簡寫為 f）── 定義指令運算所需要的暫存器。
2. 目標暫存器（簡寫為 d）── 運算結果儲存的記憶體位址。如果定義為 0，則結果將儲存在 WREG 工作暫存器；如果定義為 1，則結果將儲存在指令所定義的資料暫存器。
3. 運算所需資料是否位於擷取區塊（Access Bank）的記憶體（簡寫為 a）。

表 3-1　PIC18 系列微處理器的位元組資料運算類型指令

針對位元組的暫存器操作指令（BYTE-ORIENTED FILE REGISTER OPERATIONS）						
Mnemonic, Operands	Description	Cycles	16-Bit Instruction Word			Status Affected
			MSb		LSb	
ADDWF　f, d, a	WREG與f相加	1	0010	01da	ffff　ffff	C, DC, Z, OV, N
ADDWFC　f, d, a	WREG與f及C進位旗標相加	1	0010	00da	ffff　ffff	C, DC, Z, OV, N
ANDWF　f, d, a	WREG和f進行「AND（且）」運算	1	0001	01da	ffff　ffff	Z, N
CLRF　f, a	暫存器f清除為零	1	0110	101a	ffff　ffff	Z
COMF　f, d, a	對f取補數	1	0001	11da	ffff　ffff	Z, N
CPFSEQ　f, a	將f與WREG比較，=則跳過	1 (2 or 3)	0110	001a	ffff　ffff	None
CPFSGT　f, a	將f與WREG比較，>則跳過	1 (2 or 3)	0110	010a	ffff　ffff	None
CPFSLT　f, a	將f與WREG比較，<則跳過	1 (2 or 3)	0110	000a	ffff　ffff	None
DECF　f, d, a	f減1	1	0000	01da	ffff　ffff	C, DC, Z, OV, N
DECFSZ　f, d, a	f減1，為0則跳過	1 (2 or 3)	0010	11da	ffff　ffff	None
DCFSNZ　f, d, a	f減1，非0則跳過	1 (2 or 3)	0100	11da	ffff　ffff	None
INCF　f, d, a	f加1	1	0010	10da	ffff　ffff	C, DC, Z, OV, N
INCFSZ　f, d, a	f加1，為0則跳過	1 (2 or 3)	0011	11da	ffff　ffff	None
INFSNZ　f, d, a	f加1，非0則跳過	1 (2 or 3)	0100	10da	ffff　ffff	None
IORWF　f, d, a	WREG和f進行「OR（或）」運算	1	0001	00da	ffff　ffff	Z, N

表 3-1　（續）

針對位元組的暫存器操作指令（BYTE-ORIENTED FILE REGISTER OPERATIONS）						
Mnemonic, Operands		Description	Cycles	16-Bit Instruction Word		Status Affected
				MSb	LSb	
MOVF	f, d, a	傳送暫存器f的内容	1	0101　00da	ffff　ffff	Z, N
MOVFF	fs, fd	將來源fs（第一個位元組）傳送到目標fd（第二個位元組）	2	1100　ffff 1111　ffff	ffff　ffff ffff　ffff	None
MOVWF	f, a	WREG的内容傳送到f	1	0110　111a	ffff　ffff	None
MULWF	f, a	WREG和f相乘	1	0000　001a	ffff　ffff	None
NEGF	f, a	對f求二的補數負數	1	0110　110a	ffff　ffff	C, DC, Z, OV, N
RLCF	f, d, a	含C進位旗標位元迴圈左移f	1	0011　01da	ffff　ffff	C, Z, N
RLNCF	f, d, a	迴圈左移f（無C進位旗標位元）	1	0100　01da	ffff　ffff	Z, N
RRCF	f, d, a	含C進位旗標位元迴圈右移f	1	0011　00da	ffff　ffff	C, Z, N
RRNCF	f, d, a	迴圈右移f（無C進位旗標位元）	1	0100　00da	ffff　ffff	Z, N
SETF	f, a	設定f暫存器所有位元為1	1	0110　100a	ffff　ffff	None
SUBFWB	f, d, a	WREG減去f和借位旗標位元	1	0101　01da	ffff　ffff	C, DC, Z, OV, N
SUBWF	f, d, a	f減去WREG	1	0101　11da	ffff　ffff	C, DC, Z, OV, N
SUBWFB	f, d, a	f減去WREG和借位旗標位元	1	0101　10da	ffff　ffff	C, DC, Z, OV, N
SWAPF	f, d, a	f半位元組交換	1	0011　10da	ffff　ffff	None
TSTFSZ	f, a	測試f，為0時跳過	1 (2 or 3)	0110　011a	ffff　ffff	None
XORWF	f, d, a	WREG和f進行「互斥或」運算	1	0001　10da	ffff　ffff	Z, N

◎ 位元資料運算類型指令

位元資料運算類型指令內容如表 3-2 所示。大部分的 PIC18F 系列微處理器位元資料運算指令將會使用三個運算元：

- 資料暫存器（簡寫為 f）
- 定義資料暫存器的位元位置（簡寫為 b）
- 運算所擷取的記憶體（簡寫為 a）

表 3-2　PIC18 系列微處理器的位元資料運算類型指令

針對位元的暫存器操作指令（BIT-ORIENTED FILE REGISTER OPERATIONS）						
Mnemonic, Operands		Description	Cycles	16-Bit Instruction Word		Status Affected
				MSb	LSb	
BCF	f, b, a	清除 f 的 b 位元為 0	1	1001　bbba	ffff　ffff	None
BSF	f, b, a	設定 f 的 b 位元為 1	1	1000　bbba	ffff　ffff	None
BTFSC	f, b, a	檢查 f 的 b 位元，為 0 則跳過	1 (2 or 3)	1011　bbba	ffff　ffff	None
BTFSS	f, b, a	檢查 f 的 b 位元，為 1 則跳過	1 (2 or 3)	1010　bbba	ffff　ffff	None
BTG	f, b, a	反轉 f 的 b 位元	1	0111　bbba	ffff　ffff	None

◎ 常數運算類型指令

常數運算類型指令內容如表 3-3 所示。常數運算指令將會使用一部分下列的運算元：

- 定義將被載入暫存器的常數（簡寫為 k）
- 常數將被載入的檔案選擇暫存器 FSR（簡寫為 f）
- 不需要任何運算元（簡寫為－）

程式流程控制運算類型指令

程式流程控制運算類型指令內容如表 3-4 所示。控制運算指令將會使用一部分下列的運算元：

- 程式記憶體位址（簡寫為 n）
- 表列讀取或寫入（Table Read/Write）指令的模式（簡寫為 m）
- 不需要任何運算元（簡寫為－）

表 3-3   PIC18 系列微處理器的常數運算類型指令

常數操作指令LITERAL OPERATIONS					
Mnemonic, Operands	Description	Cycles	16-Bit Instruction Word		Status Affected
			MSb	LSb	
ADDLW k	WREG 與常數相加	1	0000 1111	kkkk kkkk	C, DC, Z, OV, N
ANDLW k	WREG 和常數進行「AND」運算	1	0000 1011	kkkk kkkk	Z, N
IORLW k	WREG和常數進行「OR」運算	1	0000 1001	kkkk kkkk	Z, N
LFSR f, k	將第二個引數常數（12位元）內容搬移到第一個引數 FSRx	2	1110 1110	00ff kkkk	None
			1111 0000	kkkk kkkk	
MOVLB k	常數內容搬移到 BSR<3:0>	1	0000 0001	0000 kkkk	None
MOVLW k	常數內容搬移到 WREG	1	0000 1110	kkkk kkkk	None
MULLW k	WREG 和常數相乘	1	0000 1101	kkkk kkkk	None
RETLW k	返回時將常數送入WREG	2	0000 1100	kkkk kkkk	None
SUBLW k	常數減去 WREG	1	0000 1000	kkkk kkkk	C, DC, Z, OV, N
XORLW k	WREG和常數做「XOR」運算	1	0000 1010	kkkk kkkk	Z, N

CHAPTER

3

表 3-4　PIC18 系列微處理器的程式流程控制運算類型指令

程式流程控制操作（CONTROL OPERATIONS）					
Mnemonic, Operands	Description	Cycles	16-Bit Instruction Word		Status Affected
			MSb	LSb	
BC　　　n	進位則切換程式位址	1 (2)	1110　0010	nnnn　nnnn	None
BN　　　n	為負則切換程式位址	1 (2)	1110　0110	nnnn　nnnn	None
BNC　　n	無進位則切換程式位址	1 (2)	1110　0011	nnnn　nnnn	None
BNN　　n	不為負則切換程式位址	1 (2)	1110　0111	nnnn　nnnn	None
BNOV　n	不溢位則切換程式位址	1 (2)	1110　0101	nnnn　nnnn	None
BNZ　　n	不為零則切換程式位址	2	1110　0001	nnnn　nnnn	None
BOV　　n	溢位則切換程式位址	1 (2)	1110　0100	nnnn　nnnn	None
BRA　　n	無條件切換程式位址	1 (2)	1101　0nnn	nnnn　nnnn	None
BZ　　　n	為零則切換程式位址	1 (2)	1110　0000	nnnn　nnnn	None
CALL　n, s	呼叫函式，第一個引數（位址）第二個引數（替代暫存器動作）	2	1110　110s 1111　kkkk	kkkk　kkkk kkkk　kkkk	None
C　　　　—	清除監視（看門狗）計時器為 0	1	0000　0000	0000　0100	$\overline{TO}$, $\overline{PD}$
DAW　　—	十進位調整 WREG	1	0000　0000	0000　0111	C
GOTO　n	切換程式位址，第一個引數 第二個引數	2	1110　1111 1111　kkkk	kkkk　kkkk kkkk　kkkk	None None
NOP　　—	無動作	1	0000　0000	0000　0000	None
NOP　　—	無動作	1	1111　xxxx	xxxx　xxxx	None

表 3-4 （續）

程式流程控制操作（CONTROL OPERATIONS）

Mnemonic, Operands	Description	Cycles	16-Bit Instruction Word MSb	LSb	Status Affected
POP —	將返回堆疊頂部的內容推出（TOS）	1	0000 0000	0000 0110	None
PUSH —	將內容推入返回堆疊的頂部（TOS）	1	0000 0000	0000 0101	None
RCALL n	相對呼叫函式	2	1101 1nnn	nnnn nnnn	None
RESET	軟體系統重置	1	0000 0000	1111 1111	All
RETFIE s	中斷返回	2	0000 0000	0001 000s	GIE/GIEH, PEIE/GIEL
RETLW k	返回時將常數存入 WREG	2	0000 1100	kkkk kkkk	None
RETURN s	從函式返回	2	0000 0000	0001 001s	None
SLEEP —	進入睡眠模式	1	0000 0000	0000 0011	$\overline{TO}, \overline{PD}$

資料記憶體↔程式記憶體操作指令（DATA MEMORY ↔ PROGRAM MEMORY OPERATIONS）

Mnemonic, Operands	Description	Cycles	16-Bit Instruction Word MSb	LSb	Status Affected
TBLRD*	讀取表列資料	2	0000 0000	0000 1000	None
TBLRD*+	讀取表列資料，然後遞加1		0000 0000	0000 1001	None
TBLRD*-	讀取表列資料，然後遞減1		0000 0000	0000 1010	None
TBLRD+*	遞加1，然後讀取表列資料		0000 0000	0000 1011	None
TBLWT*	寫入表列資料	2 (5)	0000 0000	0000 1100	None
TBLWT*+	寫入表列資料，然後遞加1		0000 0000	0000 1101	None
TBLWT*-	寫入表列資料，然後遞減1		0000 0000	0000 1110	None
TBLWT+*	遞加1，然後寫入表列資料		0000 0000	0000 1111	None

CHAPTER 3

除了少數的指令外,所有的指令都將只占據單一字元的長度。而這些少數的指令將占據兩個字元的長度,以便將所有需要運算的資料安置在這三十二個位元中;而且在第二個字元中,最高位址的四個位元將都會是 1。如果因為程式錯誤而將第二個字元的部分視為單一字元的指令執行,這時候第二字元的指令將被解讀為 NOP。雙字元長度的指令將在兩個指令週期內執行完成。

除非指令執行流程的測試條件成立或者程式計數器的內容被修改,所有單一字元指令都將在單一個指令週期內被執行完成。而在前述的特殊情況下,指令的執行將使用兩個指令週期,但是在這個額外的指令週期中核心處理器將執行 NOP。

每一個指令週期將由四個震盪器時序週期組成,所以如果使用 4 MHz 的時序震盪來源,正常的指令執行時間將會是 1 μs。當指令執行流程的測試條件成立或者是使程式計數器被修改時,程式執行時間將會變成 2 μs。雙字元長的跳行指令,在跳行的條件成立時,將會使用 3 μs。

3.2　PIC18 系列微處理器指令說明

所有指令的語法、運算元、運算動作、受影響的狀態暫存器位元、指令編碼、指令描述、所需程式記憶體字元長度、執行指令所需工作週期時間,以及指令範例逐一詳細地表列說明如後。

在這裡要特別提醒讀者,由於 Microchip® 在 MPASM 的版本更新中,將原來組合語言指令中資料來源是否為擷取區塊(Access Bank)定義參數 a 的預設值,由過去預設為 a=1(以 BSR 定義的記憶體區塊)的說明刪除,所以過去撰寫的程式必須經過適當的檢查後再使用。以目前的官方資料手冊定義,PIC18F4520 仍然保留預設為 a=1 的說明,但 PIC18F45K22 則已刪除。實際使用時,MPASM 對於 PIC18F45K22 組合語言程式中未註明資料來源參數 a 的預設值為 a=0(來源為擷取區塊),與 PIC18F4520 的程式不同。在此建議使用者養成在指令中明確定義資料來源與儲存目標暫存器的習慣,以免因為版本的差異造成執行上不可預期的錯誤發生。

除此之外,由於 PIC18F45K22 跟硬體相關的暫存器已經超過 128 個,即便所有與硬體相關的特殊功能暫存器(Special Function Register, SFR)都仍

然規劃在記憶體區塊 0x0F 中，但已經與過往 SFR 全部屬於擷取區塊的觀念有
明顯的變化。建議使用者在指令使用到硬體相關的 SFR 時，還是再一次確認
指令所用的資料暫存器是否應該使用 a=0（來源為擷取區塊）或 a=1（以 BSR
定義的記憶體區塊）的來源設定，以免發生錯誤。

CHAPTER

3

ADDLW   **WREG** 與常數相加

語法：   [*label*] ADDLW k

運算元：   0 ≤k ≤255

指令動作：   (W) + k →W

影響旗標位元：N, OV, C, DC, Z

組譯程式碼： 00001111kkkk kkkk

指令概要：   將W的內容與 8 位元常數 k
             相加，結果存入 W。

指令長度：   1

執行週期數： 1

範例：

      ADDLW 0x15

指令執行前：

      W = 0x10

指令執行後：

      W = 0x25

ADDWF   **WREG** 與 **f** 相加

語法：   [*label*]ADDWF f [,d[,a]]

運算元：   0 ≤f ≤255

             d∈[0,1]

             a∈[0,1]

指令動作：   (W) + (f) →dest

影響旗標位元：N, OV, C, DC, Z

組譯程式碼： 0010 01da ffff ffff

指令概要：   將W與暫存器 f 相加。如果
             d 為 0，結果存入 W。如果
             d 為 1，結果存回暫存器 f
             （預設情況）。如果 a 為
             0，選擇擷取區塊。如果 a
             為 1，則使用 BSR 暫存器。

指令長度：   1

執行週期數： 1

範例：

      ADDWF REG, 0, 0

指令執行前：

      W = 0x17

      REG = 0xC2

指令執行後：

      W = 0xD9

      REG = 0xC2

ADDWFC　　　**WREG** 與 **f** 及 **C** 進位旗標相加

語法：　　　　[*label*] ADDWFC
　　　　　　　f [,d [,a]]

運算元：　　　0 ≤f ≤255
　　　　　　　d∈[0,1]
　　　　　　　a∈[0,1]

指令動作：　　(W)+(f) + (C) →dest

影響旗標位元：N, OV, C, DC, Z

組譯程式碼：　0010 00da ffff ffff

指令概要：　　將 W、C 進位旗標位元和資料暫存器 f 相加。如果 d 為 0，結果存入 W。如果 d 為 1，結果存入資料暫存器 f。如果 a 為 0，則選擇擷取區塊。如果 a 為 1，則使用 BSR 暫存器。

指令長度：　　1

執行週期數：　1

範例：
　　ADDWFC　REG, 0, 1

指令執行前：
　　Carry bit＝1
　　REG＝0x02
　　W＝0x4D

指令執行後：
　　Carry bit＝0
　　REG＝0x02
　　W＝0x50

ANDLW　　　**WREG** 與常數作"**AND**"運算

語法：　　　　[*label*] ANDLW k

運算元：　　　0 ≤k ≤255

指令動作：　　(W) .AND. k →W

影響旗標位元：N, Z

組譯程式碼：　0000 1011 kkkk kkkk

指令概要：　　將 W 的內容和 8 位元常數 k 進行「且」運算。結果存入 W。

指令長度：　　1

執行週期數：　1

範例：
　　ANDLW　0x5F

指令執行前：
　　W＝0xA3

指令執行後：
　　W＝0x03

CHAPTER

3

CHAPTER

3

ANDWF	**WREG** 和 **f** 進行 "**AND**" 運算
語法：	[*label*] ANDWF f [,d [,a]]
運算元：	0 ≤f ≤255
	d ∈[0,1]
	a ∈[0,1]
指令動作：	(W) .AND. (f) → dest
影響旗標位元：	N, Z
組譯程式碼：	0001 01da ffff ffff
指令概要：	將 W 的內容和暫存器 f 進行「且」運算。如果 d 為 0，結果存入 W 暫存器。如果 d 為 1，結果存回暫存器 f （預設情況）。如果 a 為 0，選擇擷取區塊。如果 a 為 1，則使用 BSR（預設情況）。
指令長度：	1
執行週期數：	1
範例：	
	ANDWF REG, 0, 0
指令執行前：	
	W = 0x17
	REG = 0xC2
指令執行後：	
	W = 0x02
	REG = 0xC2

BC	進位則切換程式位址
語法：	[*label*] BC n
運算元：	-128 ≤n ≤127
指令動作：	if carry bit is '1'
	(PC) + 2 + 2n →PC
影響旗標位元：	None
組譯程式碼：	1110 0010 nnnn nnnn
指令概要：	如果 C 進位旗標位元為 1，程式跳行切換。2 的補數法數值「2n」與 PC 相加，結果存入 PC。因為 PC 要加 1 才能取得下一個指令，因此新的程式位址是 PC+2+2n。因此，該指令是一個雙週期指令。
指令長度：	1
執行週期數：	1(2)
範例：	
	HERE　BC 5
指令執行前：	
	PC = address （HERE）
指令執行後：	
	If Carry = 1;
	PC = address （HERE+12）
	If Carry = 0;
	PC = address （HERE+2）

BCF　　　　　清除 **f** 的 **b** 位元爲 **0**

語法：　　　　[*label*] BCF f,b[,a]

運算元：　　　0 ≤f ≤255

　　　　　　　0 ≤b ≤7

　　　　　　　a ∈[0,1]

指令動作：　　0 →f<b>

影響旗標位元：None

組譯程式碼：　1001 bbba ffff ffff

指令概要：　　將暫存器 f 的 bit b 清
　　　　　　　除爲 0。如果a 爲 0，則忽
　　　　　　　略 BSR 數值而選擇擷取區
　　　　　　　塊。如果a 爲 1，則會根
　　　　　　　據BSR 的值選擇資料儲存
　　　　　　　區塊（預設情況）。

指令長度：　　1

執行週期數：　1

範例：

　　BCF FLAG_REG, 7, 0

指令執行前：

　　FLAG_REG = 0xC7

指令執行後：

　　FLAG_REG = 0x47

BN　　　　　爲負則切換程式位址

語法：　　　　[*label*] BN n

運算元：　　　-128 ≤n ≤127

指令動作：　　if negative bit is '1'
　　　　　　　(PC) + 2 + 2n →PC

影響旗標位元：None

組譯程式碼：　1110 0110 nnnn nnnn

指令概要：　　如果N負數旗標位元爲1，
　　　　　　　程式跳行切換。2 的補數法
　　　　　　　數值"2n"與 PC 相加，結
　　　　　　　果存入 PC。因爲 PC 需要
　　　　　　　加1 才能取得下一個指令，
　　　　　　　因此新的程式位址將是
　　　　　　　PC+2+2n。該指令是一個
　　　　　　　雙週期指令。

指令長度：　　1

執行週期數：　1(2)

範例：

　　HERE   BN Jump

指令執行前：

　　PC = address (HERE)

指令執行後：

　　If Negative = 1;
　　PC = address (Jump)
　　If Negative = 0;
　　PC = address (HERE+2)

CHAPTER 3

BNC　　　　　　無進位則切換程式位址

語法：　　　　　[*label*] BNC n

運算元：　　　　-128 ≤n ≤127

指令動作：　　　if carry bit is '0'

　　　　　　　　(PC) + 2 + 2n →PC

影響旗標位元：None

組譯程式碼：　　1110 0011 nnnn nnnn

指令概要：　　　如果C進位旗標位元為0，
　　　　　　　　程式跳行切換。2的補數法
　　　　　　　　數值"2n"與 PC 相加，結
　　　　　　　　果存入 PC。由於 PC 需要
　　　　　　　　加1 才能取得下一個指令，
　　　　　　　　所以新的程式位址是
　　　　　　　　PC+2+2n。這個指令是一
　　　　　　　　個雙週期指令。

指令長度：　　　1

執行週期數：　　1(2)

範例：

　　　HERE　　　BNC　Jump

指令執行前：

　　　PC＝address (HERE)

指令執行後：

　　　If Carry＝0;

　　　PC＝address (Jump)

　　　If Carry＝1;

　　　PC＝address (HERE+2)

BNN　　　　　　不為負則切換程式位址

語法：　　　　　[*label*] BNN n

運算元：　　　　-128 ≤n ≤127

指令動作：　　　if negative bit is '0'

　　　　　　　　(PC) + 2 + 2n →PC

影響旗標位元：None

組譯程式碼：　　1110 0111 nnnn nnnn

指令概要：　　　如果N負數旗標位元為1，
　　　　　　　　程式將跳行切換。2的補數
　　　　　　　　法數值「2n」與 PC 相加，
　　　　　　　　結果存入 PC。由於 PC 需
　　　　　　　　要加1 才能取得下一個指
　　　　　　　　令，所以新的程式位址是
　　　　　　　　PC+2+2n。這個指令是一
　　　　　　　　個雙週期指令。

指令長度：　　　1

執行週期數：　　1(2)

範例：

　　　HERE　　　BNN　Jump

指令執行前：

　　　PC＝address (HERE)

指令執行後：

　　　If Negative＝0;

　　　PC＝address (Jump)

　　　If Negative＝1;

　　　PC＝address (HERE+2)

BNOV　　　　不溢位則切換程式位址

語法：　　　　[*label*] BNOV n

運算元：　　　-128 ≤n ≤127

指令動作：　　if overflow bit is '0'

　　　　　　　(PC) + 2 + 2n →PC

影響旗標位元：None

組譯程式碼：　1110 0101 nnnn nnnn

指令概要：　　如果溢位旗標位元為0，程式將跳行切換。2的補數法數值"2n"與PC 相加，結果存入PC。因為PC 需要加1 才能取得下一個指令，所以新的程式位址是PC+2+2n。這個指令是一個雙週期指令。

指令長度：　　1

執行週期數：　1(2)

範例：

　　　HERE　　　BNOV　Jump

指令執行前：

　　　PC＝address (HERE)

指令執行後：

　　　If Overflow＝0;

　　　PC＝address (Jump)

　　　If Overflow＝1;

　　　PC＝address (HERE+2)

BNZ　　　　不為零則切換程式位址

語法：　　　　[*label*] BNZ n

運算元：　　　-128 ≤n ≤127

指令動作：if zero bit is '0'

　　　　　　　(PC) + 2 + 2n →PC

影響旗標位元：None

組譯程式碼：　1110 0001 nnnn nnnn

指令概要：　　如果零旗標位元Z為0，程式將跳行切換。2的補數法數值"2n"與PC 相加，結果存入PC。因為PC 需要加1 才能取得下一個指令，所以新的程式位址是PC+2+2n。這個指令是一個雙週期指令。

指令長度：　　1

執行週期數：　1(2)

範例：

　　　HERE　　　BNZ　Jump

指令執行前：

　　　PC＝address (HERE)

指令執行後：

　　　If Zero＝0;

　　　PC＝address (Jump)

　　　If Zero＝1;

　　　PC＝address (HERE+2)

CHAPTER

3

BOV　　　　　溢位則切換程式位址

語法：　　　　[*label*] BOV n

運算元：　　　-128 ≤n ≤127

指令動作：　　if overflow bit is '1'

　　　　　　　(PC) + 2 + 2n →PC

影響旗標位元：None

組譯程式碼：　1110 0100 nnnn nnnn

指令概要：　　如果溢位旗標位元為 1，程式跳行切換。2 的補數法數值"2n"與 PC 相加，結果存入 PC。由於 PC 要加 1 才能取得下一個指令，所以新的程式位址是 PC+2+2n。這個指令是一個雙週期指令。

指令長度：　　1

執行週期數：　1(2)

範例：

　　　　HERE　　　BOV　Jump

指令執行前：

　　　PC＝address (HERE)

指令執行後：

　　　If Overflow＝1；

　　　PC＝address (Jump)

　　　If Overflow＝0；

　　　PC＝address (HERE+2)

BRA　　　　　無條件切換程式位址

語法：　　　　[*label*] BRA n

運算元：　　　-1024 ≤n ≤1023

指令動作：　　(PC) + 2 + 2n →PC

影響旗標位元：None

組譯程式碼：　1101 0nnn nnnn nnnn

指令概要：　　將 2 的補數法數值「2n」與 PC 相加，結果存入 PC。因為 PC 需要加 1 才能取得下一條指令，所以新的程式位址是 PC+2+2n。該指令是一條雙週期指令。

指令長度：　　1

執行週期數：　2

範例：

　　　　HERE　　　BRA　Jump

指令執行前：

　　　PC = address (HERE)

指令執行後：

　　　PC = address (Jump)

BSF　　　　　　設定 **f** 的 **b** 位元為 **1**

語法：	[*label*]BSFf,b[,a]
運算元：	0 ≤f ≤255
	0 ≤b ≤7
	a ∈[0,1]
指令動作：	1 →f<b>
影響旗標位元：	None
組譯程式碼：	1000 bbba ffff ffff

指令概要：　將暫存器 f 的 bit b 置 1。如果 a 為 0，則選擇擷取區塊，並忽略 BSR 的值。如果 a 為 1，則根據 BSR 的值選擇存取資料儲存區塊。

指令長度：	1
執行週期數：	1

範例：

```
    BSF    FLAG_REG, 7, 1
```

指令執行前：

```
    FLAG_REG = 0x0A
```

指令執行後：

```
    FLAG_REG = 0x8A
```

BTFSC　　　　檢查 **f** 的 **b** 位元，為0
則跳過

語法：	[*label*] BTFSC f,b[,a]
運算元：	0 ≤f ≤255
	0 ≤b ≤7
	a ∈[0,1]
指令動作：	skip if (f<b>) = 0
影響旗標位元：	None
組譯程式碼：	1011 bbba ffff ffff

指令概要：　如果暫存器 f 的 bit b 為 0，則跳過下一個指令。如果 bit b 為 1，則（在目前指令執行期間所取得的）下一個指令不再執行，改為執行一個 NOP 指令，使該指令變成雙週期指令。如果 a 為 0，則選擇擷取區塊，並忽略 BSR 的值。如果 a 為 1，則根據 BSR 的值選擇存取資料儲存區塊。

指令長度：	1
執行週期數：	1(2)

註記：如果跳行且緊接著為二字元長指令時，則需要三個執行週期。

範例：

```
    HERE       BTFSC  FLAG, 1, 0
    FALSE      :
    TRUE       :
```

指令執行前：

```
    PC = address (HERE)
```

指令執行後：

```
    If FLAG<1> = 0;
    PC = address (TRUE)
    If FLAG<1> = 1;
    PC = address (FALSE)
```

CHAPTER

3

BTFSS   檢查 **f** 的 **b** 位元，為 **1** 則跳過

語法：   [*label*] BTFSS f,b[,a]

運算元：   0 ≤f ≤255

          0 ≤b ≤7

          a ∈[0,1]

指令動作：   skip if （f<b>） = 1

影響旗標位元：None

組譯程式碼：   1010 bbba ffff ffff

指令概要：   如果暫存器 f 的 bit b 為 1，則跳過下一個指令。如果 bit b 為 0，則（在目前指令執行期間所取得的）下一個指令不再執行，改為執行一個 NOP 指令，使該指令變成雙週期指令。如果 a 為 0，則忽略 BSR 數值而選擇擷取區塊。如果 a 為 1，則根據 BSR 的值選擇資料儲存區塊。

指令長度：   1

執行週期數：   1(2)

          註記：如果跳行且緊接著為二字元長指令時，則需要三個執行週期。

範例：

```
HERE      BTFSS  FLAG, 1, 0
FALSE        :
TRUE         :
```

指令執行前：

```
PC = address (HERE)
```

指令執行後：

```
If FLAG<1> = 0;
```

```
PC = address (FALSE)
If FLAG<1> = 1;
PC = address (TRUE)
```

BTG	反轉 **f** 的 **b** 位元
語法：	[*label*] BTG f,b[,a]
運算元：	0 ≤f ≤255
	0 ≤b ≤7
	a ∈[0,1]
指令動作：	(f<b>) →f<b>
影響旗標位元：None	
組譯程式碼：	0111 bbba ffff ffff
指令概要：	對資料儲存位址單元 f 的 bit b 做反轉運算。如果 a 為 0，則忽略 BSR 數值而選擇擷取區塊。如果 a 為 1，則根據 BSR 的值選擇資料儲存區塊。
指令長度：	1
執行週期數：	1

範例：

```
    BTG  PORTC, 4, 0
```

指令執行前：

```
    PORTC = 0111 0101 [0x75]
```

指令執行後：

```
    PORTC = 0110 0101 [0x65]
```

BZ	爲零則切換程式位址
語法：	[*label*] BZ n
運算元：	-128 ≤n ≤127
指令動作：	if Zero bit is '1'
	(PC) + 2 + 2n →PC
影響旗標位元：None	
組譯程式碼：	1110 0000 nnnn nnnn
指令概要：	如果零旗標位元 Z 爲 1，程式跳行切換。2 的補數法數值「2n」與 PC 相加，結果存入 PC。由於 PC 要加 1 才能取得下一個指令，所以新的程式位址是 PC+2+2n。這個指令是一個雙週期指令。
指令長度：	1
執行週期數：	1(2)

範例：

```
    HERE    BZ   Jump
```

指令執行前：

```
    PC = address (HERE)
```

指令執行後：

```
    If Zero = 1;
    PC = address (Jump)
    If Zero = 0;
    PC = address (HERE+2)
```

CHAPTER

3

CHAPTER

3

CALL	呼叫函式
語法：	[*label*] CALL k [,s]
運算元：	$0 \leq k \leq 1048575$
	$s \in [0,1]$
指令動作：	(PC) + 4 →TOS,
	k →PC<20:1>,
	if s = 1
	(W) →WS,
	(STATUS)→STATUSS,
	(BSR) →BSRS

影響旗標位元：None

組譯程式碼：

1st word （k<7:0>）

   1110 110s $k_7$kkk

   $kkkk_0$

2nd word （k<19:8>）

   1111 k_{19}kkk kkkk

   $kkkk_8$

指令執行前：

   PC = address （HERE）

指令執行後：

   PC = address （THERE）

   TOS = address （HERE + 4）

   WS = W

   BSRS = BSR

   STATUSS= STATUS

指令概要： 2 MB 儲存空間內的函式呼叫。首先，將返回位址（PC+ 4）推入返回堆疊。如果 s 為 1，則 W、STATUS 和 BSR 暫存器也會被推入對應的替代（Shadow）暫存器 WS、STATUSS 和 BSRS。如果 s 為 0，不會產生更新（預設情況）。然後，將 20 位元數值 k 存入 PC<20:1>。CALL 為雙週期指令。

指令長度： 2

執行週期數： 2

範例：

CLRF 暫存器 **f** 清除為零

語法： [*label*] CLRF f [,a]

運算元： 0 ≤f ≤255

a ∈[0,1]

指令動作： 000h →f

1 →Z

影響旗標位元：Z

組譯程式碼： 0110 101a ffff ffff

指令概要： 指定暫存器的內容清除為
0。如果 a 為 0，則忽略
BSR 數值而選擇擷取區
塊。如果 a 為 1，則會根
據BSR 的值選擇資料儲存
區塊。

指令長度： 1

執行週期數： 1

範例：

　　CLRF　FLAG_REG,1

指令執行前：

　　FLAG_REG = 0x5A

指令執行後：

　　FLAG_REG = 0x00

CLRWDT 清除監視（看門狗）計時器
為 **0**

語法： [*label*] CLRWDT

運算元： None

指令動作： 000h →WDT,

000h →WDT postscal-
er,

1 →$\overline{\text{TO}}$,

1 →$\overline{\text{PD}}$

影響旗標位元：$\overline{\text{TO}}$, $\overline{\text{PD}}$

組譯程式碼： 0000 0000 0000 0100

指令概要： CLRWDT 指令重定監視（看
門狗）計時器。而且會重置
WDT 的後除頻器。狀態位
$\overline{\text{TO}}$ 和 $\overline{\text{PD}}$ 被置1。

指令長度： 1

執行週期數： 1

範例：

　　CLRWDT

指令執行前：

　　WDT Counter = ?

指令執行後：

　　WDT Counter = 0x00

　　WDT Postscaler = 0

　　$\overline{\text{TO}}$ = 1

　　$\overline{\text{PD}}$ = 1

CHAPTER

3

CHAPTER

3

COMF	對 **f** 取補數

語法： [*label*]COMFf[,d[,a]]

運算元： 0 ≤f ≤255

d ∈[0,1]

a∈[0,1]

指令動作： →dest

影響旗標位元：N, Z

組譯程式碼： 0001 11da ffff ffff

指令概要： 對暫存器 f 的內容做反轉運算。如果 d 為 0，結果存入 W 暫存器。如果 d 為 1，結果存回暫存器 f （預設情況）。如果 a 為 0，則忽略 BSR 數值而選擇擷取區塊。如果 a 為 1，則根據 BSR 的值選擇資料儲存區塊。

指令長度： 1

執行週期數： 1

範例：

    COMF　REG, 0, 0

指令執行前：

    REG = 0x13

指令執行後：

    REG = 0x13

    W = 0xEC

CPFSEQ	**f** 與 **WREG** 比較，等於則跳過

語法： [*label*] CPFSEQ f [,a]

運算元： 0 ≤f ≤255

a ∈[0,1]

指令動作： (f)－(W),

skip if (f) = (W)

(unsigned comparison)

影響旗標位元：None

組譯程式碼： 0110 001a ffff ffff

指令概要： 執行無符號減法，比較資料暫存器 f 和 W 中的內容。如果 'f' = W，則不再執行取得的指令，轉而執行 NOP 指令，進而使該指令變成雙週期指令。如果 a 為 0，則忽略 BSR 數值而選擇擷取區塊。如果 a 為 1，則根據 BSR 的值選擇資料儲存區塊。

指令長度： 1

執行週期數： 1(2)

    註記： 如果跳行且緊接著為二字元長指令時，則需要三個執行週期。

範例：

    HERE　　CPFSEQ　REG, 0

    NEQUAL　　:

    EQUAL　　:

指令執行前：

    PC Address = HERE

    W = ?

    REG = ?

指令執行後：

    If REG = W;

    PC = Address　(EQUAL)

    If REG ≠W;

    PC = Address　(NEQUAL)

CPFSGT　　　**f** 與 **WREG** 比較，大於則跳過

語法：　　　[*label*] CPFSGT f [,a]

運算元：　　0 ≤f ≤255

           a∈[0,1]

指令動作：　(f) − (W),

           skip if (f) > (W)

           (unsigned comparison)

影響旗標位元：None

組譯程式碼：　0110 010a ffff ffff

指令概要：　執行無符號減法，對資料暫存器 f 和 W 中的內容進行比較。如果 f 的內容大於 WREG 的內容，則不再執行取得的指令，轉而執行一個 NOP 指令，進而使該指令變成雙週期指令。如果 a 為 0，則忽略 BSR 數值而選擇擷取區塊。如果a 為1，則根據 BSR 的值選擇資料儲存區塊。

指令長度：　1

執行週期數：　1(2)

           註記：　如果跳行且緊接著為二字元長指令時，則需要三個執行週期。

範例：

    HERE　　　CPFSGT　 REG, 0

    NGREATER　　　:

    GREATER　　　　:

指令執行前：

    PC = Address　(HERE)

    W = ?

指令執行後：

CHAPTER

3

```
If REG W;
PC = Address (GREATER)
If REG ≤W;
PC = Address (NGREATER)
```

CPFSLT　　　　**f** 與 **WREG** 比較，小於則
　　　　　　　　跳過

語法：　　　　　[*label*] CPFSLT f [,a]

運算元：　　　　0 ≤f ≤255
　　　　　　　　a∈[0,1]

指令動作：　　　(f)－(W),
　　　　　　　　skip if (f) < (W)
　　　　　　　　(unsigned comparison)

影響旗標位元：None

組譯程式碼：　　0110 000a ffff ffff

指令概要：　　　執行無符號的減法，對資料
　　　　　　　　暫存器 f 和 W 中的內容進
　　　　　　　　行比較。如果 f 的內容小
　　　　　　　　於 W 的內容，則不再執行
　　　　　　　　取得的指令，轉而執行一個
　　　　　　　　NOP 指令，進而使該指令
　　　　　　　　變成雙週期指令。如果 a
　　　　　　　　為 0，則選擇擷取區塊。如
　　　　　　　　果 a 為 1，則使用 BSR。

指令長度：　　　1

執行週期數：　　1(2)
　　　　　　　　註記：如果跳行且緊接著為
　　　　　　　　二字元長指令時，則需要三
　　　　　　　　個執行週期。

範例：
```
HERE       CPFSLT    REG, 1
NLESS         :
LESS:
```
指令執行前：
```
PC = Address （HERE）
W = ?
```
指令執行後：
```
If REG < W;
```

```
PC = Address  (LESS)
If REG ≥W;
PC = Address  (NLESS)
```

DAW　　　　十進位調整 **WREG**

語法：　　　　[*label*] DAW

運算元：　　　None

指令動作：　　If [W<3:0> >9] or
　　　　　　　[DC = 1] then
　　　　　　　　(W<3:0>)+6 →
　　　　　　　　W<3:0>;
　　　　　　　else
　　　　　　　　(W<3:0>)→W<3:
　　　　　　　　0>;
　　　　　　　If [W<7:4> >9] or [C
　　　　　　　= 1] then
　　　　　　　　(W<7:4>) + 6 →
　　　　　　　　W<7:4>;
　　　　　　　else
　　　　　　　　(W<7:4>)→W<7:
　　　　　　　　4>;

影響旗標位元：C

組譯程式碼：　0000 0000 0000 0111

指令概要：　　DAW 調整 W 內的 8 位元數
　　　　　　　值，這 8 位元數值為前面
　　　　　　　兩個變數（格式均為 BCD
　　　　　　　格式）的和，並產生正確的
　　　　　　　BCD 格式的結果。

指令長度：　　1

執行週期數：　1

Example1: DAW

指令執行前：

　　　　W = 0xA5
　　　　C = 0
　　　　DC = 0

指令執行後：

　　　　W = 0x05
　　　　C = 1

DC = 0

Example 2:

指令執行前:

W = 0xCE

C = 0

DC = 0

指令執行後:

W = 0x34

C = 1

DC = 0

DECF　　　　**f** 減 **1**

語法:　　　　[*label*] DECF f [,d [,a]]

運算元:　　　　0 ≤f ≤255

d∈[0,1]

a∈[0,1]

指令動作:　　　(f)−1 →dest

影響旗標位元:C, DC, N, OV, Z

組譯程式碼:　　0000 01da ffff ffff

指令概要:　　　暫存器 f　內容減 1。如果 d 為 0,結果存入 W 暫存器。如果 d　為 1,結果存回暫存器 f　(預設情況)。如果 a　為 0,則忽略 BSR　數值而選擇擷取區塊。如果 a　為 1,則會根據 BSR　的值選擇資料儲存區塊。

指令長度:　　　1

執行週期數:　　1

範例:　　　　　0

DECF　CNT, 1, 0

指令執行前:

CNT = 0x01

Z = 0

指令執行後:

CNT = 0x00

Z = 1

DECFSZ **f** 減 **1**，為 **0** 則跳過

語法：	[*label*] DECFSZ f[,d[,a]]	CNT = CNT - 1
運算元：	0 ≤f ≤255	If CNT =0;
	d∈[0,1]	PC = Address (CONTINUE)
	a∈[0,1]	If CNT ≠0;
指令動作：	(f)-1 →dest,	PC = Address (HERE+2)
	skip if result = 0	

影響旗標位元：None

組譯程式碼： 0010 11da ffff ffff

指令概要： 暫存器 f 的內容減1。如果d 為0，結果存入W。如果 d 為1，結果存回暫存器"f"（預設情況）。如果結果為0，則不再執行取得的下一個指令，轉而執行一個 NOP 指令，進而該指令變成雙週期指令。如果 a 為 0，則忽略 BSR 數值而選擇擷取區塊。如果a 為1，則按照 BSR 的值選擇資料儲存區塊。

指令長度： 1

執行週期數： 1(2)

註記： 如果跳行且緊接著為二字元長指令時，則需要三個執行週期。

範例：
```
    HERE    DECFSZ    CNT, 1, 1
            GOTO      LOOP
    CONTINUE
```

指令執行前：
```
    PC = Address (HERE)
```

指令執行後：

DCFSNZ　　　**f** 減 **1**，非 **0** 則跳過

語法：　　　　[*label*] DCFSNZ f[,d[,a]]

運算元：　　　0 ≤f ≤255

　　　　　　　d∈[0,1]

　　　　　　　a∈[0,1]

指令動作：　　(f)−1 →dest,

　　　　　　　skip if result ≠0

影響旗標位元：None

組譯程式碼：　0100 11da ffff ffff

指令概要：　　暫存器 f 的內容減 1。如
果 d 為 0，結果存入 W。如
果 d 為 1，結果存回暫存
器 f （預設情況）。如果
結果非 0，則不再執行取得
的下一個指令，轉而執行一
個 NOP 指令，進而該指令
變成雙週期指令。如果 a
為 0，則忽略 BSR 數值而
選擇擷取區塊。如果 a 為
1，則按照 BSR 的值選擇
資料儲存區塊。

指令長度：　　1

執行週期數：　1(2)

　　　　　　　註記：　如果跳行且緊接著
為二字元長指令時，則需要
三個執行週期。

範例：

　　　HERE　　DCFSNZ　TEMP, 1, 0

　　　ZERO　　:

　　　NZERO　　:

指令執行前：

　　　TEMP = ?

指令執行後：

TEMP = TEMP − 1,

If TEMP = 0;

PC = Address (ZERO)

If TEMP ≠0;

PC = Address (NZERO)

GOTO	切換程式位址
語法：	[*label*] GOTO k
運算元：	0 ≤k ≤1048575
指令動作：	k →PC<20:1>
影響旗標位元：	None

組譯程式碼：

1st word (k<7:0>)

1110 110s $k_7$kkk

$kkkk_0$

2nd word(k<19:8>)

1111 k_{19}kkk kkkk

$kkkk_8$

指令概要：	GOTO 允許無條件地跳行切換到 2MB 儲存空間中的任何地方。將 20 位元數值「k」存入 PC<20:1>。GOTO 始終為雙週期指令。
指令長度：	2
執行週期數：	2

範例：

```
    GOTO    THERE
```

指令執行後：

```
    PC = Address (THERE)
```

INCF	**f 加 1**
語法：	[*label*] INCF f [,d [,a]]
運算元：	0 ≤f ≤255
	d∈[0,1]
	a∈[0,1]
指令動作：	(f) + 1 →dest
影響旗標位元：	C, DC, N, OV, Z
組譯程式碼：	0010 10da ffff ffff
指令概要：	暫存器 f 的內容加 1。如果 d 為 0，結果存入 W。如果 d 為 1，結果存回到暫存器 f （預設情況）。如果 a 為 0，則忽略 BSR 數值而選擇擷取區塊。如果 a 為 1，則按照 BSR 數值選擇資料儲存區塊。
指令長度：	1
執行週期數：	1

範例：

```
    INCF    CNT, 1, 0
```

指令執行前：

```
    CNT = 0xFF
    Z = 0
    C = ?
    DC = ?
```

指令執行後：

```
    CNT = 0x00
    Z = 1
    C = 1
    DC = 1
```

CHAPTER

3

INCFSZ　　　　**f** 加 **1**，為 **0** 則跳過

語法：　　　　　[*label*] INCFSZ f [,d [,a]]

運算元：　　　　0 ≤f ≤255　　　　　　　　If CNT = 0;

　　　　　　　　d∈[0,1]　　　　　　　　　 PC = Address (ZERO)

　　　　　　　　a∈[0,1]　　　　　　　　　 If CNT ≠0;

指令動作：　　　(f) + 1 →dest,　　　　　 PC = Address (NZERO)

　　　　　　　　skip if result = 0

影響旗標位元：None

組譯程式碼：　　0011 11da ffff ffff

指令概要：　　　暫存器 f 的內容加 1。如果
　　　　　　　　d 為 0，結果存入 W。如果
　　　　　　　　d 為 1，結果存回暫存器 f
　　　　　　　　（預設情況）。如果結果為
　　　　　　　　0，則不再執行取得的下一
　　　　　　　　個指令，轉而執行一個 NOP
　　　　　　　　指令，進而該指令變成雙週
　　　　　　　　期指令。如果 a 為 0，則忽
　　　　　　　　略 BSR 數值而選擇擷取區
　　　　　　　　塊。如果 a 為 1，則按照
　　　　　　　　BSR 數值選擇資料儲存區
　　　　　　　　塊。

指令長度：　　　1

執行週期數：　　1(2)

　　　　　　　　註記：如果跳行且緊接著為
　　　　　　　　二字元長指令時，則需要三
　　　　　　　　個執行期週期。

範例：

　　　HERE　　　INCFSZ CNT, 1, 0

　　　NZERO　　 :

　　　ZERO　　　 :

指令執行前：

　　　PC = Address (HERE)

指令執行後：

　　　CNT = CNT + 1

INFSNZ	**f** 加 **1**，非 **0** 則跳過
語法：	[*label*] INFSNZ f [,d [,a]]

運算元：	0 ≤f ≤255	REG = REG + 1
	d∈[0,1]	If REG ≠0;
	a∈[0,1]	PC = Address (NZERO)
指令動作：	(f) + 1 →dest,	If REG = 0;
	skip if result ≠0	PC = Address (ZERO)

影響旗標位元：None

組譯程式碼：　0100 10da ffff ffff

指令概要：　　暫存器 f 的內容加 1。如果 d 為 0，結果存入 W。如果 d 為 1，結果存回暫存器 f （預設情況）。如果結果不為 0，則不再執行取得的下一個指令，轉而執行一個 NOP 指令，進而該指令變成雙週期指令。如果 a 為 0，則忽略 BSR 數值而選擇擷取區塊。如果 a 為 1，則按照 BSR 數值選擇資料儲存區塊。

指令長度：　　1

執行週期數：　1(2)

　　　　　　　註記：如果跳行且緊接著為二字元長指令時，則需要三個執行週期。

範例：

```
    HERE      INFSNZ  REG, 1, 0
    ZERO        :
    NZERO       :
```

指令執行前：

```
    PC = Address (HERE)
```

指令執行後：

IORLW　　**WREG** 和常數進行 「或」
運算

語法：　　　　[*label*] IORLW k

運算元：　　　0 ≤k ≤255

指令動作：　　(W).OR. k →W

影響旗標位元：N, Z

組譯程式碼：　0000 1001 kkkk kkkk

指令概要：　　W 中的內容與 8 位元常數
　　　　　　　「k」進行「或」操作。結
　　　　　　　果存入 W。

指令長度：　　1

執行週期數：　1

範例：
　　　IORLW　0x35

指令執行前：
　　　W = 0x9A

指令執行後：
　　　W = 0xBF

IORWF　　**WREG** 和 **f** 進行 「或」
運算

語法：　　　　[*label*] IORWF f [,d [,a]]

運算元：　　　0 ≤f ≤255
　　　　　　　d∈[0,1]
　　　　　　　a∈[0,1]

指令動作：　　(W).OR. (f) →dest

影響旗標位元：N, Z

組譯程式碼：　0001 00da ffff ffff

指令概要：　　W 與 f 暫存器的內容進行
　　　　　　　「或」操作。如果d 為0，
　　　　　　　結果存入W。如果d 為1，
　　　　　　　結果存回暫存器「f」（預
　　　　　　　設情況）。如果 a 為0，
　　　　　　　則忽略 BSR 數值而選擇擷
　　　　　　　取區塊。如果a 為1，則按
　　　　　　　照 BSR 數值選擇資料儲存
　　　　　　　區塊。

指令長度：　　1

執行週期數：　1

範例：
　　　IORWF　RESULT, 0, 1

指令執行前：
　　　RESULT = 0x13
　　　W = 0x91

指令執行後：
　　　RESULT = 0x13
　　　W = 0x93

LFSR　　　　載入 **FSR**

語法：　　　　[*label*] LFSR f,k

運算元：　　　0 ≤f ≤2

　　　　　　　0 ≤k ≤4095

指令動作：　　k →FSRf

影響旗標位元：None

組譯程式碼：　1110 1110 00ff k_{11}kkk

　　　　　　　1111 0000 $k_7$kkk kkkk

指令概要：　　12 位常數 k 存入 f 指向
　　　　　　　的檔案選擇暫存器。

指令長度：　　2

執行週期數：　2

範例：

　　　LFSR　　2, 0x3AB

指令執行後：

　　　FSR2H = 0x03

　　　FSR2L = 0xAB

MOVF　　　傳送暫存器 **f** 的內容

語法：　　　　[*label*] MOVF f [,d [,a]]

運算元：　　　0 ≤f ≤255

　　　　　　　d∈[0,1]

　　　　　　　a∈[0,1]

指令動作：　　f →dest

影響旗標位元：N, Z

組譯程式碼：　0101 00da ffff ffff

指令概要：　　根據 d 的狀態，將暫存器
　　　　　　　f 的內容存入目標暫存器。
　　　　　　　如果 d 為 0，結果存入 W。
　　　　　　　如果 d 為 1，結果存回暫存
　　　　　　　器 f （預設情況）。f 可
　　　　　　　以是 256 位元組資料儲存
　　　　　　　區塊中的任何暫存器。如果
　　　　　　　a 為 0，則忽略 BSR 數值
　　　　　　　而選擇擷取區塊。如果 a 為
　　　　　　　1，則按照 BSR 數值選擇資
　　　　　　　料儲存區塊。

指令長度：　　1

執行週期數：　1

範例：

　　　MOVF　　REG, 0, 0

指令執行前：

　　　REG = 0x22

　　　W = 0xFF

指令執行後：

　　　REG = 0x22

　　　W = 0x22

CHAPTER

3

MOVFF　　　　傳送暫存器 **1** 的內容至暫存
　　　　　　　　器 **2**

語法：　　　　　[*label*] MOVFF f$_s$, f$_d$

運算元：　　　　0 ≤f$_s$ ≤4095

　　　　　　　　0 ≤f$_d$ ≤4095

指令動作：　　　(f$_s$) →f$_d$

影響旗標位元：None

組譯程式碼：

　　　　1st word (source)

　　　　　 1100　ffff　ffff

　　　　ffff$_s$

　　　　2nd word (destin.)

　　　　　 1111　ffff　ffff

　　　　ffff$_d$

指令概要：　　　將來源暫存器 f$_s$ 的內容移
　　　　　　　　到目標暫存器 f$_d$。來源 f$_s$
　　　　　　　　可以是 4096 位元組資料
　　　　　　　　空間（000h 到 FFFh）中
　　　　　　　　的任何暫存器，目標 f$_d$ 也
　　　　　　　　可以是 000h 到 FFFh 中
　　　　　　　　的任何暫存器。來源或目標
　　　　　　　　都可以是 W （這是個有用
　　　　　　　　的特殊情況）。MOVFF 在
　　　　　　　　將資料暫存器傳遞到外設暫
　　　　　　　　存器（如通訊收發資料緩衝
　　　　　　　　器或 I/O 腳位）時特別有
　　　　　　　　用。MOVFF 指令中的目標
　　　　　　　　暫 存 器 不 能 是 PCL、
　　　　　　　　TOSU、TOSH 或 TOSL。
　　　　　　　　註： 在執行任何中斷時，
　　　　　　　　不應該使用 MOVFF 指令修
　　　　　　　　改中斷設置。

指令長度：　　　2

執行週期數：　　2 (3)

範例：

　　　　MOVFF　 REG1, REG2

指令執行前：

　　　　REG1 = 0x33

　　　　REG2 = 0x11

指令執行後：

　　　　REG1 = 0x33

　　　　REG2 = 0x33

MOVLB　　　　　常數內容搬移到　**BSR<3：0>**

語法：　　　　　[*label*] MOVLB k

運算元：　　　　0 ≤k ≤255

指令動作：　　　k →BSR

影響旗標位元：None

組譯程式碼：　　0000 0001 kkkk kkkk

指令概要：　　　將 8 位元常數 k 存入資料
　　　　　　　　儲 存 區 塊 選 擇 暫 存 器
　　　　　　　　（BSR）。

指令長度：　　　1

執行週期數：　　1

範例：
　　　MOVLB　5

指令執行前：
　　　BSR register = 0x02

指令執行後：
　　　BSR register = 0x05

MOVLW　　　　　常數內容搬移到　**WREG**

語法：　　　　　[*label*] MOVLW k

運算元：　　　　0 ≤k ≤255

指令動作：　　　k →W

影響旗標位元：None

組譯程式碼：　　0000 1110 kkkk kkkk

指令概要：　　　將 8 位元常數 k 存入資料
　　　　　　　　儲 存 區 塊 選 擇 暫 存 器
　　　　　　　　（BSR）。

指令長度：　　　1

執行週期數：　　1

範例：
　　　MOVLW　0x5A

指令執行後：
　　　W = 0x5A

CHAPTER

3

MOVWF　　　　　**WREG** 的內容傳送到 **f**

語法：　　　　　　[*label*] MOVWF f [,a]

運算元：　　　　　0 ≤f ≤255

　　　　　　　　　a∈[0,1]

指令動作：　　　　(W) →f

影響旗標位元：None

組譯程式碼：　　　0110 111a ffff ffff

指令概要：　　　　將資料從 W 移到暫存器 f。
f 可以是 256 位元組資料
儲存區塊中的任何暫存器。
如果 a 為 0，則忽略 BSR
數值而選擇擷取區塊。如果
a 為 1，則按照 BSR 數值
選擇資料儲存區塊。

指令長度：　　　　1

執行週期數：　　　1

範例：

　　　MOVWF　REG, 0

指令執行前：

　　　W =.0x4F

　　　REG = 0xFF

指令執行後：

　　　W = 0x4F

　　　REG = 0x4F

MULLW　　　　　**WREG** 和常數相乘

語法：　　　　　　[*label*] MULLW k

運算元：　　　　　0 ≤k ≤255

指令動作：　　　　(W) × k →PRODH:PRODL

影響旗標位元：None

組譯程式碼：　　　0000 1101 kkkk kkkk

指令概要：　　　　W 的內容與 8 位元常數 k
執行無符號乘法運算。16
位乘積結果保存在 PRODH:
PRODL 暫存器對中。PRO-
DH 包含高位元組。W 的內
容不變。所有狀態旗標位元
都不受影響。請注意此操作
不可能發生溢位或進位。結
果有可能為 0，但不會被偵
測到。

指令長度：　　　　1

執行週期數：　　　1

範例：

　　　MULLW　0xC4

指令執行前：

　　　W = 0xE2

　　　PRODH = ?

　　　PRODL = ?

指令執行後：

　　　W = 0xE2

　　　PRODH = 0xAD

　　　PRODL = 0x08

MULWF   **WREG** 和 **f** 相乘

語法：   *[label]* MULWF f [,a]

運算元：   0 ≤f ≤255   REG = 0xB5

                  a∈[0,1]   PRODH = 0x8A

指令動作：   (W) × (f)   →PRODH: PRODL = 0x94

                  PRODL

影響旗標位元：None

組譯程式碼：   0000 001a ffff ffff

指令概要：   將 W 和暫存器檔暫存器 f 中的內容執行無符號乘法運算。運算的 16 位結果保存在 PRODH:PRODL 暫存器對中。PRODH 包含高位元組。W 與 f 的內容都不變。所有狀態旗標位元都不受影響。請注意此操作不可能發生溢位或進位。結果有可能為 0，但不會被偵測到。如果 a 為 0，則忽略 BSR 數值而選擇擷取區塊。如果 a 為 1，則按照 BSR 數值選擇資料儲存區塊。

指令長度：   1

執行週期數：   1

範例：

     MULWF REG, 1

指令執行前：

     W = 0xC4

     REG = 0xB5

     PRODH = ?

     PRODL = ?

指令執行後：

     W = 0xC4

CHAPTER

3

NEGF　　　　　　　對 **f** 求 2 的補數負數

語法：　　　　　　[*label*] NEGF f [,a]

運算元：　　　　　0 ≤f ≤255

　　　　　　　　　a∈[0,1]

指令動作：　　　　(f) + 1 →f

影響旗標位元：N, OV, C, DC, Z

組譯程式碼：　　　0110 110a ffff ffff

指令概要：　　　　用 2 的補數法數值對暫存器 f 求補數。結果保存在資料暫存器 "f" 中。如果 a 為 0，則忽略 BSR 數值而選擇擷取區塊。如果 a 為 1，則按照 BSR 的值選擇資料儲存區塊。

指令長度：　　　　1

執行週期數：　　　1

範例：

　　　　NEGF　REG, 1

指令執行前：

　　　　REG = 0011 1010 [0x3A]

指令執行後：

　　　　REG = 1100 0110 [0xC6]

NOP　　　　　　　無動作

語法：　　　　　　[*label*] NOP

運算元：　　　　　None

指令動作：　　　　No operation

影響旗標位元：None

組譯程式碼：　　　0000 0000 0000 0000

　　　　　　　　　1111 xxxx xxxx xxxx

指令概要：　　　　無動作。

指令長度：　　　　1

執行週期數：　　　1

POP　　　　　　將返回堆疊頂部的內容推出

語法：　　　　[*label*] POP

運算元：　　　None

指令動作：　　(TOS) →bit bucket

影響旗標位元：None

組譯程式碼：　0000 0000 0000 0110

指令概要：　　從返回堆疊取出 TOS 值並拋棄。前一個推入返回堆疊的值隨後成為 TOS 值。此指令可以讓使用者正確管理返回堆疊以組成軟體堆疊。

指令長度：　　1

執行週期數：　1

範例：

```
    POP
    GOTO   NEW
```

指令執行前：

```
    TOS = 0031A2h
    Stack (1 level down) = 014332h
```

指令執行後：

```
    TOS = 014332h
    PC = NEW
```

PUSH　　　　　將內容推入返回堆疊的頂部

語法：　　　　[*label*] PUSH

運算元：　　　None

指令動作：　　(PC+2) →TOS

影響旗標位元：None

組譯程式碼：　0000 0000 0000 0101

指令概要：　　PC+2 被推入返回堆疊的頂部。原先的 TOS 值推入堆疊的下一層。此指令允許通過修改 TOS 來實現軟體堆疊，然後將其推入返回堆疊。

指令長度：　　1

執行週期數：　1

範例：

```
    PUSH
```

指令執行前：

```
    TOS = 00345Ah
    PC = 000124h
```

指令執行後：

```
    PC = 000126h
    TOS = 000126h
    Stack (1 level down) = 00345Ah
```

CHAPTER

3

RCALL　　　　相對呼叫函式

語法：　　　　　[*label*] RCALL n

運算元：　　　　-1024 ≤n ≤1023

指令動作：　　　(PC) + 2 →TOS,

　　　　　　　　(PC) + 2 + 2n →PC

影響旗標位元：None

組譯程式碼：　　1101 1nnn nnnn nnnn

指令概要：　　　從目前位址跳轉（最多 1K
範圍）來呼叫函式。首先，
返回位址（PC+2）被推入
堆疊。然後，將 PC 加上 2
的補數法數值 "2n"。因為
PC 要先遞增才能取得下一
個指令，因此新位址將為
PC+2+2n。這是一個雙週
期的指令。

指令長度：　　　1

執行週期數：　　2

範例：

　　HERE　　RCALL　　Jump

指令執行前：

　　PC = Address (HERE)

指令執行後：

　　PC = Address (Jump)

　　TOS = Address (HERE+2)

RESET　　　　軟體系統重置

語法：　　　　　[*label*] RESET

運算元：　　　　None

指令動作：　　　將所有受 MCLR 重置影響的
暫存器或旗標重置。

影響旗標位元：All

組譯程式碼：　　0000 0000 1111 1111

指令概要：　　　此指令可用於在軟體中執行
MCLR 重置。

指令長度：　　　1

執行週期數：　　1

範例：

　　RESET

指令執行後：

　　Registers = Reset Value

　　Flags* = Reset Value

RETFIE　　　中斷返回

語法：　　　　[*label*] RETFIE [s]

運算元：　　　s∈[0,1]　　　　　　　　STATUS = STATUSS

指令動作：　　(TOS) →PC,　　　　　　GIE/GIEH, PEIE/GIEL = 1

　　　　　　　1 →GIE/GIEH or PEIE/
　　　　　　　GIEL,
　　　　　　　if s = 1
　　　　　　　(WS) →W,
　　　　　　　(STATUSS)→STATUS,
　　　　　　　(BSRS) →BSR,
　　　　　　　PCLATU, PCLATH are
　　　　　　　unchanged.

影響旗標位元：GIE/GIEH, PEIE/GIEL.

組譯程式碼：　0000 0000 0001 000s

指令概要：　　從中斷返回。執行 POP 操
　　　　　　　作，將堆疊頂端 (Top-of-
　　　　　　　Stack, TOS) 位址內容存
　　　　　　　入 PC。通過將高/ 低優先
　　　　　　　順序全域中斷設定為"1"，
　　　　　　　可以開啟中斷。如果 s 為
　　　　　　　1，將替代 (Shadow) 暫
　　　　　　　存器 WS、STATUSS 和
　　　　　　　BSRS 的內容存入對應的暫
　　　　　　　存器 W、STATUS 和 BSR。
　　　　　　　如果 s 為 0，則不會更新這
　　　　　　　些暫存器（預設情況）。

指令長度：　　1

執行週期數：　2

範例：

　　　RETFIE 1

After Interrupt

　　　PC = TOS

　　　W = WS

　　　BSR = BSRS

RETLW　　　　返回時將常數存入 **WREG**

語法：　　　　　[*label*] RETLW k

運算元：　　　　0 ≤k ≤255

指令動作：　　　k →W,

　　　　　　　　(TOS) →PC,

　　　　　　　　PCLATU, PCLATH are

　　　　　　　　unchanged

影響旗標位元：None

組譯程式碼：　　0000 1100 kkkk kkkk

指令概要：　　　將 8 位常數 k 存入 W。將
　　　　　　　　堆疊頂端暫存器內容（返回
　　　　　　　　位址）存入程式計數器。高
　　　　　　　　位元組位址栓鎖暫存器
　　　　　　　　（PCLATH）保持不變。

指令長度：　　　1

執行週期數：　　2

範例：

```
    CALL    TABLE   ; W contains table
                    ; offset value
                    ; W now has
                    ; table value
      :
TABLE
    ADDWF   PCL     ; W = offset
    RETLW   k0      ; Begin table
    RETLW   k1      ;
      :
      :
    RETLW kn        ; End of table
```

指令執行前：

　　　W = 0x07

指令執行後：

　　　W = value of kn

RETURN　　　　從函式返回

語法：　　　　　[*label*] RETURN [s]

運算元：　　　　s∈[0,1]

指令動作：　　　(TOS) →PC,

　　　　　　　　if s = 1

　　　　　　　　(WS) →W,

　　　　　　　　(STATUSS) →STATUS,

　　　　　　　　(BSRS) →BSR,

　　　　　　　　PCLATU, PCLATH are

　　　　　　　　unchanged

影響旗標位元：None

組譯程式碼：　　0000 0000 0001 001s

指令概要：　　　從函式返回。推出堆疊中的
　　　　　　　　數據，並將堆疊頂端
　　　　　　　　（TOS）暫存器內容存入程
　　　　　　　　式計數器。如果 s 為 1，
　　　　　　　　將影子暫存器 $\overline{WS}$、STAT-
　　　　　　　　USS 和 $\overline{BSRS}$ 的內容被存
　　　　　　　　入對應的暫存器 W、STAT-
　　　　　　　　US 和 BSR。如果 s 為 0，
　　　　　　　　則不會更新這些暫存器（預
　　　　　　　　設情況）。

指令長度：　　　1

執行週期數：　　2

範例：

```
            RETURN
After Interrupt
    PC = TOS
```

RLCF | 含 C 進位旗標位元迴圈左移 **f**

語法： [*label*] RLCF f [,d [,a]]

運算元： $0 \leq f \leq 255$

d∈[0,1]

a∈[0,1]

指令動作： (f<n>) →dest<n+1>,

(f<7>) →C,

(C) →dest<0>

影響旗標位元：C, N, Z

組譯程式碼： 0011 01da ffff ffff

指令概要： 暫存器「f」的內容帶 C 進位旗標位元旗標迴圈左移 1 位。如果 d 為 0，結果存入 W。如果 d 為 1，結果存回到 f 暫存器（預設情況）。如果 a 為 0，則忽略 BSR 數值而選擇擷取區塊。如果 a 為 1，則按照 BSR 數值選擇資料儲存區塊。

指令長度： 1

執行週期數： 1

範例：

```
RLCF    REG, 0, 0
```

指令執行前：

```
REG = 1110 0110
C = 0
```

指令執行後：

```
REG = 1110 0110
W = 1100 1100
C = 1
C register f
```

RLNCF | 迴圈左移 **f**（無 C 進位旗標位元）

語法： [*label*] RLNCF f [,d [,a]]

運算元： $0 \leq f \leq 255$

d∈[0,1]

a∈[0,1]

指令動作： (f<n>) →dest<n+1>,

(f<7>) →dest<0>

影響旗標位元：N, Z

組譯程式碼： 0100 01da ffff ffff

指令概要： 暫存器 f 的內容迴圈左移 1 位。如果 d 為 0，結果存入 W。如果 d 為 1，結果存回到 f 暫存器（預設情況）。如果 a 為 0，則忽略 BSR 數值而選擇擷取區塊。如果 a 為 1，則按照 BSR 數值選擇資料儲存區塊。

指令長度： 1

執行週期數： 1

範例：

```
RLNCF REG, 1, 0
```

指令執行前：

```
REG = 1010 1011
```

指令執行後：

```
REG = 0101 0111
```

CHAPTER

3

RRCF　　　　　含 **C** 進位旗標位元迴圈右移 **f**

語法：　　　　　[*label*] RRCF f [,d [, a]]

運算元：　　　　0 ≤f ≤255
　　　　　　　　d∈[0,1]
　　　　　　　　a∈[0,1]

指令動作：　　　(f<n>) →dest<n-1>,
　　　　　　　　(f<0>) →C,
　　　　　　　　(C) →dest<7>

影響旗標位元：C, N, Z

組譯程式碼：　　0011 00da ffff ffff

指令概要：　　　暫存器 f 的內容帶 C 進位旗標位元旗標迴圈右移 1 位。如果 d 為 0，結果存入 W。如果 d 為 1，結果存回到暫存器 f （預設情況）。如果 a 為 0，則忽略 BSR 數值而選擇擷取區塊。如果 a 為 1，則按照 BSR 數值選擇資料儲存區塊。

指令長度：　　　1

執行週期數：　　1

範例：
　　　　RRCF　REG, 0, 0

指令執行前：
　　　　REG = 1110 0110
　　　　C = 0

指令執行後：
　　　　REG = 1110 0110
　　　　W = 0111 0011
　　　　C = 0

RRNCF　　　　迴圈右移　**f**（無 **C** 進位旗標位元）

語法：　　　　　[*label*] RRNCF f [,d [,a]]

運算元：　　　　0 ≤f ≤255
　　　　　　　　d∈[0,1]
　　　　　　　　a∈[0,1]

指令動作：　　　(f<n>) →dest<n-1>,
　　　　　　　　(f<0>) →dest<7>

影響旗標位元：N, Z

組譯程式碼：　　0100 00da ffff ffff

指令概要：　　　暫存器 f 的內容迴圈右移 1 位。如果 d 為 0，結果存入 W。如果 d 為 1，結果存回到暫存器 f （預設情況）。如果 a 為 0，則忽略 BSR 數值而選擇擷取區塊。如果 a 為 1，則按照 BSR 數值選擇資料儲存區塊。

指令長度：　　　1

執行週期數：　　1

Example 1:
　　　　RRNCF　REG, 1, 0

指令執行前：
　　　　REG = 1101 0111

指令執行後：
　　　　REG = 1110 1011

Example 2:
　　　　RRNCF　REG, 0, 0

指令執行前：
　　　　W = ?
　　　　REG = 1101 0111

指令執行後：

W = 1110 1011
REG = 1101 0111

SETF　　　　　　　設定 **f** 暫存器所有位元為
　　　　　　　　　　　1

語法：　　　　　　[*label*] SETF f [,a]

運算元：　　　　　0 ≤f ≤255
　　　　　　　　　a∈[0,1]

指令動作：　　　　FFh →f

影響旗標位元：None

組譯程式碼：　　　0110 100a ffff ffff

指令概要：　　　　將指定暫存器的內容設為
　　　　　　　　　FFh. 如果 a 為 0，則忽
　　　　　　　　　略 BSR 數值而選擇擷取區
　　　　　　　　　塊。如果 a 為 1，則按照
　　　　　　　　　BSR 的值選擇資料儲存區
　　　　　　　　　塊。

指令長度：　　　　1

執行週期數：　　　1

範例：
　　　SETF　REG,1

指令執行前：
　　　REG = 0x5A

指令執行後：
　　　REG = 0xFF

CHAPTER

3

SLEEP　　　進入睡眠模式

語法：　　　[*label*] SLEEP

運算元：　　None

指令動作：　00h →WDT,

　　　　　　0 →WDT postscaler,

　　　　　　1 →$\overline{TO}$,

　　　　　　0 →$\overline{PD}$

影響旗標位元：$\overline{TO}$, $\overline{PD}$

組譯程式碼：　0000 0000 0000 0011

指令概要：　掉電狀態位元（$\overline{PD}$）清除
　　　　　　為 0。超時狀態位（$\overline{TO}$）置
　　　　　　1。監視（看門狗）計時器
　　　　　　及其後除頻器清除為 0。處
　　　　　　理器進入睡眠模式，震盪器
　　　　　　停止。

指令長度：　　1

執行週期數：　1

範例：

　　　SLEEP

指令執行前：

　　　$\overline{TO}$ = ?

　　　$\overline{PD}$ = ?

指令執行後：

　　　$\overline{TO}$ = 1†

　　　$\overline{PD}$ = 0

† 如果監視計時器（WDT）觸發喚醒，則此
　位元將會清除為 0。

SUBFWB　　**WREG** 減去 **f** 和借位旗標
　　　　　　　位元

語法：　　　[*label*] SUBFWB f [,d
　　　　　　[,a]]

運算元：　　0 ≤f ≤255

　　　　　　d∈[0,1]

　　　　　　a∈[0,1]

指令動作：　(W) - (f) - ($\overline{C}$) →dest

影響旗標位元：N, OV, C, DC, Z

組譯程式碼：　0101 01da ffff ffff

指令概要：　W 減去 f 暫存器和 C 進位
　　　　　　旗標位元旗標（借位位元）
　　　　　　（採用 2 的補數法數值方
　　　　　　法）。如果 d 為 0，結果
　　　　　　存入 W。如果 d 為 1，結果
　　　　　　存入 f 暫存器（預設情
　　　　　　況）。如果 a=0，則忽略
　　　　　　BSR 值而選擇擷取區塊。如
　　　　　　果 a=1，則按照 BSR 數值
　　　　　　選擇資料儲存區塊（預設情
　　　　　　況）。

指令長度：　　1

執行週期數：　1

Example 1:

　　　SUBFWB　REG, 1, 0

指令執行前：

　　　REG = 3

　　　W = 2

　　　C = 1

指令執行後：

　　　REG = 0xFF

　　　W = 2

　　　C = 0

　　　Z = 0

```
        N = 1 ; result is negative
Example 2:
    SUBFWB    REG, 0, 0
指令執行前：
    REG = 2
    W = 5
    C = 1
指令執行後：
    REG = 2
    W = 3
    C = 1
    Z = 0
    N = 0 ; result is positive
```

SUBLW　　　常數減去 **WREG**

語法：　　　　[*label*] SUBLW k

運算元：　　　0 ≤k ≤255

指令動作：　　k - (W) →W

影響旗標位元：N, OV, C, DC, Z

組譯程式碼：　0000 1000 kkkk kkkk

指令概要：　　8 位元常數 k 減去 W 暫存
　　　　　　　器的內容。結果存入 W。

指令長度：　　1

執行週期數：　1

Example 1:
```
    SUBLW  0x02
```
指令執行前：
```
    W = 1
    C = ?
```
指令執行後：
```
    W = 1
    C = 1 ; result is positive
    Z = 0
    N = 0
```
Example 2:
```
    SUBLW  0x02
```
指令執行前：
```
    W = 2
    C = ?
```
指令執行後：
```
    W = 0
    C = 1 ; result is zero
    Z = 1
    N = 0
```
Example 3:
```
    SUBLW  0x02
```
指令執行前：
```
    W = 3
```

CHAPTER

3

CHAPTER

3

　　　　C = ?
指令執行後：
　　　　W = FF ; (2's complement)
　　　　C = 0 ; result is negative
　　　　Z = 0
　　　　N = 1

SUBWF　　　　　**f** 減去 **WREG**

語法：　　　　[*label*] SUBWF f [,d [,a]]

運算元：　　　　0 ≤f ≤255
　　　　　　　　d∈[0,1]
　　　　　　　　a∈[0,1]

指令動作：　　　(f) - (W) →dest

影響旗標位元：N, OV, C, DC, Z

組譯程式碼：　0101 11da ffff ffff

指令概要：　　暫存器 f 的內容減去 W（採用 2 的補數法）。如果 d 為 0，結果存入 W。如果 d 為 1，結果存回 f 暫存器（預設情況）。如果 a 為 0，則忽略 BSR 數值而選擇擷取區塊。如果 a 為 1，則按照 BSR 數值選擇資料儲存區塊。

指令長度：　　1

執行週期數：　1

Example 1:
　　　　SUBWF REG, 1, 0
指令執行前：
　　　　REG = 3
　　　　W = 2
　　　　C = ?
指令執行後：
　　　　REG = 1
　　　　W = 2
　　　　C = 1 ; result is positive
　　　　Z = 0
　　　　N = 0
Example 2:
　　　　SUBWF REG, 0, 0

指令執行前：
    REG = 2
    W = 2
    C = ?
指令執行後：
    REG = 2
    W = 0
    C = 1 ; result is zero
    Z = 1
    N = 0

SUBWFB   **f** 減去**WREG**和借位旗標位元

語法：   [*label*] SUBWFB f [,d [,a]]

運算元：   0 ≤f ≤255
             d∈[0,1]
             a∈[0,1]

指令動作：   (f)-(W)-($\overline{C}$) →dest

影響旗標位元：N, OV, C, DC, Z

組譯程式碼：   0101 10da ffff ffff

指令概要：   f 暫存器的內容減去 W 暫存器內容和C進位旗標位元旗標（借位）（採用2的補數法）。如果 d 為 0，結果存入W。如果d 為 1，結果存回 f 暫存器（預設情況）。如果 a 為 0，則忽略BSR 數值而選擇擷取區塊。如果 a 為 1，則按照BSR 數值選擇資料儲存區塊。

指令長度：   1

執行週期數：   1

Example 1:
    SUBWFB REG, 1, 0
指令執行前：
    REG = 0x19 (0001 1001)
    W = 0x0D (0000 1101)
    C = 1
指令執行後：
    REG = 0x0C (0000 1011)
    W = 0x0D (0000 1101)
    C = 1

CHAPTER

3

```
                      Z = 0
                      N = 0 ; result is positive
Example 2:
                      SUBWFB  REG, 0, 0
指令執行前:
                      REG = 0x1B (0001 1011)
                      W = 0x1A (0001 1010)
                      C = 0
指令執行後:
                      REG = 0x1B (0001 1011)
                      W = 0x00
                      C = 1
                      Z = 1 ; result is zero
                      N = 0
```

SWAPF　　　　　**f** 半位元組交換

語法:　　　　　[*label*] SWAPF f [,d [,a]]

運算元:　　　　　$0 \leq f \leq 255$
　　　　　　　　d∈[0,1]
　　　　　　　　a∈[0,1]

指令動作:　　　　(f<3:0>) →dest<7:4>,
　　　　　　　　(f<7:4>) →dest<3:0>

影響旗標位元:None

組譯程式碼:　　　0011 10da ffff ffff

指令概要:　　　　互換 f 暫存器的高 4 位元和低 4 位元。如果 d 為 0,結果存入 W。如果 d 為 1,結果存入 f 暫存器（預設情況）。如果 a 為 0,則忽略 BSR 數值而選擇擷取區塊。如果 a 為 1,則按照 BSR 數值選擇資料儲存區塊。

指令長度:　　　　1

執行週期數:　　　1

範例:
```
                      SWAPF  REG, 1, 0
```
指令執行前:
```
                      REG = 0x53
```
指令執行後:
```
                      REG = 0x35
```

TBLRD　　　　讀取表列資料

語法：　　　　　[*label*] TBLRD (*; *
　　　　　　　　+; *-; +*)

運算元：　　　　None

指令動作：　　　if TBLRD *,
　　　　　　　　　(Prog Mem (TBLPTR))→
　　　　　　　　　TABLAT;
　　　　　　　　　TBLPTR - No Change;
　　　　　　　　if TBLRD *+,
　　　　　　　　　(Prog Mem (TBLPTR))→
　　　　　　　　　TABLAT;
　　　　　　　　　(TBLPTR)+1　　　　→
　　　　　　　　　TBLPTR;
　　　　　　　　if TBLRD *-,
　　　　　　　　　(Prog Mem (TBLPTR))→
　　　　　　　　　TABLAT;
　　　　　　　　　(TBLPTR)-1　　　　→
　　　　　　　　　TBLPTR;
　　　　　　　　if TBLRD +*,
　　　　　　　　　(TBLPTR)+1　　　　→
　　　　　　　　　TBLPTR;
　　　　　　　　　(Prog Mem (TBLPTR))
　　　　　　　　　→TABLAT;

影響旗標位元：None

組譯程式碼：　　000 00000 0000 10nn
　　　　　　　　nn　　　　=0 *
　　　　　　　　　　　　　=1 *+
　　　　　　　　　　　　　=2 *-
　　　　　　　　　　　　　=3 +*

指令概要：　　　本指令用於讀取程式記憶體
　　　　　　　　（PM）的內容。使用表列
　　　　　　　　指標（TBLPTR）對程式記
　　　　　　　　憶體進行定址。TBLPTR
　　　　　　　　（一個 21 位的指標）指向

程式記憶體的每個位元組。
TBLPTR 定址範圍為 2MB。

TBLPTR[0] = 0：程式記憶體字的最低有
　　　　　　　　　效位元組

TBLPTR[0] = 1：程式記憶體字的最高有
　　　　　　　　　效位元組

TBLRD 指令可以如下修改 TBLPTR 的值：
- 不變
- 後遞增
- 後遞減
- 前遞增

指令長度：　　1

執行週期數：　2

Example1:
　　　TBLRD *+ ;

指令執行前：
　　　TABLAT = 0x55
　　　TBLPTR = 0x00A356
　　　MEMORY(0x00A356) = 0x34

指令執行後：
　　　TABLAT = 0x34
　　　TBLPTR = 0x00A357

Example2:
　　　TBLRD +* ;

指令執行前：
　　　TABLAT = 0xAA
　　　TBLPTR = 0x01A357
　　　MEMORY(0x01A357) = 0x12
　　　MEMORY(0x01A358) = 0x34

指令執行後：
　　　TABLAT = 0x34
　　　TBLPTR = 0x01A358

CHAPTER

3

TBLWT　　　　　　寫入表列資料

語法：　　　　　　[*label*] TBLWT (*; *
　　　　　　　　　+; *-; +*)

運算元：　　　　　None

指令動作：　　　　if TBLWT*,
　　　　　　　　　　(TABLAT) →Holding
　　　　　　　　　　Register;
　　　　　　　　　　TBLPTR-No Change;
　　　　　　　　　if TBLWT*+,
　　　　　　　　　　(TABLAT) →Holding
　　　　　　　　　　Register;
　　　　　　　　　　(TBLPTR)+1　　　→
　　　　　　　　　　TBLPTR;
　　　　　　　　　if TBLWT*-,
　　　　　　　　　　(TABLAT) →Holding
　　　　　　　　　　Register;
　　　　　　　　　　(TBLPTR)-1　　　→
　　　　　　　　　　TBLPTR;
　　　　　　　　　if TBLWT+*,
　　　　　　　　　　(TBLPTR)+1　　　→
　　　　　　　　　　TBLPTR;
　　　　　　　　　　(TABLAT) →Holding
　　　　　　　　　　Register;

影響旗標位元：None

組譯程式碼：　　0000 0000 0000 11nn
　　　　　　　　　　nn = 0 *
　　　　　　　　　　　 = 1 *+
　　　　　　　　　　　 = 2 *-
　　　　　　　　　　　 = 3 +*

指令概要：　　　本指令使用 TBLPTR 的三
　　　　　　　　個 LSb 來決定要將 TAB-
　　　　　　　　LAT 資料寫入八個保持暫
　　　　　　　　存器中的哪一個。八個保持
　　　　　　　　暫存器用於對程式記憶體

（PM）的內容安排。有關
寫入快閃記憶體的資訊，參
見相關資料手冊。TBLPTR
（一個 21 位元指標）指向
程式記憶體的每個位元組。
TBLPTR 定址範圍為 2MB。
TBLPTR 的 LSb 決定要使
用程式暫存器的哪個位元
組。

TBLPTR[0] = 0：程式記憶體字的最低有
　　　　　　　　　效位元組

TBLPTR[0] = 1：程式記憶體字的最高有
　　　　　　　　　效位元組

TBLWT 指令可以如下修改 TBLPTR 的值：

· 不變
· 後遞增
· 後遞減
· 前遞增

指令長度：　　1

執行週期數：　2

Example1:
　　　　TBLWT *+;

指令執行前：
　　　　TABLAT = 0x55
　　　　TBLPTR = 0x00A356
　　　　HOLDING REGISTER
　　　　(0x00A356) = 0xFF

指令執行後：s(table write completion)
　　　　TABLAT = 0x55
　　　　TBLPTR = 0x00A357
　　　　HOLDING REGISTER
　　　　(0x00A356) = 0x55

Example 2:

        TBLWT +*;

指令執行前：

        TABLAT = 0x34

        TBLPTR = 0x01389A

        HOLDING REGISTER

        (0x01389A) = 0xFF

        HOLDING REGISTER

        (0x01389B) = 0xFF

指令執行後： (table write comple-
                tion)

        TABLAT = 0x34

        TBLPTR = 0x01389B

        HOLDING REGISTER

        (0x01389A) = 0xFF

        HOLDING REGISTER

        (0x01389B) = 0x34

TSTFSZ　　　測試 **f**，為 **0** 時跳過

語法：　　　 [*label*] TSTFSZ f [,a]

運算元：　　 0 ≤f ≤255

　　　　　　 a∈[0,1]

指令動作：　 skip if f = 0

影響旗標位元：None

組譯程式碼：　0110 011a ffff ffff

指令概要：　　如果 f 為 0，將不執行在
目前指令執行時所取得的下
一行指令，轉而執行一行
NOP 指令，進而使該指令
變成雙週期指令。如果 a
為 0，則忽略 BSR 數值而
選擇擷取區塊。如果 a 為
1，則按照 BSR 數值選擇
資料儲存區塊（預設情
況）。

指令長度：　　1

執行週期數：　1(2)

　　　　　　　註記：如果跳行且緊接著為
二字元長指令時，則需要三
個執行週期。

範例：

        HERE   TS TFSZ CNT, 1

        NZERO   :

        ZERO   :

指令執行前：

        PC = Address (HERE)

指令執行後：

        If CNT = 0x00,

        PC = Address (ZERO)

        If CNT ≠0x00,

        PC = Address (NZERO)

CHAPTER

3

XORLW	**WREG** 和常數做「**XOR**」運算
語法：	[*label*] XORLW k
運算元：	0 ≤k ≤255
指令動作：	(W).XOR. k →W
影響旗標位元：	N, Z
組譯程式碼：	0000 1010 kkkk kkkk
指令概要：	W 的內容與 8 位元常數 k 進行「互斥或」操作。結果存入 W。
指令長度：	1
執行週期數：	1

範例：

    XORLW 0xAF

指令執行前：

    W = 0xB5

指令執行後：

    W = 0x1A

XORWF	**WREG** 和 **f** 進行「互斥或」運算
語法：	[*label*] XORWF f [,d [,a]]
運算元：	0 ≤f ≤255 d∈[0,1] a∈[0,1]
指令動作：	(W).XOR. (f) →dest
影響旗標位元：	N, Z
組譯程式碼：	0001 10da ffff ffff
指令概要：	將 W 的內容與暫存器 f 的內容進行「互斥或」操作。如果 d 為 0，結果存入 W。如果 d 為 1，結果存回 f 暫存器（預設情況）。如果 a 為 0，則忽略 BSR 數值而選擇擷取區塊。如果 a 為 1，則按照 BSR 數值選擇資料儲存區塊（預設情況）。
指令長度：	1
執行週期數：	1

範例：

    XORWF REG, 1, 0

指令執行前：

    REG = 0xAF

    W = 0xB5

指令執行後：

    REG = 0x1A

    W = 0xB5

3.3　常用的虛擬指令

　　虛擬指令（Directive）是出現在程式碼中的組譯器（Assembler）命令，但是通常都不會直接被轉譯成微處理器的程式碼。它們是被用來控制組譯器的動作，包括處理器的輸入、輸出，以及資料位置的安排。

　　許多虛擬指令有數個名稱與格式，主要是因為要保持與早期或者較低階控制器之間的相容性。由於整個發展歷史非常的久遠，虛擬指令也非常地眾多。但是如果讀者了解一般常見，以及常用的虛擬指令相關的格式與使用方法，將會對程式撰寫有相當大的幫助。

　　接下來就讓我們介紹一些常用的虛擬指令。

▌banksel──產生區塊選擇程式碼

■語法

banksel *label*

■指令概要

　　banksel 是一個組譯器與聯結器所使用的虛擬指令，它是用來產生適當的程式碼將資料記憶區塊切換到標籤 *label* 定義變數所在的記憶區塊。每次執行只能夠針對一個變數，而且這個變數必須事先被定義過。

　　對於 PIC18 系列微控制器，這個虛擬指令將會產生一個 movlb 指令來完成切換記憶區塊的動作。

■範例

```
banksel Var1    ;選擇正確的 Var1 所在區塊
movwf Var1      ;寫入 Var1
```

CHAPTER

3

◎cblock──定義變數或常數區塊

■語法

cblock [*expr*]

    label[*:increment*][,*label*[*:increment*]]

endc

■指令概要

cblock 虛擬指令的目的是要用來指定資料記憶體位址給予所定義的變數符號。指令中可以定義多於一個的變數符號。區塊定義的最後，必須要以一個 endc 虛擬指令作為符號變數定義的結束。

expr 定義的虛擬指令中第一個變數所要安排的資料記憶體位址。如果沒有特別定義的話，所指定的位址將會緊接著上一個 cblock 虛擬指令所定義的最後一個位址。如果連第一個 cblock 虛擬指令也沒有定義的話，則所定義的變數位址將會從 0 開始。

如果 *increment* 有被定義的話，則下一個變數符號的位址將會遞加這一個增量。在同一個指令中可以定義多個變數符號，彼此之間只要以逗點區隔即可。cblock 在絕對定址程式碼的撰寫是非常有幫助的，特別是用來定義變數的位址與初始化的內容是非常方便的。

■範例

```
cblock 0x20      ; name_1 將會被設定在記憶體位址 0x20
  name_1, name_2 ; name_2 設定在位址 0x21，依此類推。
  name_3, name_4 ; name_4 設定在位址 0x23.
endc
```

◉code──開始一個目標檔的程式區塊

■語法

[*label*] code [*ROM_address*]

■指令概要

code 虛擬指令宣告了一個程式指令區塊的開始。如果標籤沒有被定義的話，則區塊的名稱將會被定義為 .code。程式區塊的起始位址將會被初始化在所定義的位址，如果沒有定義的話，則將由聯結器自行定義區塊的位址。

■範例

```
RESET  code  0x01FE
       goto  START
```

◉config──設定處理器硬體設定位元（PIC18微控制器）

■語法

config *setting=value* [, *setting=value*]

■指令概要

config 虛擬指令用來宣告一連串的微控制器硬體設定位元定義。緊接著指令的是與設定微控制器系統相關的設定內容。對於不同的微控制器，可選擇的設定內容與方式必須要參考相關的資料手冊 [*PIC18 Configuration Settings Addendum*(DS51537)]。

在同一行可以一次宣告多個不同的設定，但是彼此之間必須以逗點分開。同一個設定位元組上的設定位元不一定要在同一行上設定完成。

在使用 config 指令之前，程式碼必須要藉由虛擬指令 list 或者 MPLAB IDE X 下的選項 *Configure>Select Device* 宣告使用 PIC18 微控制器。

在較早的版本中所使用的虛擬指令為 config。

CHAPTER

3

使用 config 虛擬指令時，專案必須選擇組譯器的軟體為 mpasmwin.exe。

當使用 config 虛擬指令執行微控制器的設定宣告時，相關的設定將隨著組譯器的編譯而產生一個相對應的設定程式碼。當程式碼需要移轉到其他應用程式使用時，這樣的宣告方式可以確定程式碼相關的設定不會有所偏差。

使用這個虛擬指令時，必須要將相關的宣告放置在程式開始的位置，並且要將相對應微控制器的包含檔納入程式碼中；如果沒有納入包含檔，則編譯過程中將會發生錯誤的訊息。而且，同一個硬體相關的設定功能，只能夠宣告一次。較新版本的 MPLAB X IDE 已經將包含檔納入的虛擬指令自動由專案定義，如果使用者程式有重複定義將會在編譯時出現警告，但不會影響編譯結果。

■ 範例

```
#include p18f4520.inc   ;Include standard header file
                          ;for the selected device.
;code protect disabled
      CONFIG   CP0=OFF
;Oscillator switch enabled, RC oscillator with OSC2 as I/O pin.
      CONFIG    OSCS=ON,  OSC=LP
;Brown-Out Reset enabled, BOR Voltage is 2.5v
      CONFIG    BOR=ON,   BORV=25
;Watch Dog Timer enable, Watch Dog Timer PostScaler count-1:128
      CONFIG    WDT=ON,    WDTPS=128
;CCP2 pin Mux enabled
      CONFIG    CCP2MUX=ON
;Stack over/underflow Reset enabled
      CONFIG    STVR=ON
```

◖db——宣告以位元組為單位的資料庫或常數表

■語法

[*label*] db *expr*[,*expr*,...,*expr*]

■指令概要

利用 db 虛擬指令在程式記憶體中宣告並保留 8 位元的數值。指令可以重複多個 8 位元的資料，並且可以用不同的方式，例如 ASCII 字元符號、數字或者字串的方式定義。如果所定義的內涵為奇數個位元組時，編譯成 PIC18 微控制器程式碼時將會自動補上一個 0 的位元組。

■範例

程式碼：db 't', 'e', 's', 't', '\n'
程式記憶體內容：ASCII: 0x6574 0x7473 0x000a

◖#define——定義文字符號替代標籤

■語法

#define *name* [*string*]

■指令概要

#define 虛擬指令定義了一個文字符號替代標籤。在定義宣告完成後，只要在程式碼中 *name* 標籤出現的地方，將會以定義中所宣告的 *string* 字串符號取代。使用時必須要注意所定義的標籤並沒有和內建的指令相衝突，或者有重複定義的現象。而且利用 #define 所定義的標籤是無法在 MPLAB X IDE 開發環境下當作一個變數來觀察它的變化，例如 Watch 視窗。

■範例

#define length   20

CHAPTER

3

```
#define control          0x19,7
#define position(X,Y,Z)  (Y-(2 * Z +X))
        :
        :
test_label  dw  position(1, length, 512)
bsf  control                   ; set bit 7 in 0x19 register
```

◉ equ──定義組譯器的常數

■ 語法

label equ *expr*

■ 指令概要

equ 也是一個符號替換的虛擬指令，在程式中 label 會被替換成 expr。

在單一的組合語言程式檔中，equ 經常被用來指定一個記憶體位址給變數。但是在多檔案組成的專案中，避免使用此種定義方式。可以利用 res 虛擬指令與資料

■ 範例

```
four equ 4  ;指定數值 4 給 four 所代表的符號。
ABC equ 0x20;指定數值 0z20 給 ABC 所代表的符號。
 …
MOVF ABC, W ;此時 ABC 代表一個變數記憶體位址為 0x20。
MOVLW ABC   ;此時 ABC 代表一個數值為 0x20。
```

◉ extern──宣告外部定義的符號

■ 語法

extern *label* [, *label*...]

■指令概要

　　使用 extern 虛擬指令用來定義一些在現有程式碼檔案中使用到的符號名稱，但是它們相關的定義內容卻是在其他的檔案或模組中所建立而且被宣告為全域符號的符號。

　　在程式碼使用到相關符號之前，必須要先完成 extern 的宣告之後才能夠使用。

■範例

```
extern  Fcn_name
   :
call    Fcn_name
```

◖global——輸出一個符號供全域使用

■語法

global *label* [, *label*...]

■指令概要

　　global 虛擬指令會將在目前檔案中的符號名稱宣告成為可供其他程式檔或者模組可使用的全域符號名稱。

　　當應用程式的專案使用多於一個檔案的程式所組成時，如果檔案彼此之間有互相共用的函式或者變數內容時，就必須要使用 global 及 extern 虛擬指令作為彼此之間共同使用的宣告定義。

　　當某一個程式檔利用 extern 宣告外部變數符號時，必須要在另外一個檔案中使用 global 將所對應的變數符號作宣告定義，以便供其他檔案使用。

■範例

```
global   Var1, Var2
global   AddThree
```

CHAPTER

3

```
        udata
Var1    res  1
Var2    res  1
        code
AddThree
        addlw    3
        return
```

#include──將其他程式原始碼檔案內容納入

■語法

建議的語法

#include *include_file*

#include "*include_file*"

#include <*include_file*>

支援的語法

include *include_file*

include "*include_file*"

include <*include_file*>

■指令概要

這個虛擬指令會將所定義的包含檔內容納入到程式檔中，並將其內容視為程式碼的一部分。指令的效果就像是把納入檔的內容全部複製再插入到檔案中一樣。

檔案搜尋的路徑為：

• 目前的工作資料夾

• 程式碼檔案資料夾

• MPASM 組譯器執行檔資料夾

■範例

```
#include  p18f452.inc
                                        ;standard include file
#include  "c:\Program Files\mydefs.inc"
                                        ;user defines
```

◎ list——組譯器輸出選項

■語法

list [*list_option, ..., list_option*]

■指令概要

這個虛擬指令主要是在控制組譯器輸出的檔案格式內容。常見的輸出選項如下

選項	預設值	敘述
f=*format*	INHX8M	設定輸出檔案十六進位編碼格式：*format*可設定為INHX32、INHX8M或INHX8S。
p=*type*	None	設定處理器型別。
r=*radix*	hex	設定數值編碼模式：hex、dec、oct。

■範例

設定處理器型別為 PIC18F45K22、十六進位檔案輸出格式為 INHX32，以及數值編碼為十進位。

```
list p = 18f45k22,   f = INHX32,   r = DEC
```

◎ macro──宣告巨集指令定義

■ 語法

label macro [*arg, ..., arg*]

■ 指令概要

巨集指令是用來使一個指令程式的集合，可以利用單一巨集指令呼叫的方式將指令集合插入程式中。巨集指令必須先經過定義完成之後，才能夠在程式中使用。

■ 範例

```
;Define macro Read
Read macro device,     buffer,     count
          movlw        device
          movw         fram_20
          movlw        buffer      ;buffer address
          movw         fram_21
          movlw        count       ;byte count
          call         sys_21      ;subroutine call
      endm
   :
;Use macro Read
      Read 0x0,  0x55,  0x05
```

◎ org──設定程式起始位址

■ 語法

[*label*] org *expr*

■指令概要

　　將程式起始位址設定在 *expr* 所定義的地方。如果沒有定義的話，起始位址將被預設為從 0 的地方開始。

　　對於 PIC18 系列微控制器而言，只能夠使用偶數的位址作為定義的內容。

■範例

```
int_1 org 0x20
  ; Vector 20 code goes here
int_2 org int_1+0x10
  ; Vector 30 code goes here
```

res——保留記憶體空間

■語法

　　[*label*] res *mem_units*

■指令概要

　　保留所宣告的記憶體空間數給標籤變數並將記憶體位址由現在的位址遞加。

■範例

```
buffer   res   64   ;保留 64 個位址作為 buffer 資料儲存的位置。
```

udata——開始一個目標檔未初始化的資料記憶區塊

■語法

　　[*label*] udata [*RAM_address*]

■指令概要

這個虛擬指令宣告了一個未初始化資料記憶區塊的開始。如果標籤未被定義的話，則這個區塊的名稱將會被命名為 .udata。在同一個程式檔中不能夠有兩個以上的同名區塊定義。

■範例

```
udata
    Var1        res 1
    Double      res 2
```

3.4　如何撰寫微處理器的組合語言程式

使用組合語言撰寫微處理器的程式常常被視為一個困難的工作，主要是因為組合語言是一種接近機器運算的低階語言工具，不像一般人所說的言語對白或數學工具。像 C 程式語言的高階程式語言工具，撰寫方式就比較接近日常語言的表達方式；因而對於一般人學習程式設計時，藉由高階程式語言比較容易快速完成所需要的設計工作。事實上，微處理器供應廠商為了推廣市場，多數也會自行研發或者藉由合作廠商提供使用者組合語言以外的撰寫工具。例如 Microchip 就針對 PIC18 系列的微控制器提供了 C18 及 XC8 編譯器的設計工具。但是在微處理器的學習過程中，初學者與資深工程師卻是最需要學習組合語言撰寫的階層。初學者必須藉由學習組合語言的撰寫來累積對硬體資源的學習與管理；資深工程師則是需要藉由組合語言對硬體資源的直接管理與設定，完成精簡的程式撰寫與高效率的硬體操作與管理。有趣的是，使用 C 程式語言撰寫微處理器程式的，反而多半是對硬體資源一知半解或不需要了解甚深的中階工程師。簡而言之，使用高階程式語言工具撰寫微處理器程式，相對於使用組合語言而言，是會使用到較多硬體資源（如記憶體）與較長的程式。而且由於使用高階程式語言工具必須要透過編譯器（Compiler）的轉譯，使用者在多數情況下是無法掌控程式的細節，只能確保程式流程控制、邏輯與運算的正確性，因而犧牲了使用組合語言撰寫的程式精簡與有效直接掌控的優點。

CHAPTER

3

　　爲了讓初學者能夠了解基礎組合語言程式撰寫的技巧，接下來的章節讓我們以一個 C 語言程式範例來說明一個組合語言的撰寫架構。然後再以對應的方式，說明如何以組合語言完成高階程式語言中的運算敘述與程式流程控制。

範例 3-1

```
// sample_c_code            , C語言範例程式
#include <p18f45k22.h>       // 納入外部包含檔的內容


char ABC;                    // 宣告變數


void main (void)             // 函式 main 的宣告
{                            // 函式 main 的起點
                             // 初始設定
    LATD = 0x00;             // 將 LATD 的數值設定爲 0
    ANSELD = 0x00;           // 將 PORTD 的腳位類比訊號功能解除
    TRISD = 0x00;            // 將 TRISD 的數值設定爲 0
    ANSELB = 0x00;           // 將 PORTB 的腳位類比訊號功能解除
    TRISB = 0xFF;            // 將 TRISB 的數值設定爲 0xFF
                             // 程式運算
    while (1)                // 無窮迴圈的起點
    {
        ABC = PORTB;         // 將變數 ABC 的數值指定爲 PORTB 的數值
        LATD = ABC + 2;      // 將 LATD 指定爲 ABC 加 2
    }                        // 無窮迴圈的終點
}                            // 函式 main 的終點
```

　　這個檔案表現了一個 C 語言程式檔的基本內容，包括：變數宣告、主程式函式 main() 宣告、初始設定、及程式運算敘述。除此之外，程式的開始並納入了一個表頭檔的內容 <p18f45k22.h>。在我們將上述 C 語言程式改寫成組合語言程式之前，先讓我們來了解程式中各個部分所代表的意義。

　　首先，所有的程式設計都需要使用到變數；C 語言中的變數宣告對於微處理器的執行，究竟代表什麼意義呢？所謂的變數，就是一種資料，而且是一種可以讀取出來經過處理然後改變的資料。既然如此，資料就必須要有一個存放的位置，以便處理器讀寫的時候可以儲存的空間，這就是我們所謂的資料記憶體。所以 C 語言中的變數宣告就是要在微處理器的資料記憶體中保留一個資料儲存的空間，而這個空間的位置就用所宣告的符號來表示；而符號前面所謂的資料型別所代表的就是這個資料所需要的記憶體空間大小。例如，在前面的範例中，

```
char ABC;                      // 宣告變數
```

　　就是要保留一個 8 位元的記憶體空間，而這個記憶體空間的位址就用 ABC 這個的符號來表示。在一般 C 程式語言的教科書中，通常會解釋 char 這個資料型別是指後面所宣告的符號代表字元符號的變數；這樣的解釋，有助於程式撰寫者對於各種資料變數的管理，但實際上透過各種 C 語言編譯器的翻譯，對微處理器而言，char 變數型別宣告就是保留一個 8 位元的記憶體空間。所幸的是，C 語言程式撰寫者並不需要對微處理器有深入的了解，靠著 C 語言編譯器的各項複雜而嚴密的規則，幫助撰寫者完成記憶體位址的安排。

　　其次，所有的 C 語言程式都需要有一個主程式函式 main()，甚至於還可以撰寫其他更多的函式供執行時使用。當函式被呼叫使用時，微處理器就會跳躍至函式程式所在的記憶體位址，執行這個函式的內容。在 C 語言程式中，main() 就是代表程式記憶體位址的符號；對於微處理器而言，這個符號就代表著一個程式記憶體位址。如果在呼叫函式時需要傳遞一些資料提供函式運算，便可以將資料放置在括號內傳遞；當然，運算的結果也可以利用同樣的方式傳遞回來。如果所需要傳遞回來的資料是單一筆數值，便可以在函式宣告的前面加上資料型別。例如，在範例 3-1 中，

```
void main(void)            // 函式 main 的宣告
```

代表的就是一個函式 main 的宣告。由於是主程式，故沒有需要傳出或回傳任

何一個資料，所以括號內與 main 前面都使用 void 表示。而之後所使用的 {} 括號就代表 main 這個函式所要執行的範圍；這在微處理器程式中就必須要有相對應的起始位置的定義符號。

在 C 語言程式中，對於需要微處理器執行的動作就以各項的程式敘述（Statement）撰寫，包括了運算敘述與程式流程控制敘述兩種。例如，在範例 3-1 中

```
LATD   = 0x00;          // 將 LATD 的數值設定為 0
ANSELD = 0x00;          // 將 PORTD 的腳位類比訊號功能解除
TRISD  = 0x00;          // 將 TRISD 的數值設定為 0
ANSELB = 0x00;          // 將 PORTD 的腳位類比訊號功能解除
TRISB  = 0xFF;          // 將 TRISB 的數值設定為 0xFF
```

就是屬於運算敘述。

而緊接其後的

```
        while (1)        // 無窮迴圈的起點
```

就是程式流程控制敘述。運算敘述又可分為指定運算、數學運算與邏輯運算；在範例 3-1 中所使用的 = 與 * 就是運算敘述中的指定運算子與數學運算子。例如

```
ABC  = PORTB;           // 將變數 ABC 的數值指定為 PORTB 的數值
LATD = ABC + 2;         // 將 LATD 指定為 ABC 加 2 的結果
```

由於 while 程式流程控制敘述只要在括號內的邏輯敘述成立時便會持續執行後續 {} 括號的內容，所以在範例中因為括號內固定為 1，也就是邏輯為真，故 {} 括號的內容會永久的反覆執行。

對於微處理器而言，任何的 C 程式語言運算敘述中的數學運算與邏輯運算都要被轉換成程式指令。例如，加法運算要用 ADDWF，指定運算要

用 MOVF 之類的指令。但是因為微處理器硬體設計的限制，一般的指令只能處理一個或兩個運算元，而且如果是兩個運算元的指令，其中一個必須是 WREG 這個工作暫存器記憶體資料。因此，即便是 LATD = ABC + 2; 如此簡單的數學運算，對微處理器而言，便需要拆解成

```
WREG = PORTB;          // 將變數 WREG 的數值指定為 PORTB 的數值
ABC  = WREG;           // 將變數 ABC 的數值指定為 WREG 的數值
WREG = WREG + 2;       // 變數 WREG 的數值加 2 並回存
LATD = WREG ;          // 變數 LATD 的數值指定為 WREG 的數值
```

才能完成。

最後，在程式的最前面有一行與 C 語言無關的敘述，

```
#include <p18f45k22.h>       // 納入外部包含檔的內容
```

這是相當於虛擬指令的一個敘述，是告訴 C 語言編譯器將 p18f45k22.h 檔案的內容納入為程式的一部分。為什麼要納入這個檔案的內容呢？細心的讀者應該發現到範例 3-1 程式中用到的變數 PORTB 與 LATD 並未經過變數宣告的程序就被使用了；本來這是錯誤的動作，但是因為有了前述的納入檔案虛擬指令動作，使得 PORTB 與 LATD 的使用變成合法。這是因為在 p18f45k22.h 中已經將與 PIC18F45K22 所有相關的硬體暫存器記憶體名稱與位址作好了宣告，所以只要納入這個檔案，便可以不需宣告直接使用相關變數名稱。這些檔案是廠商為了方便使用者所提供的工具，當然讀者也可以自行撰寫所需要的其他定義與宣告。高階語言程式經由程式編譯器的轉換，經過許多使用者未知的規定與方法，將程式轉換成微處理器所認知的組合語言程式。使用者雖然可以節省撰寫的時間，但卻常在無形中增加程式的複雜性，以致程式長度的失控或執行效率的降低。這些問題都可以藉由對微處理器硬體的瞭解與組合語言的熟練而獲得改善。在了解高階語言程式對微處理器程式的意義與概念後，接下來只要能夠將想要撰寫的程式細心拆解為組合語言可以處理的指令，便可以完成組合語言指令程式的設計。例如使用前述說明的過程，範例 3-1 程式便可以拆解成範

例 3-2 的 C 語言程式。

範例 3-2

```
// assembly_ready_c_code ，接近組合語言的C語言範例程式
#include <p18f45k22.h>  // 納入外部包含檔的內容

char ABC;                // 宣告變數

void main (void)         // 函式 main 的宣告
{                        // 函式 main 的起點
                         // 初始設定
    LATD = 0x00;         // 將 LATD 的數值設定為 0
    TRISD = 0x00;        // 將 TRISD 的數值設定為 0
    ANSELD = 0x00;       // 將 PORTD 的腳位類比訊號功能解除
    TRISB = 0xFF;        // 將 TRISB 的數值設定為 0xFF
    ANSELB = 0x00;       // 將 PORTB 的腳位類比訊號功能解除
                         // 程式運算
    while (1)            // 無窮迴圈的起點
    {
        ABC = PORTB;     // 將變數 ABC 的數值指定為 PORTB 的數值
        WREG = PORTB;    // 將變數 WREG 的數值指定為 PORTB 的數值
        ABC = WREG;      // 將變數 ABC 的數值指定為 WREG 的數值
        WREG = WREG + 2; // 變數 WREG 的數值加 2 並回存 WREG
        LATD = WREG ;    // 變數 LATD 的數值指定為 WREG 的數值
    }                    // 無窮迴圈的終點
}                        // 函式 main 的終點
```

　　為了讓讀者先有一些概念，讓我們先完成範例 3-2 相對應的組合語言程式後，再說明改寫的過程。

範例 3-3

```
listp = 18f45k22              ; 宣告程式使用的微控制器
#include <p18f45k22.inc>      ; 納入外部包含檔的內容


                              ; 宣告變數
ABC equ  0x8a                 ; 定義變數 ABC 記憶體位址
    org 0x00                  ; 定義程式記憶體儲存位置
    GOTO main


    GOTO 0x20                 ; 定義程式記憶體儲存位置
; 函式 main 的起點
main                          ; 標籤，相當於 main 函式起點
; 初始設定
    BANKSEL LATD              ; 選擇 LATD 所在的記憶體區塊
    CLRF LATD                 ; 將 LATD 的數值設定為 0
    CLRF TRISD                ; 將 TRISD 的數值設定為 0
    CLRF ANSELD               ; 將 PORTD 的腳位類比訊號功能解除
    SETF TRISB                ; 將 TRISB 的數值設定為 0xFF
    CLRF ANSELB               ; 將 PORTB 的腳位類比訊號功能解除


; 程式運算
while_label                   ; 標籤，相當於 while 迴圈起點
    MOVFF PORTB, ABC          ; 將變數 ABC 的數值指定為 PORTB 的數值
    MOVF PORTB, W             ; 將變數 WREG 的數值指定為 PORTB 的數值
    MOVWF ABC                 ; 將變數 A 的數值指定為 WREG 的數值
    ADDLW 2                   ; 變數 WREG 的數值加 2 並回存 WREG
    MOVWF LATD                ; 變數 LATD 的數值指定為 WREG 的數值
    BRA while_label           ; 利用 BRA 指令形成永久迴圈


    end                       ; 程式結束
```

　　讀者如果比較範例 3-2 與範例 3-3，參照組合語言指令說明，應該不難理解範例 3-3 中組合語言程式的撰寫。值得說明的是，範例 3-3 中使用 equ 與 org 虛擬指令來定義變數 ABC 資料記憶體位址與程式記憶體的起始位址；這些設定在高階語言程式中都是不需要撰寫也看不到的部分，都是由編譯器的設定與規則為使用者自動完成的。當使用者具備了組合語言指令撰寫的概念後，當需要撰寫程式時，首先須將所需要的變數與函式做初步的資料與程式記憶體位址規劃宣告；然後，對於所需要撰寫的運算敘述只需要將其分解為組合語言指令中所具備對應的一元或二元運算指令即可逐步完成程式的撰寫。例如，要撰寫相當於 C 程式語言中的 C=A+B 敘述，組合語言中就必須使用

```
MOVF A, W              ; 把 A 的資料搬到 WREG
ADDWF B, W             ; WREG+B 存到 WREG
MOVWF C                ; 將 WREG 的資料搬移至 C
```

至於較為困難的程式流程控制敘述，在 C 程式語言中包括

```
if（邏輯敘述）運算敘述 ; [else 運算敘述 ;]
while（邏輯敘述）運算敘述 ;
do 運算敘述 ; while（邏輯敘述）
for（數學運算敘述 1；邏輯敘述；數學運算敘述 2）運算敘述 ;
switch（邏輯敘述）{case: 運算敘述 ;...[default: 運算敘述 ;]}
return    運算敘述 ;
goto label;
label: 運算敘述 ;
break;
continue;
```

　　以下就針對幾個較為常用的程式流程控制敘述提出基本的組合語言指令撰寫範例作為參考，讀者可以自行根據程式需要變化完成以滿足所需要的功能。

CHAPTER

3

範例 3-4

相當於 C 程式語言 if...else... 敘述的組合語言程式：

C 語言：

```
if(A>0)  C=A+B;
else C=A-B;
```

組合語言：

```
    MOVLW  0
    CPFSGT  A
    GOTO  ABC
    ...; 還記得 C=A+B 怎麼寫嗎？
    GOTO  XYZ
ABC:
    ...; 會寫 C=A-B 嗎？
XYZ:
    ...; 繼續程式
```

範例 3-5

相當於 C 程式語言的 while()... 敘述的組合語言程式：

C 語言：

```
while (A>0)  A--;
```

組合語言：

```
XYZ:
    CLRF  WREG
    CPFSGT  A
    BRA  ABC
```

```
    DECF  A,F              ;如果要做 C=A-B 會寫嗎?
    GOTO  XYZ
ABC:
    ...;繼續程式
```

範例 3-6

相當於 C 程式語言的 for(...; ... ;...) 敘述的組合語言程式:

C 語言:
```
    for(i=0;i<10;i++)  A++;
```

組合語言:
```
    CLRF  I;
XYZ:
    MOVLW 10
    CPFSLT I
    GOTO  ABC
    INCF  A,F              ;如果要做 A=A+10 會寫嗎?
    INCF  I,F
    GOTO  XYZ
ABC:
    ...;繼續程式
```

　　希望讀者在瞭解組合語言的基本撰寫方式之後,可以多加練習增進撰寫能力。當使用者習慣將多元運算的數學或邏輯式拆解成組合語言的一元或二元運算指令後,對於撰寫組合語言程式就不會感到困難。爾後就會隨著經驗累積與複雜函式撰寫技巧的精進,自然而然就能駕輕就熟。重要的是,在關鍵的程式控制與時間掌控上,使用組合語言將對應用程式有直接的控制與調整的能力,可以使所開發的程式更有效率而且精準。

CHAPTER 4

資料記憶體架構

4.1 資料記憶體組成架構

　　PIC18 微處理器的資料記憶體是以靜態隨機讀寫記憶體（Static RAM）的方式建立。每個資料記憶體的暫存器都有一個 12 位元的編碼位址，可以允許高達 4096 個位元組的資料記憶體編碼。PIC18F45K22 的資料記憶體組成如圖 4-1 所示。

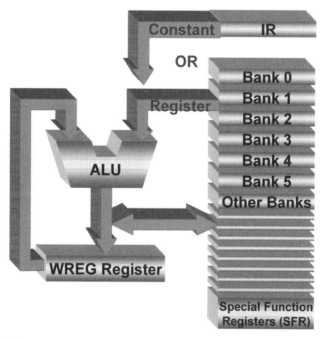

圖 4-1　PIC18F45K22 的資料記憶體組成架構圖

　　整個資料記憶體空間被切割為多達十六個區塊（BANK），每一個區塊將包含 256 個位元組，如圖 4-2 所示。區塊選擇暫存器（Bank Select Register）的最低四個位元（BSR<0:3>）定義了哪一個區塊的記憶體將會被讀寫。區塊選擇暫存器的較高四個位元並沒有被使用。

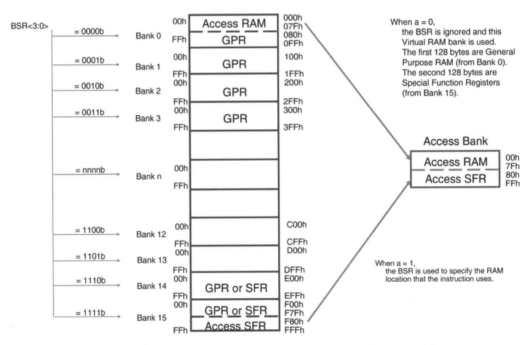

圖 4-2　PIC18F45K22 的資料記憶體區塊與擷取區塊

　　資料記憶體空間包含了特殊功能暫存器（Special Function Register, SFR）及一般目的暫存器（General Purpose Register, GPR）。特殊功能暫存器被使用來控制或者顯示控制器與周邊功能的狀態；而一般目的暫存器則是使用來作為應用程式的資料儲存。特殊功能暫存器的位址是由 BANK 15 的最後一個位址開始，並且向較低位址延伸；特殊功能暫存器所未使用到的其他位址都可以被當作一般目的暫存器使用。一般目的暫存器的位址是由 BANK 0 的第一個位址開始並且向較高位址延伸；如果嘗試著去讀取一個沒有實際記憶體建置的位址，將會得到一個 0 的結果。

　　整個資料記憶體空間都可以直接或者間接地被讀寫。資料記憶體的直接定

址方式可能需要使用區塊選擇暫存器（BSR），如圖 4-3 所示；而間接定址的
方式則需要使用檔案選擇暫存器（File Select Register, FSR），以及相對應的間
接檔案運算元（INDFn）。每一個間接檔案選擇暫存器記錄了一個 12 位元長的
位址資料，可以在不更改記憶體區塊的情況下定義資料記憶體空間內的任何一
個位址。

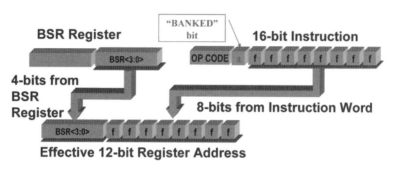

圖 4-3　使用區塊選擇暫存器的資料記憶體直接定址方式

　　PIC18 微處理器的指令集與架構允許指令更換記憶體區塊。區塊更換的動
作可以藉由間接定址或者是使用 MOVFF 指令來完成。MOVFF 指令是一個雙
字元長度且需要兩個指令週期才能完成的運算指令，它會將一個暫存器中的數
值搬移到另外一個暫存器。

4.2　資料記憶體的擷取區塊

　　由於使用記憶體時，在擷取資料前必須將使用一個指令將區塊選擇暫存器
設定為對應值之後，才能進行資料讀寫或處理的指令；因為需要做區塊設定而
增加執行時間。為降低執行時間，在微處理器的設計上，加入了擷取區塊的設
計可以較快速地進行資料擷取。

　　不論目前區塊選擇暫存器的設定為何，為了要確保一般常用的暫存器，
可以在一個指令工作週期內被讀寫，PIC18 系列微控制器建立了一個擷取區塊
（Access Bank）。這個擷取區塊是由 Bank 0 及 BANK 15 的一個段落所組成。
擷取區塊是一個結構上的改良，對於利用 C 語言程式所撰寫的程式最佳化是
非常有幫助的。利用 C 編譯器撰寫程式的技巧，也可以被應用在組合語言所

撰寫的程式中。

擷取區塊的資料記憶單位可以被用作為：

- 計算過程中數值的暫存區。
- 函式中的區域變數。
- 快速內容儲存或者變數切換。
- 常用變數的儲存。
- 快速地讀寫或控制特殊功能暫存器（不需要做區塊的切換）。

擷取區塊是由 BANK 15 的最高 128 位元組（0xF80～0xFFF），以及 BANK 0 的最低 128 位元組（0x000～0x07F）所組成。這兩個區段將會分別被稱為高／低擷取記憶體（Access RAM High 及 Access RAM Low）。工作指令字元中的一個位元 a 將會被用來定義將執行的運算會使用擷取區塊中，或者是區塊選擇暫存器所定義區塊中的記憶體資料。當這個字元被設定為 0 時（a=0），指令運算將會使用擷取區塊，如圖 4-4 所示。而低擷取記憶體的最後一個位址將會接續到高擷取記憶體的第一個位址，高擷取記憶體映射到特殊功能暫存器，所以這些暫存器可以直接被讀寫而不需要使用指令做區塊的切換。這對於應用程式檢查狀態旗標或者是修改控制位元是非常地有用。

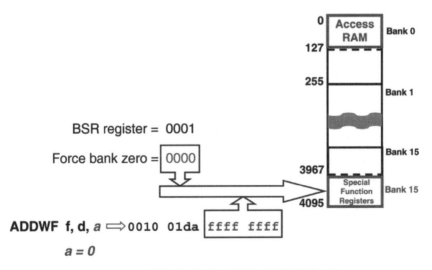

圖 4-4　運算指令使用擷取區塊暫存器

特殊功能暫存器位址定義

表 4-1(1)　PIC18F45K22 微控制器特殊功能暫存器位址定義

Address	Name	Address	Name	Address	Name	Address	Name
FFFh	TOSU	FDFh	INDF2	FBFh	CCPR1H	F9Fh	IPR1
FFEh	TOSH	FDEh	POSTINC2	FBEh	CCPR1L	F9Eh	PIR1
FFDh	TOSL	FDDh	POSTDEC2	FBDh	CCP1CON	F9Dh	PIE1
FFCh	STKPTR	FDCh	PREINC2	FBCh	TMR2	F9Ch	HLVDCON
FFBh	PCLATU	FDBh	PLUSW2	FBBh	PR2	F9Bh	OSCTUNE
FFAh	PCLATH	FDAh	FSR2H	FBAh	T2CON	F9Ah	—
FF9h	PCL	FD9h	FSR2L	FB9h	PSTR1CON	F99h	—
FF8h	TBLPTRU	FD8h	STATUS	FB8h	BAUDCON1	F98h	—
FF7h	TBLPTRH	FD7h	TMR0H	FB7h	PWM1CON	F97h	—
FF6h	TBLPTRL	FD6h	TMR0L	FB6h	ECCP1AS	F96h	TRISE
FF5h	TABLAT	FD5h	T0CON	FB5h	—	F95h	TRISD
FF4h	PRODH	FD4h	—	FB4h	T3GCON	F94h	TRISC
FF3h	PRODL	FD3h	OSCCON	FB3h	TMR3H	F93h	TRISB
FF2h	INTCON	FD2h	OSCCON2	FB2h	TMR3L	F92h	TRISA
FF1h	INTCON2	FD1h	WDTCON	FB1h	T3CON	F91h	—
FF0h	INTCON3	FD0h	RCON	FB0h	SPBRGH1	F90h	—
FEFh	INDF0	FCFh	TMR1H	FAFh	SPBRG1	F8Fh	—
FEEh	POSTINC0	FCEh	TMR1L	FAEh	RCREG1	F8Eh	—
FEDh	POSTDEC0	FCDh	T1CON	FADh	TXREG1	F8Dh	LATE
FECh	PREINC0	FCCh	T1GCON	FACh	TXSTA1	F8Ch	LATD
FEBh	PLUSW0	FCBh	SSP1CON3	FABh	RCSTA1	F8Bh	LATC
FEAh	FSR0H	FCAh	SSP1MSK	FAAh	EEADRH	F8Ah	LATB
FE9h	FSR0L	FC9h	SSP1BUF	FA9h	EEADR	F89h	LATA
FE8h	WREG	FC8h	SSP1ADD	FA8h	EEDATA	F88h	—
FE7h	INDF1	FC7h	SSP1STAT	FA7h	EECON2	F87h	—
FE6h	POSTINC1	FC6h	SSP1CON1	FA6h	EECON1	F86h	—
FE5h	POSTDEC1	FC5h	SSP1CON2	FA5h	IPR3	F85h	—
FE4h	PREINC1	FC4h	ADRESH	FA4h	PIR3	F84h	PORTE
FE3h	PLUSW1	FC3h	ADRESL	FA3h	PIE3	F83h	PORTD
FE2h	FSR1H	FC2h	ADCON0	FA2h	IPR2	F82h	PORTC
FE1h	FSR1L	FC1h	ADCON1	FA1h	PIR2	F81h	PORTB
FE0h	BSR	FC0h	ADCON2	FA0h	PIE2	F80h	PORTA

CHAPTER

4

表 4-1(2)　PIC18F45K22 微控制器特殊功能暫存器位址定義

Address	Name	Address	Name	Address	Name
F7Fh	IPR5	F5Fh	CCPR3H	F3Fh	PMD0
F7Eh	PIR5	F5Eh	CCPR3L	F3Eh	PMD1
F7Dh	PIE5	F5Dh	CCP3CON	F3Dh	PMD2
F7Ch	IPR4	F5Ch	PWM3CON	F3Ch	ANSELE
F7Bh	PIR4	F5Bh	ECCP3AS	F3Bh	ANSELD
F7Ah	PIE4	F5Ah	PSTR3CON	F3Ah	ANSELC
F79h	CM1CON0	F59h	CCPR4H	F39h	ANSELB
F78h	CM2CON0	F58h	CCPR4L	F38h	ANSELA
F77h	CM2CON1	F57h	CCP4CON		
F76h	SPBRGH2	F56h	CCPR5H		
F75h	SPBRG2	F55h	CCPR5L		
F74h	RCREG2	F54h	CCP5CON		
F73h	TXREG2	F53h	TMR4		
F72h	TXSTA2	F52h	PR4		
F71h	RCSTA2	F51h	T4CON		
F70h	BAUDCON2	F50h	TMR5H		
F6Fh	SSP2BUF	F4Fh	TMR5L		
F6Eh	SSP2ADD	F4Eh	T5CON		
F6Dh	SSP2STAT	F4Dh	T5GCON		
F6Ch	SSP2CON1	F4Ch	TMR6		
F6Bh	SSP2CON2	F4Bh	PR6		
F6Ah	SSP2MSK	F4Ah	T6CON		
F69h	SSP2CON3	F49h	CCPTMRS0		
F68h	CCPR2H	F48h	CCPTMRS1		
F67h	CCPR2L	F47h	SRCON0		
F66h	CCP2CON	F46h	SRCON1		
F65h	PWM2CON	F45h	CTMUCONH		
F64h	ECCP2AS	F44h	CTMUCONL		
F63h	PSTR2CON	F43h	CTMUICON		
F62h	IOCB	F42h	VREFCON0		
F61h	WPUB	F41h	VREFCON1		
F60h	SLRCON	F40h	VREFCON2		

註：表 4-1(2)所列之暫存器其記憶體位址不在擷取區塊（Access Bank）中，使用時須定義區塊選擇暫存器

表 4-2(1)　PIC18F45K22 微控制器特殊功能暫存器位元內容定義

Address	Name	Bit 7	Bit 6	Bit 5	Bit 4	Bit 3	Bit 2	Bit 1	Bit 0	Value on POR, BOR
FFFh	TOSU	—	—	—	Top-of-Stack, Upper Byte (TOS<20:16>)					---0 0000
FFEh	TOSH	Top-of-Stack, High Byte (TOS<15:8>)								0000 0000
FFDh	TOSL	Top-of-Stack, Low Byte (TOS<7:0>)								0000 0000
FFCh	STKPTR	STKFUL	STKUNF	—	STKPTR<4:0>					00-0 0000
FFBh	PCLATU	—	—	—	Holding Register for PC<20:16>					---0 0000
FFAh	PCLATH	Holding Register for PC<15:8>								0000 0000
FF9h	PCL	Holding Register for PC<7:0>								0000 0000
FF8h	TBLPTRU	—	—	Program Memory Table Pointer Upper Byte(TBLPTR<21:16>)						--00 0000
FF7h	TBLPTRH	Program Memory Table Pointer High Byte(TBLPTR<15:8>)								0000 0000
FF6h	TBLPTRL	Program Memory Table Pointer Low Byte(TBLPTR<7:0>)								0000 0000
FF5h	TABLAT	Program Memory Table Latch								0000 0000
FF4h	PRODH	Product Register, High Byte								xxxx xxxx
FF3h	PRODL	Product Register, Low Byte								xxxx xxxx
FF2h	INTCON	GIE/GIEH	PEIE/GIEL	TMR0IE	INT0IE	RBIE	TMR0IF	INT0IF	RBIF	0000 000x
FF1h	INTCON2	RBPU	INTEDG0	INTEDG1	INTEDG2	—	TMR0IP	—	RBIP	1111 -1-1
FF0h	INTCON3	INT2IP	INT1IP	—	INT2IE	INT1IE	—	INT2IF	INT1IF	11-0 0-00
FEFh	INDF0	Uses contents of FSR0 to address data memory – value of FSR0 not changed (not a physical register)								---- ----
FEEh	POSTINC0	Uses contents of FSR0 to address data memory – value of FSR0 post-incremented (not a physical register)								---- ----
FEDh	POSTDEC0	Uses contents of FSR0 to address data memory – value of FSR0 post-decremented (not a physical register)								---- ----
FECh	PREINC0	Uses contents of FSR0 to address data memory – value of FSR0 pre-incremented (not a physical register)								---- ----
FEBh	PLUSW0	Uses contents of FSR0 to address data memory – value of FSR0 pre-incremented (not a physical register) – value of FSR0 offset by W								---- ----
FEAh	FSR0H	—	—	—	—	Indirect Data Memory Address Pointer 0, High Byte				---- 0000
FE9h	FSR0L	Indirect Data Memory Address Pointer 0, Low Byte								xxxx xxxx
FE8h	WREG	Working Register								xxxx xxxx
FE7h	INDF1	Uses contents of FSR1 to address data memory – value of FSR1 not changed (not a physical register)								---- ----
FE6h	POSTINC1	Uses contents of FSR1 to address data memory – value of FSR1 post-incremented (not a physical register)								---- ----
FE5h	POSTDEC1	Uses contents of FSR1 to address data memory – value of FSR1 post-decremented (not a physical register)								---- ----
FE4h	PREINC1	Uses contents of FSR1 to address data memory – value of FSR1 pre-incremented (not a physical register)								---- ----
FE3h	PLUSW1	Uses contents of FSR1 to address data memory – value of FSR1 pre-incremented (not a physical register) – value of FSR1 offset by W								---- ----
FE2h	FSR1H	—	—	—	—	Indirect Data Memory Address Pointer 1, High Byte				---- 0000
FE1h	FSR1L	Indirect Data Memory Address Pointer 1, Low Byte								xxxx xxxx
FE0h	BSR	—	—	—	—	Bank Select Register				---- 0000

符號：x = unknown, u = unchanged, - = unimplemented, q = value depends on condition

CHAPTER

4

表 4-2(2)　PIC18F45K22 微控制器特殊功能暫存器位元內容定義

Address	Name	Bit 7	Bit 6	Bit 5	Bit 4	Bit 3	Bit 2	Bit 1	Bit 0	Value on POR, BOR
FDFh	INDF2	Uses contents of FSR2 to address data memory – value of FSR2 not changed (not a physical register)								---- ----
FDEh	POSTINC2	Uses contents of FSR2 to address data memory – value of FSR2 post-incremented (not a physical register)								---- ----
FDDh	POSTDEC2	Uses contents of FSR2 to address data memory – value of FSR2 post-decremented (not a physical register)								---- ----
FDCh	PREINC2	Uses contents of FSR2 to address data memory – value of FSR2 pre-incremented (not a physical register)								---- ----
FDBh	PLUSW2	Uses contents of FSR2 to address data memory – value of FSR2 pre-incremented (not a physical register) – value of FSR2 offset by W								---- ----
FDAh	FSR2H	—	—	—	—	Indirect Data Memory Address Pointer 2, High Byte				---- 0000
FD9h	FSR2L	Indirect Data Memory Address Pointer 2, Low Byte								xxxx xxxx
FD8h	STATUS	—	—	—	N	OV	Z	DC	C	---x xxxx
FD7h	TMR0H	Timer0 Register, High Byte								0000 0000
FD6h	TMR0L	Timer0 Register, Low Byte								xxxx xxxx
FD5h	T0CON	TMR0ON	T08BIT	T0CS	T0SE	PSA	T0PS<2:0>			1111 1111
FD3h	OSCCON	IDLEN	IRCF<2:0>			OSTS	HFIOFS	SCS<1:0>		0011 q000
FD2h	OSCCON2	PLLRDY	SOSCRUN	—	MFIOSEL	SOSCGO	PRISD	MFIOFS	LFIOFS	00-0 01x0
FD1h	WDTCON	—	—	—	—	—	—	—	SWDTEN	---- ---0
FD0h	RCON	IPEN	SBOREN	—	RI	TO	PD	POR	BOR	01-1 1100
FCFh	TMR1H	Holding Register for the Most Significant Byte of the 16-bit TMR1 Register								xxxx xxxx
FCEh	TMR1L	Least Significant Byte of the 16-bit TMR1 Register								xxxx xxxx
FCDh	T1CON	TMR1CS<1:0>		T1CKPS<1:0>		T1SOSCEN	T1SYNC	T1RD16	TMR1ON	0000 0000
FCCh	T1GCON	TMR1GE	T1GPOL	T1GTM	T1GSPM	T1GGO/DONE	T1GVAL	T1GSS<1:0>		0000 xx00
FCBh	SSP1CON3	ACKTIM	PCIE	SCIE	BOEN	SDAHT	SBCDE	AHEN	DHEN	0000 0000
FCAh	SSP1MSK	SSP1 MASK Register bits								1111 1111
FC9h	SSP1BUF	SSP1 Receive Buffer/Transmit Register								xxxx xxxx
FC8h	SSP1ADD	SSP1 Address Register in I2C Slave Mode. SSP1 Baud Rate Reload Register in I2C Master Mode								0000 0000
FC7h	SSP1STAT	SMP	CKE	D/A	P	S	R/W	UA	BF	0000 0000
FC6h	SSP1CON1	WCOL	SSPOV	SSPEN	CKP	SSPM<3:0>				0000 0000
FC5h	SSP1CON2	GCEN	ACKSTAT	ACKDT	ACKEN	RCEN	PEN	RSEN	SEN	0000 0000
FC4h	ADRESH	A/D Result, High Byte								xxxx xxxx
FC3h	ADRESL	A/D Result, Low Byte								xxxx xxxx
FC2h	ADCON0	—	CHS<4:0>					GO/DONE	ADON	--00 0000
FC1h	ADCON1	TRIGSEL	—	—	—	PVCFG<1:0>		NVCFG<1:0>		0--- 0000
FC0h	ADCON2	ADFM	—	ACQT<2:0>			ADCS<2:0>			0-00 0000

符號：x = unknown, u = unchanged, - = unimplemented, q = value depends on condition

CHAPTER

4

表 4-2(3) PIC18F45K22 微控制器特殊功能暫存器位元內容定義

Address	Name	Bit 7	Bit 6	Bit 5	Bit 4	Bit 3	Bit 2	Bit 1	Bit 0	Value on POR, BOR
FBFh	CCPR1H	Capture/Compare/PWM Register 1, High Byte								xxxx xxxx
FBEh	CCPR1L	Capture/Compare/PWM Register 1, Low Byte								xxxx xxxx
FBDh	CCP1CON	P1M<1:0>		DC1B<1:0>		CCP1M<3:0>				0000 0000
FBCh	TMR2	Timer2 Register								0000 0000
FBBh	PR2	Timer2 Period Register								1111 1111
FBAh	T2CON	—	T2OUTPS<3:0>				TMR2ON	T2CKPS<1:0>		-000 0000
FB9h	PSTR1CON	—	—	—	STR1SYNC	STR1D	STR1C	STR1B	STR1A	---0 0001
FB8h	BAUDCON1	ABDOVF	RCIDL	DTRXP	CKTXP	BRG16	—	WUE	ABDEN	0100 0-00
FB7h	PWM1CON	P1RSEN	P1DC<6:0>							0000 0000
FB6h	ECCP1AS	CCP1ASE	CCP1AS<2:0>			PSS1AC<1:0>		PSS1BD<1:0>		0000 0000
FB4h	T3GCON	TMR3GE	T3GPOL	T3GTM	T3GSPM	T3GGO/DONE	T3GVAL	T3GSS<1:0>		0000 0x00
FB3h	TMR3H	Holding Register for the Most Significant Byte of the 16-bit TMR3 Register								xxxx xxxx
FB2h	TMR3L	Least Significant Byte of the 16-bit TMR3 Register								xxxx xxxx
FB1h	T3CON	TMR3CS<1:0>		T3CKPS<1:0>		T3SOSCEN	T3SYNC	T3RD16	TMR3ON	0000 0000
FB0h	SPBRGH1	EUSART1 Baud Rate Generator, High Byte								0000 0000
FAFh	SPBRG1	EUSART1 Baud Rate Generator, Low Byte								0000 0000
FAEh	RCREG1	EUSART1 Receive Register								0000 0000
FADh	TXREG1	EUSART1 Transmit Register								0000 0000
FACh	TXSTA1	CSRC	TX9	TXEN	SYNC	SENDB	BRGH	TRMT	TX9D	0000 0010
FABh	RCSTA1	SPEN	RX9	SREN	CREN	ADDEN	FERR	OERR	RX9D	0000 000x
FAAh	EEADRH*	—	—	—	—	—	—	EEADR<9:8>		---- --00
FA9h	EEADR	EEADR<7:0>								0000 0000
FA8h	EEDATA	EEPROM Data Register								0000 0000
FA7h	EECON2	EEPROM Control Register 2 (not a physical register)								---- --00
FA6h	EECON1	EEPGD	CFGS	—	FREE	WRERR	WREN	WR	RD	xx-0 x000
FA5h	IPR3	SSP2IP	BCL2IP	RC2IP	TX2IP	CTMUIP	TMR5GIP	TMR3GIP	TMR1GIP	0000 0000
FA4h	PIR3	SSP2IF	BCL2IF	RC2IF	TX2IF	CTMUIF	TMR5GIF	TMR3GIF	TMR1GIF	0000 0000
FA3h	PIE3	SSP2IE	BCL2IE	RC2IE	TX2IE	CTMUIE	TMR5GIE	TMR3GIE	TMR1GIE	0000 0000
FA2h	IPR2	OSCFIP	C1IP	C2IP	EEIP	BCL1IP	HLVDIP	TMR3IP	CCP2IP	1111 1111
FA1h	PIR2	OSCFIF	C1IF	C2IF	EEIF	BCL1IF	HLVDIF	TMR3IF	CCP2IF	0000 0000
FA0h	PIE2	OSCFIE	C1IE	C2IE	EEIE	BCL1IE	HLVDIE	TMR3IE	CCP2IE	0000 0000

符號：x = unknown, u = unchanged, - = unimplemented, q = value depends on condition

表 4-2(4)　PIC18F45K22 微控制器特殊功能暫存器位元內容定義

Address	Name	Bit 7	Bit 6	Bit 5	Bit 4	Bit 3	Bit 2	Bit 1	Bit 0	Value on POR, BOR
F9Fh	IPR1	—	ADIP	RC1IP	TX1IP	SSP1IP	CCP1IP	TMR2IP	TMR1IP	-111 1111
F9Eh	PIR1	—	ADIF	RC1IF	TX1IF	SSP1IF	CCP1IF	TMR2IF	TMR1IF	-000 0000
F9Dh	PIE1	—	ADIE	RC1IE	TX1IE	SSP1IE	CCP1IE	TMR2IE	TMR1IE	-000 0000
F9Ch	HLVDCON	VDIRMAG	BGVST	IRVST	HLVDEN	HLVDL<3:0>				0000 0000
F9Bh	OSCTUNE	INTSRC	PLLEN	TUN<5:0>						00xx xxxx
F96h	TRISE	WPUE3	—	—	—	—	TRISE2	TRISE1	TRISE0	1--- -111
F95h	TRISD(1)	TRISD7	TRISD6	TRISD5	TRISD4	TRISD3	TRISD2	TRISD1	TRISD0	1111 1111
F94h	TRISC	TRISC7	TRISC6	TRISC5	TRISC4	TRISC3	TRISC2	TRISC1	TRISC0	1111 1111
F93h	TRISB	TRISB7	TRISB6	TRISB5	TRISB4	TRISB3	TRISB2	TRISB1	TRISB0	1111 1111
F92h	TRISA	TRISA7	TRISA6	TRISA5	TRISA4	TRISA3	TRISA2	TRISA1	TRISA0	1111 1111
F8Dh	LATE	—	—	—	—	—	LATE2	LATE1	LATE0	---- -xxx
F8Ch	LATD	LATD7	LATD6	LATD5	LATD4	LATD3	LATD2	LATD1	LATD0	xxxx xxxx
F8Bh	LATC	LATC7	LATC6	LATC5	LATC4	LATC3	LATC2	LATC1	LATC0	xxxx xxxx
F8Ah	LATB	LATB7	LATB6	LATB5	LATB4	LATB3	LATB2	LATB1	LATB0	xxxx xxxx
F89h	LATA	LATA7	LATA6	LATA5	LATA4	LATA3	LATA2	LATA1	LATA0	xxxx xxxx
F84h	PORTE	—	—	—	—	RE3	RE2	RE1	RE0	---- x000
F83h	PORTD	RD7	RD6	RD5	RD4	RD3	RD2	RD1	RD0	0000 0000
F82h	PORTC	RC7	RC6	RC5	RC4	RC3	RC2	RC1	RC0	0000 00xx
F81h	PORTB	RB7	RB6	RB5	RB4	RB3	RB2	RB1	RB0	xxx0 0000
F80h	PORTA	RA7	RA6	RA5	RA4	RA3	RA2	RA1	RA0	xx0x 0000
F7Fh	IPR5	—	—	—	—	—	TMR6IP	TMR5IP	TMR4IP	---- -111
F7Eh	PIR5	—	—	—	—	—	TMR6IF	TMR5IF	TMR4IF	---- -111
F7Dh	PIE5	—	—	—	—	—	TMR6IE	TMR5IE	TMR4IE	---- -000
F7Ch	IPR4	—	—	—	—	—	CCP5IP	CCP4IP	CCP3IP	---- -000
F7Bh	PIR4	—	—	—	—	—	CCP5IF	CCP4IF	CCP3IF	---- -000
F7Ah	PIE4	—	—	—	—	—	CCP5IE	CCP4IE	CCP3IE	---- -000
F79h	CM1CON0	C1ON	C1OUT	C1OE	C1POL	C1SP	C1R	C1CH<1:0>		0000 1000
F78h	CM2CON0	C2ON	C2OUT	C2OE	C2POL	C2SP	C2R	C2CH<1:0>		0000 1000
F77h	CM2CON1	MC1OUT	MC2OUT	C1RSEL	C2RSEL	C1HYS	C2HYS	C1SYNC	C2SYNC	0000 0000
F76h	SPBRGH2	EUSART2 Baud Rate Generator, High Byte								0000 0000
F75h	SPBRG2	EUSART2 Baud Rate Generator, Low Byte								0000 0000
F74h	RCREG2	EUSART2 Receive Register								0000 0000
F73h	TXREG2	EUSART2 Transmit Register								0000 0000
F72h	TXSTA2	CSRC	TX9	TXEN	SYNC	SENDB	BRGH	TRMT	TX9D	0000 0010
F71h	RCSTA2	SPEN	RX9	SREN	CREN	ADDEN	FERR	OERR	RX9D	0000 000x
F70h	BAUDCON2	ABDOVF	RCIDL	DTRXP	CKTXP	BRG16	—	WUE	ABDEN	01x0 0-00

符號：x = unknown, u = unchanged, - = unimplemented, q = value depends on condition

表 4-2(5) PIC18F45K22 微控制器特殊功能暫存器位元內容定義

Address	Name	Bit 7	Bit 6	Bit 5	Bit 4	Bit 3	Bit 2	Bit 1	Bit 0	Value on POR, BOR
F6Fh	SSP2BUF	SSP2 Receive Buffer/Transmit Register								xxxx xxxx
F6Eh	SSP2ADD	SSP2 Address Register in I2C Slave Mode. SSP2 Baud Rate Reload Register in I2C Master Mode								0000 0000
F6Dh	SSP2STAT	SMP	CKE	D/A	P	S	R/W	UA	BF	0000 0000
F6Ch	SSP2CON1	WCOL	SSPOV	SSPEN	CKP	SSPM<3:0>				0000 0000
F6Bh	SSP2CON2	GCEN	ACK-STAT	ACKDT	ACKEN	RCEN	PEN	RSEN	SEN	0000 0000
F6Ah	SSP2MSK	SSP1 MASK Register bits								1111 1111
F69h	SSP2CON3	ACKTIM	PCIE	SCIE	BOEN	SDAHT	SBCDE	AHEN	DHEN	0000 0000
F68h	CCPR2H	Capture/Compare/PWM Register 2, High Byte								xxxx xxxx
F67h	CCPR2L	Capture/Compare/PWM Register 2, Low Byte								xxxx xxxx
F66h	CCP2CON	P2M<1:0>		DC2B<1:0>		CCP2M<3:0>				0000 0000
F65h	PWM2CON	P2RSEN	P2DC<6:0>							0000 0000
F64h	ECCP2AS	CCP2ASE	CCP2AS<2:0>			PSS2AC<1:0>		PSS2BD<1:0>		0000 0000
F63h	PSTR2CON	—	—	—	STR2SYNC	STR2D	STR2C	STR2B	STR2A	---0 0001
F62h	IOCB	IOCB7	IOCB6	IOCB5	IOCB4	—	—	—	—	1111 ----
F61h	WPUB	WPUB7	WPUB6	WPUB5	WPUB4	WPUB3	WPUB2	WPUB1	WPUB0	1111 1111
F60h	SLRCON	—	—	—	SLRE	SLRD	SLRC	SLRB	SLRA	---1 1111
F5Fh	CCPR3H	Capture/Compare/PWM Register 3, High Byte								xxxx xxxx
F5Eh	CCPR3L	Capture/Compare/PWM Register 3, Low Byte								xxxx xxxx
F5Dh	CCP3CON	P3M<1:0>		DC3B<1:0>		CCP3M<3:0>				0000 0000
F5Ch	PWM3CON	P3RSEN	P3DC<6:0>							0000 0000
F5Bh	ECCP3AS	CCP3ASE	CCP3AS<2:0>			PSS3AC<1:0>		PSS3BD<1:0>		0000 0000
F5Ah	PSTR3CON	—	—	—	STR3SYNC	STR3D	STR3C	STR3B	STR3A	---0 0001
F59h	CCPR4H	Capture/Compare/PWM Register 4, High Byte								xxxx xxxx
F58h	CCPR4L	Capture/Compare/PWM Register 4, Low Byte								xxxx xxxx
F57h	CCP4CON	—	—	DC4B<1:0>		CCP4M<3:0>				--00 0000
F56h	CCPR5H	Capture/Compare/PWM Register 5, High Byte								xxxx xxxx
F55h	CCPR5L	Capture/Compare/PWM Register 5, Low Byte								xxxx xxxx
F54h	CCP5CON	—	—	DC5B<1:0>		CCP5M<3:0>				--00 0000
F53h	TMR4	Timer4 Register								0000 0000
F52h	PR4	Timer4 Period Register								1111 1111
F51h	T4CON	—	T4OUTPS<3:0>				TMR4ON	T4CKPS<1:0>		-000 0000
F50h	TMR5H	Holding Register for the Most Significant Byte of the 16-bit TMR5 Register								0000 0000

符號：x = unknown, u = unchanged, - = unimplemented, q = value depends on condition

CHAPTER

4

CHAPTER

4

表 4-2(6) PIC18F45K22 微控制器特殊功能暫存器位元內容定義

Address	Name	Bit 7	Bit 6	Bit 5	Bit 4	Bit 3	Bit 2	Bit 1	Bit 0	Value on POR, BOR
F4Fh	TMR5L	Least Significant Byte of the 16-bit TMR5 Register								0000 0000
F4Eh	T5CON	TMR5CS<1:0>		T5CKPS<1:0>		T5SOSCEN	T5SYNC	T5RD16	TMR5ON	0000 0000
F4Dh	T5GCON	TMR5GE	T5GPOL	T5GTM	T5GSPM	T5GGO/DONE	T5GVAL	T5GSS<1:0>		0000 0x00
F4Ch	TMR6	Timer6 Register								0000 0000
F4Bh	PR6	Timer6 Period Register								1111 1111
F4Ah	T6CON	—	T6OUTPS<3:0>				TMR6ON	T6CKPS<1:0>		-000 0000
F49h	CCPTMRS0	C3TSEL<1:0>		—	C2TSEL<1:0>		—	C1TSEL<1:0>		00-0 0-00
F48h	CCPTMRS1	—	—	—	—	C5TSEL<1:0>		C4TSEL<1:0>		---- 0000
F47h	SRCON0	SRLEN	SRCLK<2:0>			SRQEN	SRNQEN	SRPS	SRPR	0000 0000
F46h	SRCON1	SRSPE	SRSCKE	SRSC2E	SRSC1E	SRRPE	SRRCKE	SRRC2E	SRRC1E	0000 0000
F45h	CTMUCONH	CTMUEN	—	CTMUSIDL	TGEN	EDGEN	EDGSEQEN	IDISSEN	CTTRIG	0000 0000
F44h	CTMUCONL	EDG2POL	EDG2SEL<1:0>		EDG1POL	EDG1SEL<1:0>		EDG2STAT	EDG1STAT	0000 0000
F43h	CTMUICON	ITRIM<5:0>						IRNG<1:0>		0000 0000
F42h	VREFCON0	FVREN	FVRST	FVRS<1:0>		—	—	—	—	0001 ----
F41h	VREFCON1	DACEN	DACLPS	DACOE	—	DACPSS<1:0>		—	DACNSS	000- 00-0
F40h	VREFCON2	—	—	—	DACR<4:0>					---0 0000
F3Fh	PMD0	UART2MD	UART1MD	TMR6MD	TMR5MD	TMR4MD	TMR3MD	TMR2MD	TMR1MD	0000 0000
F3Eh	PMD1	MSSP2MD	MSSP1MD	—	CCP5MD	CCP4MD	CCP3MD	CCP2MD	CCP1MD	00-0 0000
F3Dh	PMD2	—	—	—	—	CTMUMD	CMP2MD	CMP1MD	ADCMD	---- 0000
F3Ch	ANSELE	—	—	—	—	ANSE2	ANSE1	ANSE0		---- -111
F3Bh	ANSELD	ANSD7	ANSD6	ANSD5	ANSD4	ANSD3	ANSD2	ANSD1	ANSD0	1111 1111
F3Ah	ANSELC	ANSC7	ANSC6	ANSC5	ANSC4	ANSC3	ANSC2	—	—	1111 11--
F39h	ANSELB	—	—	ANSB5	ANSB4	ANSB3	ANSB2	ANSB1	ANSB0	--11 1111
F38h	ANSELA	—	—	ANSA5	—	ANSA3	ANSA2	ANSA1	ANSA0	--1- 1111

符號：x = unknown, u = unchanged, - = unimplemented, q = value depends on condition

4.3　資料記憶體直接定址法

由於 PIC18 系列微控制器擁有一個很大的一般目的暫存器記憶體空間，因此需要使用一個記憶體區塊架構。整個資料記憶體被切割為十六個區塊，當需要使用直接定址方式時，區塊選擇暫存器必須要設定為想要使用的記憶體區塊。

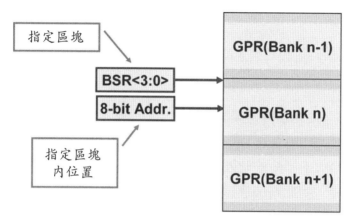

圖 4-5　使用區塊選擇暫存器直接指定資料記憶體位址

區塊選擇暫存器中的 BSR<3:0> 記錄著 12 位元長的隨機讀寫記憶體位址中最高 4 位元，如圖 4-5 所示。BSR<7:4> 這四個位元沒有特別的作用，讀取的結果將會是 0。應用程式可以使用指令集中提供專用的 MOVLB 指令來完成區塊選擇的動作，如圖 4-6 所示，也可以使用 banksel 虛擬指令完成。

在使用記憶體較少的微控制器型號時，如果目前所設定的區塊並沒有實際的硬體建置，任何讀取記憶體資料的結果將會得到 0，而所有的寫入動作將會被忽略。狀態暫存器中的相關位元將會被設定或者清除以便顯示相關指令執行結果的變化。

每一個資料記憶體區塊都擁有 256 個位元組的（0x00～0xFF），而且所有的資料記憶體都是以靜態隨機讀寫記憶體（Static RAM）的方式建置。

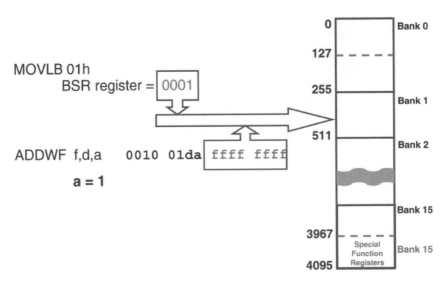

圖 4-6　使用區塊選擇暫存器與指令直接指定資料記憶體位址

當使用 MOVFF 指令的時候，由於所選擇的記憶體完整的位址位元已經包含在指令字元中，因此區塊選擇暫存器的內容將會被忽略，如圖 4-7 所示。

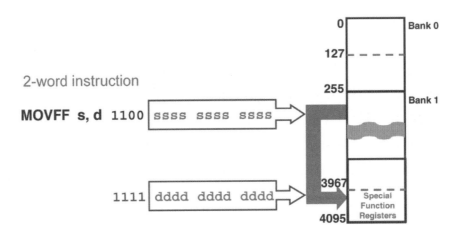

圖 4-7　使用 MOVFF 指令直接指定資料記憶體位址

4.4 資料記憶體間接定址法

間接定址是一種設定資料記憶體位址的模式,在這個模式下資料記憶體的位址在指令中並不是固定的。這時候必須要使用檔案選擇暫存器(FSR)作為一個指標來設定資料讀取或者寫入的記憶體位址,檔案選擇暫存器 FSR 包含了一個 12 位元長的位址。由於使用的是一個動態記憶體的暫存器,因此指標的內容將可以由應用程式修改。

間接定址得以實現是因為使用了一個 INDF 間接定址暫存器。任何一個使用 INDF 暫存器的指令實際上將讀寫由檔案選擇暫存器 (FSR) 所設定的資料記憶體。間接的讀取間接定址暫存器(FSR=0 時)將會讀到 0 的數值。間接寫入 INDF 暫存器則將不會產生任何作用。

間接定址暫存器 INDFn 並不是一個實際的暫存器,將位址指向 INDFn 暫存器實際上將位址設定到 FSRn 暫存器中所設定位址的記憶體。(還記得 FSRn 是一個指標嗎?)這就是我們所謂的間接定址模式。

下面的範例顯示了一個基本的間接定址模式使用方式,可以利用最少的指令清除區塊 BANK 1 中記憶體的內容。

```
          LFSR      FSR0 ,0x100      ;
NEXT      CLRF      POSTINC0         ;清除 INDF 暫存器並將指標遞加 1
          BTFSS     FSR0H, 1         ;完成 Bank1 重置工作?
          GOTO      NEXT             ;NO, 清除下一個
CONTINUE                             ;YES, 繼續
```

檔案選擇暫存器 FSR 總共有三個。為了要能夠設定全部資料記憶體空間(4096 個位元組)的位址,在這些暫存器都有 12 位元的長度。因此,為了要儲存 12 個位元的定址資料,將需要兩個 8 位元的暫存器。這些間接定址的檔案選擇暫存器包括:

• FSR0:由 FSR0L 及 FSR0H 組成

- FSR1：由 FSR1L 及 FSR1H 組成
- FSR2：由 FSR2L 及 FSR2H 組成

除此之外，還有三個與間接定址相關的暫存器 INDF0、INDF1 與 INDF2，這些都不是具有實體的暫存器。對這些暫存器讀寫的動作將會開啟間接定址模式，進而使用所相對應 FSR 暫存器所設定位址的資料記憶體。當某一個指令將一個數值寫入到 INDF0 的時候，實際上，這個數值將被寫入到 FSR0 暫存器所設定位址的資料記憶體；而讀取 INDF1 暫存器的動作，實際上，將讀取由暫存器 FSR1 所設定位址的記憶體資料。在指令中任何一個定義暫存器位址的地方都可以使用 INDFn 暫存器。

當利用間接定址法透過 FSR 來讀取 INDF0、INDF1 與 INDF2 暫存器的內容時，將會得到為 0 的數值。同樣的，當間接的寫入數值到 INDF0、INDF1 與 INDF2 暫存器時，這個動作相當於 NOP 指令，狀態位元將不會受到任何影響。

在離開資料暫存器的介紹之前，我們要介紹兩個與核心處理器運作相關的暫存器，狀態暫存器 STATUS 與重置控制暫存器 RCON。其他的特殊功能暫存器將會留到介紹周邊硬體功能時一一地說明。

4.5　狀態暫存器與重置控制暫存器

▌狀態暫存器

狀態（STATUS）暫存器記錄了數學邏輯運算單元（ALU, Arithmetic Logic Unit）的運算狀態，其位元定義如表 4-3 所示。狀態暫存器可以像其他一般的暫存器一樣作為運算指令的目標暫存器，這時候運算指令改變相關運算狀態位元 Z、DC、C、OV 或 N 的功能將會被暫時關閉。這些狀態位元的數值將視核心處理器的狀態而定，因此當指令以狀態暫存器為目標暫存器時，其結果可能會與一般正常狀態不同。例如，CLRF STATUS 指令將會把狀態暫存器的最高三個位元清除為零而且把 Z 位元設定為 1；但是對於其他的四個位元將不會受到改變。

　　因此，在這裡建議使用者只能利用下列指令：

BCF、BSF、SWAPF、MOVFF 及 MOVWF

來修改狀態暫存器的內容，因為上述指令並不會影響到相關狀態位元 Z、
DC、C、OV 或 N 的數值。

▍STATUS 狀態暫存器定義

表 4-3　STATUS 狀態暫存器位元定義

U-0	U-0	U-0	R/W-x	R/W-x	R/W-x	R/W-x	R/W-x
—	—	—	N	OV	Z	DC	C/$\overline{\text{BW}}$

bit 7　　　　　　　　　　　　　　　　　　　　　　　　　　　　bit 0

bit 7-5　**Unimplemented:** Read as '0'

bit 4　　**N:** Negative bit
　　　　2 的補數法運算符號位元。顯示計算結果是否為負數。
　　　　1 = 結果為負數。
　　　　0 = 結果為正數。

bit 3　　**OV:** Overflow bit
　　　　2 的補數法運算溢位位元。顯示 7 位元的數值大小是否有溢位產生而改變符號
　　　　位元的內容。
　　　　1 = 發生溢位。
　　　　0 = 無溢位發生。

bit 2　　**Z:** Zero bit
　　　　1 = 數學或邏輯運算結果為 0。
　　　　0 = 數學或邏輯運算結果不為 0。

bit 1　　**DC:** Digit carry/$\overline{\text{borrow}}$ bit
　　　　For ADDWF, ADDLW, SUBLW, and SUBWF instructions
　　　　1 = 低 4 位元運算發生進位。
　　　　0 = 低 4 位元運算未發生進位。
　　　　註：作借位（borrow）使用時，位元極性相反。

bit 0　　**C/B̄W̄:** Carry/b̄ōr̄r̄ōw bit

　　　　　For ADDWF, ADDLW, SUBLW, and SUBWF instructions

　　　　　1 = 8 位元運算發生進位。

　　　　　0 = 8 位元運算未發生進位。

　　　　　註：作借位使用時，位元極性相反。

符號定義：		
R = 可讀取位元	W = 可寫入位元	U = 未建置使用位元，讀取值爲 '0'
-n = 電源重置數值	'1' = 位元設定爲 '1'	'0' = 位元清除爲'0'　　　x = 位元狀態未知

本書後續暫存器位元定義與此表相同

重置控制暫存器

　　重置控制（RESET Control, RCON）暫存器包含了用來辨識不同來源所產生重置現象的旗標位元，其位元定義如表 4-4 所示。這些旗標包括了 T̄O̅ 、P̄D̄、POR、B̄ŌR̄ 以及 R̄Ī 旗標位元。這個暫存器是可以被讀取與寫入的。

RCON 重置控制暫存器定義

表 4-4　RCON 重置控制暫存器位元定義

R/W-0	R/W-1	U-0	R/W-1	R-1	R-1	R/W-0	R/W-0
IPEN	SBOREN	—	R̄Ī	T̄O̅	P̄D̄	P̄ŌR̄	B̄ŌR̄

bit 7　　　　　　　　　　　　　　　　　　　　　　　　　　　bit 0

bit 7　**IPEN:** Interrupt Priority Enable bit

　　　　1 = 開啓中斷優先順序功能。

　　　　0 = 關閉中斷優先順序功能。（PIC16 以下系列相容模式）

bit 6　**SBOREN:** Software BOR Enable bit

　　　　If BOREN1:BOREN0 = 01:

　　　　1 = 開啓電壓異常重置。

　　　　0 = 關閉電壓異常重置。

　　　　If BOREN1:BOREN0 = 00, 10or 11:

　　　　Bit is disabled and read as '0'.

bit 5   **Unimplemented:** Read as '0'

bit 4 $\overline{\text{RI}}$: RESETInstruction Flag bit

      1 = 重置指令未被執行。

      0 = 重置指令被執行而引起系統重置。清除後必須要以軟體設定為 1。

bit 3 $\overline{\text{TO}}$: Watchdog Time-out Flag bit

      1 = 電源啟動或執行 CLRWDT 與 SLEEP 指令後，自動設定為 1。

      0 = 監視計時器溢位發生。

bit 2 $\overline{\text{PD}}$: Power-down Detection Flag bit

      1 = 電源啟動或執行 CLRWDT 指令後，自動設定為 1。

      0 = 執行 SLEEP 指令後，自動設定為 0。

bit 1 $\overline{\text{POR}}$: Power-on Reset Status bit

      1 = 未發生電源開啟重置。

      0 = 發生電源開啟重置。清除後必須要以軟體設定為 1。

bit 0 $\overline{\text{BOR}}$: Brown-out Reset Status bit

      1 = 未發生電壓異常重置。

      0 = 發生電壓異常重置。清除後必須要以軟體設定為 1。

CHAPTER

4

CHAPTER 5

PIC 微控制器實驗板

　　要學習 PIC 微控制器的使用，讀者必須要選用一個適當的實驗板。Microchip 提供了許多種不同的 PICDEM 實驗板，包括 PICDEM 2 Plus、PICDEM 4，以及 Mechatronics 等等各種不同需求的實驗板。如果讀者對於上述實驗板有興趣的話，可以透過代理商或與原廠聯絡購買；雖然原廠的實驗板價格稍高，但是一般皆附有完整的使用說明與範例程式供使用者參考。即使是沒有這些原廠的電路板在手邊，讀者也可以下載範例程式作為參考與練習。

5.1　PIC 微控制器實驗板元件配置與電路規劃

　　為了加強讀者的學習效果，並配合本書的範例程式與練習說明，我們將使用配合本書所設計的 PIC 微控制器實驗板 APP025。這個實驗板的功能針對本書所有的範例程式與說明內容配合設計，並使用一般坊間可以取得的電子零件為規劃的基礎。希望藉由硬體的規劃以及本書範例程式的軟體說明，使讀者可以獲得最大的學習效果。

　　PIC 微控制器實驗板 APP025 的完成圖與元件配置圖如圖 5-1 及圖 5-2 所示：

圖 5-1　PIC 微控制器實驗板實體圖

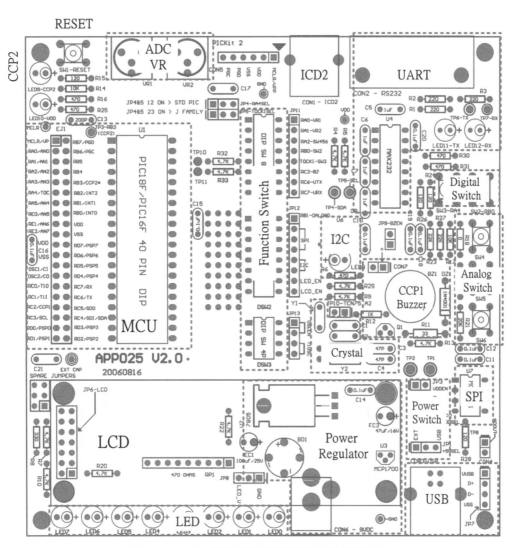

圖 5-2　PIC 微控制器實驗板元件配置圖

　　PIC 微控制器實驗板的設計規劃使用 Microchip PIC16/18 40 Pin DIP 規格的微處理器，由於 Microchip PIC 系列微處理器的高度相容性，因此這個實驗板可以廣泛地應用在許多不同型號的 Microchip 微處理器實驗測試。PIC 微控制器實驗板的規劃與設計是以本書所介紹的 PIC18F45K22 微處理器為核心，並針對了 PIC 微控制器的相關周邊功能作適當的硬體安排，藉由適當的輸入或輸出訊號的觸發與顯示，加強讀者的學習與周邊功能的使用。PIC 微控制器實驗板所能進行的功能包括數位按鍵的訊號輸入、LCD 液晶顯示器的資訊顯示、LED 發光二極體的控制、類比訊號的感測、多重按鍵訊號的類比感測、CCP 模組訊號驅動的蜂鳴器與 LED 、RS-232 傳輸介面驅動電路以及 I²C 與 SPI 訊號驅動外部元件功能；同時並設置了訊號的外接插座作為擴充使用的介面，包括了線上除錯器 ICD 介面、CCP 訊號輸出介面，以及一個完整的 40 接腳擴充介面連接至 PIC 微控制器；當然，實驗板上也配置了必備的石英震盪器作為時脈輸入，並附有重置開關。PIC 微控制器實驗板的設計也考慮到未來擴充使用時的需求，配置了數個功能切換開關，讓使用者可以自由地切換實驗板上的訊號控制或者是外部訊號的輸出入，能夠更彈性的使用實驗板而發揮 PIC 微控制器最大的功能。除此之外，PIC 微控制器實驗板上也配置有 USB 插座，因此使用者可以利用電腦的 USB 電源而無須額外添購電源供應器；將來亦可以使用跳線的方式使用具備 USB 功能的 PIC18 系列微處理器。同時 PIC 微控制器實驗板也配置有 3.3 V 電源，將來可以使用 Microchip 其他系列的低電壓微處理器。完整的 PIC 微控制器實驗板電路圖如圖 5-3 所示。

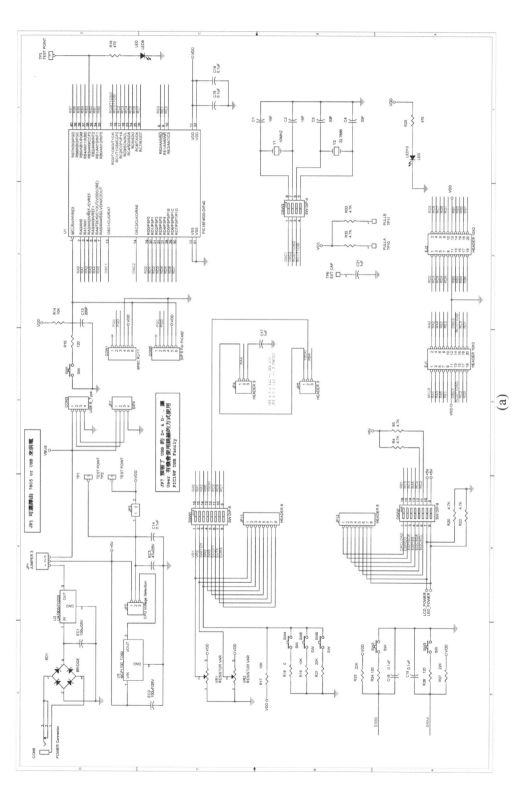

(a)

圖 5-3 PIC 微控制器實驗板電路圖，(a) MCU 與周邊元件

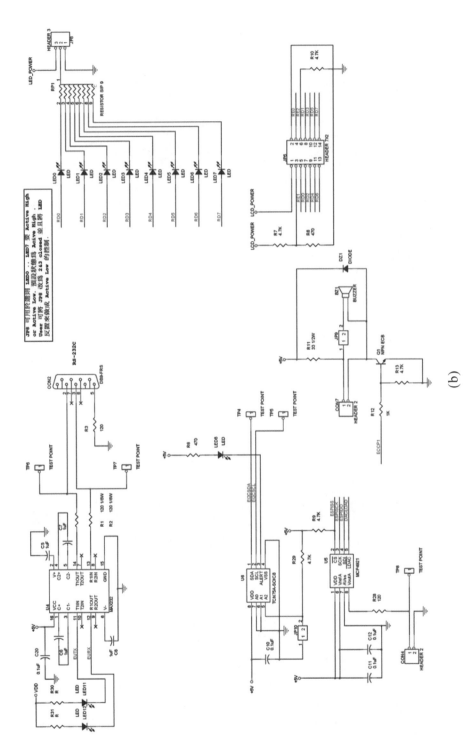

(b)

圖 5-3　PIC 微控制器實驗板電路圖，(b) 通訊介面與外部周邊元件

　　爲了增加使用者的了解，接下來我們將逐一地介紹 PIC 微控制器實驗板的電路組成。

▌電源供應

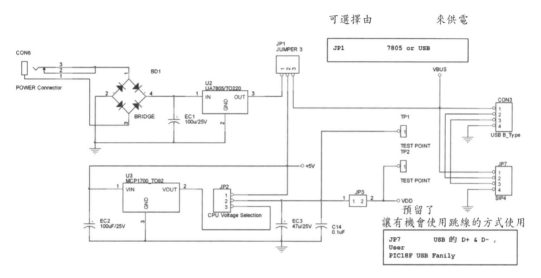

圖 5-4　PIC 微控制器實驗板電源供應電路圖

　　PIC 微控制器實驗板可利用 JP1 短路器選擇使用 USB 插座所提供的 5 伏特電源或外部 9 伏特交 / 直流電源，配有橋式整流器及 7805 穩壓晶片藉以提供電路元件 5 伏特的直流電壓；同時並再經由穩壓晶片 MCP1700 提供 3.3 伏特的直流電壓。因此，PIC 微控制器實驗板上的電路元件可藉由 JP2 短路器的選擇，使用 5 伏特或 3.3 伏特直流電壓作爲電源。LCD 液晶顯示器是唯一固定使用 5 伏特直流電源的電路元件。同時 PIC 微控制器實驗板並提供 JP3 短路器作爲電源開閉的選擇，可以配合 TP1 與 TP2 測試點於 JP3 開路的情況下，利用電表測量電路元件所消耗的總電流量。

5.2　PIC 微控制器實驗板各部電路說明

◎ 電源顯示與重置電路

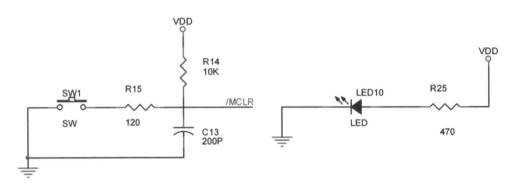

圖 5-5　PIC 微控制器實驗板電源顯示與重置電路圖

　　PIC 微控制器實驗板上有一個發光二極體 LED10 作為電源顯示之用，同時並使用按鍵 SW1 作為 PIC 微控制器電源重置的開關。當按下按鍵 SW1 時，將會使重置腳位成為低電位，而達到控制器重置的功能。

◎ 數位按鍵開關與 LED 訊號輸出入

　　PIC 微控制器實驗板上提供兩個數位按鍵開關，SW2 與 SW3，可以模擬 RB0/INT0 及 RA4/T0CKI 的觸發訊號輸入；同時也提供了八個發光二極體，LED0～LED7，作為 PORTD 數位訊號輸出的顯示。這些數位按鍵開關是以低電位觸發的方式所設計的，也就是 Active-Low，因此它們都接有提升電位的電阻。因此，當按鍵開關按下時，相對應的腳位將會接收到低電位的訊號；放開時則會收到高電位的訊號。發光二極體的驅動電路則可以藉由 JP8 短路器選擇使用 Active-High 或 Active-Low 的驅動方式，原始預設為 Active-High，如果為配合如 PIC18F 其他系列低電流輸出的微控制器時，除 JP8 之外，也必須更改 LED 的極性。在預設狀況下，當連接發光二極體 LEDx 的 RDx 腳位輸出高電位訊號時，則相對應的發光二極體將會發亮；相反地，當輸出低電位的訊號時，則發光二極體將不會有所顯示。實驗範例將利用這些數位按鍵開關與發光二極體進行基本的數位訊號產生與偵測。由於 PORTD 同時也作為液晶顯示器的資料匯流排，為了避免訊號干擾，在電路上增加了功能開關 DSW2（7&8）以便將 LED 或 LCD 的電源關閉，以作為與其他元件或者完整的 40-Pin 電路（EJ1&EJ2）擴充連接器的阻隔。同樣地，在 DSW1（4&5）上也可以將 SW1 與 SW2 的功能阻隔，以便使用者另行外加測試元件。

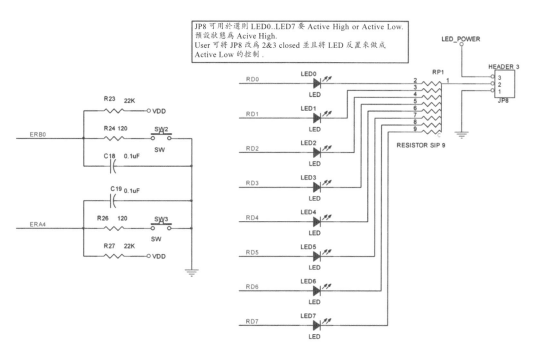

圖 5-6　PIC 微控制器實驗板數位按鍵開關與 LED 訊號輸出入電路圖

﹝類比訊號轉換電路

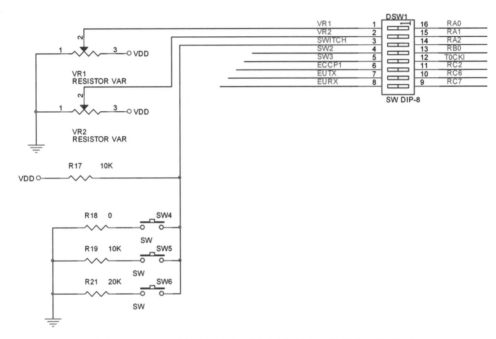

圖 5-7　PIC 微控制器實驗板類比訊號轉換電路圖

　　PIC 微控制器實驗板上提供了兩種類比訊號感測的電路模式：連續電壓訊號式的可變電阻，以及分段電壓式的按鍵開關。PIC 微控制器實驗板提供了兩個可變電阻 VR1 及 VR2，用以產生連續的電壓變換；而變換的電壓訊號連接到 PIC 微控制器的類比訊號轉換腳位 RA0/AN0 與 RA1/AN1 腳位，因而可以使用內建的 10 位元類比數位訊號轉換器來量測所對應的電壓訊號變化。為了增加使用的功能，PIC 微控制器實驗板並提供 DSW1（1&2）作為實驗板類比訊號的切換與阻隔。在分段電壓式的類比按鍵開關感測部分，實驗板提供了三個按鍵開關 SW4～SW6，藉由 RA2/AN2 不同的類比電壓感測值，可以判別三個按鍵開關的使用情形。

◙ RS-232 串列傳輸介面

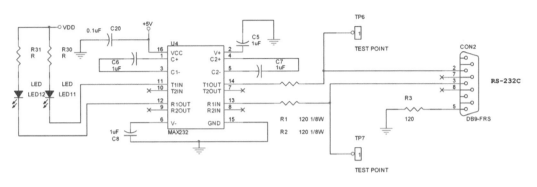

圖 5-8　PIC 微控制器實驗板 RS-232 串列傳輸介面電路圖

　　PIC 微控制器實驗板配置有一組標準的 RS-232 串列訊號傳輸介面（CON4），以及所需的電位驅動晶片（U4），以進行 PIC 微控制器 UART 傳輸介面（RC6 與 RC7）的使用練習。同時在資料傳輸電路上並配置有 LED11 與 LED12 來觀察資料收發的情形。PIC 微控制器實驗板並提供 DSW1（7&8）作為實驗板 UART 訊號的阻隔。

◙ LCD 液晶顯示器連接介面

　　PIC 微控制器實驗板配置有一個可顯示二行各十六個符號的液晶顯示器介面，而相關的驅動訊號將連接到 PIC 微控制器上的十個輸出入腳位（PORTD 與 PORTE），使用者可以選擇使用四個或八個資料位元傳輸（PORTD）及三個控制位元傳輸匯流排（PORTE）即可控制 LCD 的顯示功能。除此之外，LCD 並獨立使用 5 V 直流電源，因此不受電源選擇切換的影響。在電路上並以功能開關 DSW2(8) 將 LCD 的電源關閉，以作為與其他元件或者完整的 40-Pin 電路（EJ1&EJ2）擴充連接器的阻隔。

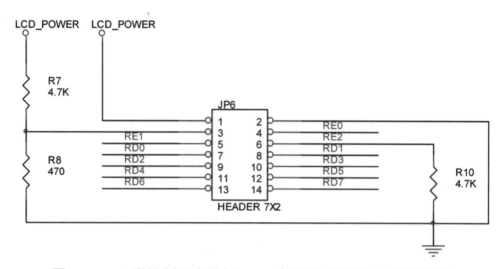

圖 5-9　PIC 微控制器實驗板 LCD 液晶顯示器連接介面電路圖

CCP 模組訊號驅動周邊

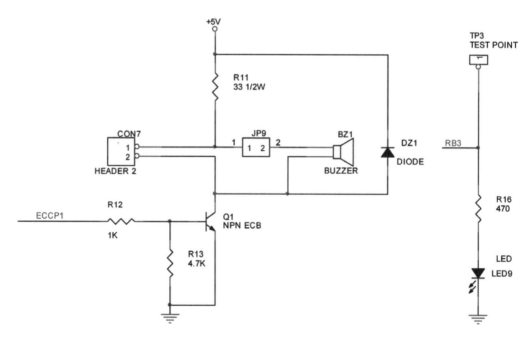

圖 5-10　PIC 微控制器實驗板 CCP 模組訊號驅動蜂鳴器（CCP1）與 LED
　　　　（CCP2）電路圖

　　為了提供讀者學習使用 PIC 微控制器所提供的 CCP 模組訊號產生的功能，PIC 微控制器實驗板提供了一組蜂鳴器與 LED9 作爲聲光效果的輸出。這個 CCP 模組訊號產生器將可以產生單一的脈衝訊號或者連續的 PWM 波寬調變訊號，以驅動 LED12（CCP2）或者藉由功率放大電路驅動壓電材料的蜂鳴器（CCP1）。PIC 微控制器實驗板並提供一個訊外接埠（CON7），可以直接驅動低功率的直流馬達。在外接其他裝置時，可以利用 JP9 將蜂鳴器斷路。

▌微處理器時脈輸入震盪器

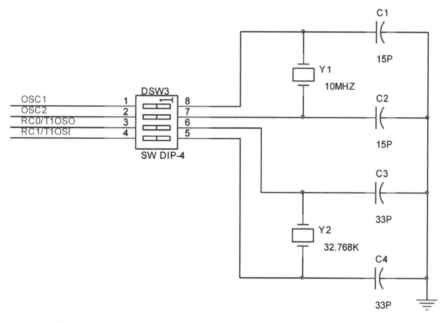

圖 5-11　PIC 微控制器實驗板時脈輸入震盪器電路圖

　　PIC 微控制器實驗板使用一個 10 MHz 的石英震盪器（Y1）作爲 PIC 微控制器的外部時脈輸入來源。而由於 PIC18F 微處理器內建有 4 倍鎖相迴路（Phase Lock Loop, PLL），因此處理器最高可以 10 MIPS 的速度執行指令。除此之外，實驗板上並配置有一個 32768 Hz 的低頻震盪器，作爲計時器 TIMER1 的外部時序來源，可以作爲精確計時的訊號源。這兩組時序來源並可以利用 DSW3 切換開關來選擇使用與否。

◢ MSSP 訊號介面與相關外部元件

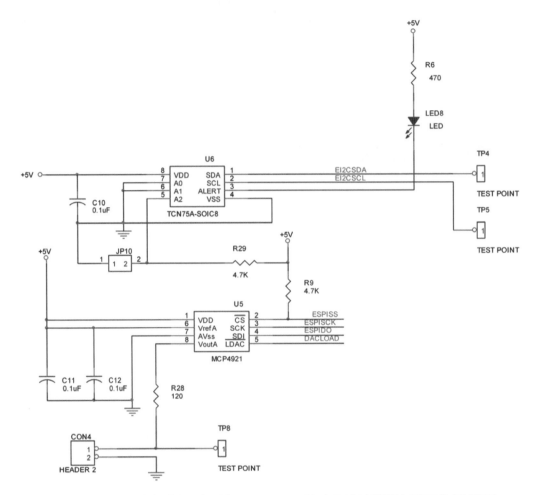

圖 5-12　PIC 微控制器實驗板 MSSP 訊號介面與相關外部元件電路圖

■ I^2C 訊號介面與相關外部元件

　　PIC 微控制器實驗板爲方便讀者學習 I^2C 通訊協定的使用，配置有溫度感測器 TCN75A（U6）作爲通訊的目標。由於 I^2C 通訊協定是以元件位址爲基礎，因此實驗板提供 JP10 跳接器作爲改變 TCN75A 位址的選擇。而 LED8 則可以作爲 TCN75A 溫度警示訊號輸出的顯示。I^2C 訊號與外部元件並可以利用 DSW2（5&6）切換開關來選擇使用與否。

■SPI 訊號介面與相關外部元件

　　PIC 微控制器實驗板爲方便讀者學習 SPI 通訊協定的使用，配置有外部數位轉類比電壓轉換器（Digital/Analog Converter, DAC）MCP4921（U5）作爲通訊的目標。MCP4921 所轉換的類比電壓並可以藉由 CON4 輸出或者量測電壓值。SPI 訊號與外部元件並可以利用DSW2（1～4）切換開關來選擇使用與否。

▌微處理器 ICD 程式除錯與燒錄介面

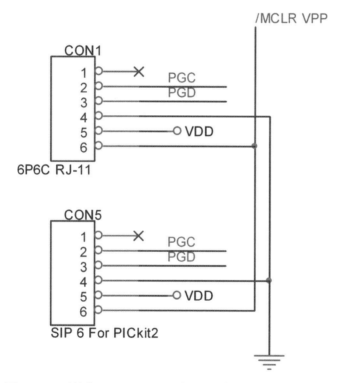

圖 5-13　微處理器 ICD 程式除錯與燒錄介面電路圖

　　PIC 微控制器實驗板提供兩組 ICD 程式除錯與燒錄介面以方便使用者選擇 ICD4（CON1）或者 PICKit4（CON5）燒錄器作爲程式燒錄與除錯的工具。

◎ 切換開關與跳接器使用

PIC 微控制器實驗板電路提供了三個切換開關與多組跳接器使用，它們的功能描述如下：

DSW1：

    1：類比訊號元件 VR1 短路選擇

    2：類比訊號元件 VR2 短路選擇

    3：類比訊號按鍵（SW4～SW6）開關短路選擇

    4：數位訊號按鍵開關 SW2 短路選擇

    5：數位訊號按鍵開關 SW3 短路選擇

    6：CCP1 模組蜂鳴器短路選擇

    7 & 8：UART（RS-232）短路選擇

DSW2：

    1～4：SPI 通訊介面與外部元件 U5 短路選擇

    5 & 6：I^2C 通訊介面與外部元件 U5 及 U6 短路選擇

    7：LCD 電源致能短路選擇

    8：LED 電源致能短路選擇

DSW3：

    1 & 2：微處理器操作時序震盪器（Y1）短路選擇

    3 & 4：微處理器計時器 TIMER1 外部時序震盪器（Y2）短路選擇

JP1：5 V 直流電源來源選擇（EXT 與 USB）

JP2：5 V/3.3 V 直流電源來源選擇 JP3：直流電源致能選擇

JP4 & JP5：標準 PIC18 與 J 系列 3.3 V 微處理器腳位調整選擇

    1-2：標準 PIC18 微處理器

    2-3：其他系列 3.3 V 微處理器

JP6：LCD 訊號連接埠

JP7：USB 訊號跳接埠

JP8：LED 共陽或共陰選擇，共陰時須更改 LED 極性

JP9：蜂鳴器致能選擇

JP10：TCN75A 位址選擇

JP11、JP12 與 JP13：周邊元件訊號測試跳接點

實驗板所提供的外部元件連接介面表列如下：

CON1：ICD4 線上燒錄與除錯器連接埠

CON2：UART/RS232 連接埠

CON3：USB 連接埠

CON4：MCP4921 類比電壓輸出埠

CON5：PICKit4 線上燒錄與除錯器連接埠

CON6：外部 9 V 電源輸入

CON7：CCP1 放大訊號外接埠

實驗板所提供的訊號測試點功能整理如下：

TP1 & TP2：於 JP3 開路的情況下，利用電表測量電路元件所消耗的總電流量

TP3：CCP2 訊號測試點

TP4 & TP5：I^{2}C 介面 SCL 與 SDA 訊號測試點

TP6 & TP7：UART 介面 SCL 與 SDA 訊號測試點

TP8：MCP4921 類比電壓輸出訊號測試點

TP9：預留外接穩壓電容連接點，可應用於如 PIC18F45K22 微控制器

TP10 & TP11：預留外接提升電阻連接點，可應用於外接電路

CHAPTER

5

CHAPTER 6

數位輸出入埠

　　數位輸出入是微處理器的基本功能。藉由數位輸出可以將微處理器內部的資料或訊號傳遞到外部的元件，或者是藉由輸出腳位驅動觸發外部元件的動作。而藉由數位輸入的功能可以將外部元件的訊號或狀態擷取到微處理器的內部暫存器，並加以作適當的運算處理以達成使用者應用程式的目的。

　　基本上，所有微處理器的工作都是以數位訊號的方式來處理，包括其他功能的周邊硬體也是以數位訊號的方式完成；所不同的是，一些較常用或者是運作較為複雜的功能已經由微處理器製造商直接以硬體電路完成，而針對一些比較特別或者是不常用的數位訊號輸出入，則必須由使用者自行依照規格撰寫相對應的程式來進行。這些常見的數位輸出入訊號應用包括：燈號顯示、按鍵偵測、馬達驅動、外部元件開啟狀態等等。

　　對於學習微處理器應用的使用者而言，數位輸出入埠的使用是非常重要的基本技能，除了針對上述的簡單應用之外，原則上，所有的數位訊號系統皆可以用這些數位輸出入的功能完成。因此，如果能夠學習良好的數位輸出入應用技巧，在面對特殊元件或者是較為複雜的系統整合時，才能夠發揮微處理器的強大功能。

6.1　數位輸出入埠的架構

　　PIC18 系列微控制器所有的腳位，除了電源（V_{DD}、V_{SS}）、主要重置（$\overline{MCLR}$）及石英震盪器時脈輸入（OSC1/CLKIN）之外，全部都以多工處理的方式作為數位輸出入埠與周邊功能的使用。因此，每一個 PIC 微控制器都有為數眾多的腳位可以規劃作為數位訊號的輸出或輸入使用。訊號輸入埠分別使用 Schmitt Trigger/TTL/CMOS 輸入架構，因此在使用上會有不同的輸入特性。每一個 PIC 微控制器的輸出入埠都會被劃分為數個群組，而一般的微處理器都會採用所謂的檔案暫存器系統管理（File Register System），所以每一個群組都有相對應的暫存器作為相關的控制與資料讀寫用途。應用時，必須要先將適當的控制暫存器做好所需要的設定，然後針對相對應的暫存器作必要的讀取或者寫入的動作，如此便可以完成所設計的數位輸出或者輸入的工作。

例如，PIC18F45K22 微控制器的數位輸出入埠總共被區分為五個群組，分別為：

- PORTA
- PORTB
- PORTC
- PORTD
- PORTE

各個群組的使用方式稍後將會做詳細的說明。這些數位輸出入埠的結構示意圖如圖 6-1 所示。每一組輸出入埠都有三個暫存器作為相關動作的控制與資料存取，它們分別是：

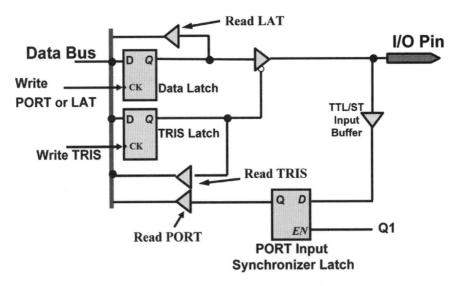

圖 6-1　PIC18 微控制器輸出入腳位架構示意圖

- TRIS 暫存器（資料方向暫存器）
- PORT 暫存器（讀取腳位電位值）
- LAT 暫存器（輸出栓鎖暫存器）

輸出栓鎖暫存器 LAT 對於在同一個指令中執行讀取－修改－寫入動作是非常有幫助的。

　　由 PIC 微控制器輸出入腳位架構示意圖可以看到，當方向控制位元 TRIS 被設定為 1 的時候，TRIS Latch 將會輸出 1，這將使 Data Latch 的輸出被關閉而無法傳輸到輸出入腳位；但是輸出入腳位上面的訊號，則可以透過輸入緩衝器而儲存在輸入的 PORT 資料暫存器中。因此，應用程式可以透過 PORT 暫存器而讀取到輸出入腳位上的訊號狀態。

　　相反地，當方向控制位元 TRIS 被設定為 0 時，則 Data Latch 暫存器的輸出可以被傳輸到輸出入腳位，因此核心處理器可以藉由資料匯流排傳輸資料到 Data Latch 暫存器，進而將資料傳送到輸出入腳位而完成輸出訊號狀態的改變。

6.2　多工使用的輸出入埠

　　所有輸出入埠腳位都有三個暫存器直接地和這些腳位的操作聯結。資料方向暫存器（TRISx）決定這個腳位是一個輸入（Input）或者是一個輸出（Output）。當相對應的資料方向位元是「1」的話，這個腳位被設定為一個輸入。所有輸出入埠腳位在重置（Reset）後都會被預設定義為是輸入。這時候如果從輸出入埠暫存器（PORTx）讀取資料，將會讀取到所鎖定的輸入值。要將數據輸出到腳位，只要將數值寫入到相對應的栓鎖暫存器（LATx）即可。一般而言，在操作時如果要讀取這個輸出入埠的腳位狀態，則讀取輸出入埠暫存器（PORTx）；若是要將一個數值從這個輸出入埠輸出，則將數值寫入栓鎖暫存器 LATx 中。

　　要注意的是，一般都是由 PORTx 暫存器讀取輸入值而由 LATx 暫存器寫入輸出值；但是當程式寫入一個數值到 PORTx 暫存器時，同時也會更改 LATx 暫存器的內容進而影響到輸出。不過在此建議養成正確的使用習慣，由 PORTx 暫存器讀取輸入值而由 LATx 暫存器寫入輸出值；在某些特殊情況下，正確的使用可以加快數位資料的讀寫或擷取。

　　通常每個輸出入埠的腳位都會與其他的周邊功能分享。這時候，在硬體上會建立多工器作爲這個腳位輸出或者輸入時資料流向的控制。當一個周邊功能被啓動而且這個周邊功能正實際驅動所連接的腳位時，這個腳位作爲一般數位輸出的功能將會被關閉。所有腳位的相關功能，請參見表 2-2。

　　值得注意的是，如果某一個數位輸出入埠是與類比訊號轉換模組作多工使用時，由於腳位的電源啓動預設狀態是設定作爲類比訊號轉換模組使用，因此如果要將這個特定的腳位作爲數位輸出入埠使用的話，必須要先將類比腳位設定暫存器 ANSELA、ANSELB、ANSELC、ANSELD、ANSELE 中相對的位元作適當的設定。以 PIC18F45K22 微控制器爲例，所有的 PORTA 腳位都可以多工作爲類比訊號輸入模組使用，因此如果要使用所有 PORTA 的類比腳位作爲一般的數位輸出入埠使用時，必須先將設定暫存器 ANSELA 設定爲 xx0x0000b（x 所在位元沒有作用），才可以正常地作爲數位輸出入使用。

◉ 數位輸出入埠相關暫存器

　　所有與 PORTA、PORTB、PORTC、PORTD 及 PORTE 輸出入埠相關的暫存器如表 6-1 所示。

表 6-1(1)　　數位輸出入埠 PORTA 相關的暫存器

Name	Bit 7	Bit 6	Bit 5	Bit 4	Bit 3	Bit 2	Bit 1	Bit 0
ANSELA	—	—	ANSA5	—	ANSA3	ANSA2	ANSA1	ANSA0
LATA	LATA7	LATA6	LATA5	LATA4	LATA3	LATA2	LATA1	LATA0
PORTA	RA7	RA6	RA5	RA4	RA3	RA2	RA1	RA0
TRISA	TRISA7	TRISA6	TRISA5	TRISA4	TRISA3	TRISA2	TRISA1	TRISA0
CM1CON0	C1ON	C1OUT	C1OE	C1POL	C1SP	C1R	C1CH<1:0>	
CM2CON0	C2ON	C2OUT	C2OE	C2POL	C2SP	C2R	C2CH<1:0>	
VREFCON1	DACEN	DACLPS	DACOE	—	DACPSS<1:0>		—	DACNSS
VREFCON2	—	—	—	DACR<4:0>				
HLVDCON	VDIRMAG	BGVST	IRVST	HLVDEN	HLVDL<3:0>			
SLRCON	—	—	—	SLRE	SLRD	SLRC	SLRB	SLRA
SRCON0	SRLEN	SRCLK<2:0>			SRQEN	SRNQEN	SRPS	SRPR
SSP1CON1	WCOL	SSPOV	SSPEN	CKP	SSPM<3:0>			
T0CON	TMR0ON	T08BIT	T0CS	T0SE	PSA	T0PS<2:0>		

表 6-1(2)　數位輸出入埠 PORTB 相關的暫存器

Name	Bit 7	Bit 6	Bit 5	Bit 4	Bit 3	Bit 2	Bit 1	Bit 0
ANSELB	—	—	ANSB5	ANSB4	ANSB3	ANSB2	ANSB1	ANSB0
LATB	LATB7	LATB6	LATB5	LATB4	LATB3	LATB2	LATB1	LATB0
PORTB	RB7	RB6	RB5	RB4	RB3	RB2	RB1	RB0
TRISB	TRISB7	TRISB6	TRISB5	TRISB4	TRISB3	TRISB2	TRISB1	TRISB0
ECCP2AS	CCP2ASE	CCP2AS<2:0>			PSS2AC<1:0>		PSS2BD<1:0>	
CCP2CON	P2M<1:0>		DC2B<1:0>		CCP2M<3:0>			
ECCP3AS	CCP3ASE	CCP3AS<2:0>			PSS3AC<1:0>		PSS3BD<1:0>	
CCP3CON	P3M<1:0>		DC3B<1:0>		CCP3M<3:0>			
INTCON	GIE/GIEH	PEIE/GIEL	TMR0IE	INT0IE	RBIE	TMR0IF	INT0IF	RBIF
INTCON2	RBPU	INTEDG0	INTEDG1	INTEDG2	—	TMR0IP	—	RBIP
INTCON3	INT2IP	INT1IP	—	INT2IE	INT1IE	—	INT2IF	INT1IF
IOCB	IOCB7	IOCB6	IOCB5	IOCB4	—	—	—	—
SLRCON	—	—	—	SLRE	SLRD	SLRC	SLRB	SLRA
T1GCON	TMR1GE	T1GPOL	T1GTM	T1GSPM	T1GGO/DONE	T1GVAL	T1GSS<1:0>	
T3CON	TMR3CS<1:0>		T3CKPS<1:0>		T3SOSCEN	T3SYNC	T3RD16	TMR3ON
T5GCON	TMR5GE	T5GPOL	T5GTM	T5GSPM	T5GGO/DONE	T5GVAL	T5GSS<1:0>	
WPUB	WPUB7	WPUB6	WPUB5	WPUB4	WPUB3	WPUB2	WPUB1	WPUB0

表 6-1(3)　數位輸出入埠 PORTC 相關的暫存器

Name	Bit 7	Bit 6	Bit 5	Bit 4	Bit 3	Bit 2	Bit 1	Bit 0
ANSELC	ANSC7	ANSC6	ANSC5	ANSC4	ANSC3	ANSC2	—	—
LATC	LATC7	LATC6	LATC5	LATC4	LATC3	LATC2	LATC1	LATC0
PORTC	RC7	RC6	RC5	RC4	RC3	RC2	RC1	RC0
TRISC	TRISC7	TRISC6	TRISC5	TRISC4	TRISC3	TRISC2	TRISC1	TRISC0
ECCP1AS	CCP1ASE	CCP1AS<2:0>			PSS1AC<1:0>		PSS1BD<1:0>	
CCP1CON	P1M<1:0>		DC1B<1:0>		CCP1M<3:0>			
ECCP2AS	CCP2ASE	CCP2AS<2:0>			PSS2AC<1:0>		PSS2BD<1:0>	
CCP2CON	P2M<1:0>		DC2B<1:0>		CCP2M<3:0>			
CTMUCONH	CTMUEN	—	CTMUSIDL	TGEN	EDGEN	EDGSEQEN	IDISSEN	CTTRIG
RCSTA1	SPEN	RX9	SREN	CREN	ADDEN	FERR	OERR	RX9D

CHAPTER

6

表 6-1(3)　（續）

Name	Bit 7	Bit 6	Bit 5	Bit 4	Bit 3	Bit 2	Bit 1	Bit 0
SLRCON	—	—	—	SLRE	SLRD	SLRC	SLRB	SLRA
SSP1CON1	WCOL	SSPOV	SSPEN	CKP	SSPM<3:0>			
T1CON	TMR1CS<1:0>		T1CKPS<1:0>		T1SOSCEN	T1SYNC	T1RD16	TMR1ON
T3CON	TMR3CS<1:0>		T3CKPS<1:0>		T3SOSCEN	T3SYNC	T3RD16	TMR3ON
T3GCON	TMR3GE	T3GPOL	T3GTM	T3GSPM	T3GGO/DONE	T3GVAL	T3GSS<1:0>	
T5CON	TMR5CS<1:0>		T5CKPS<1:0>		T5SOSCEN	T5SYNC	T5RD16	TMR5ON
TXSTA1	CSRC	TX9	TXEN	SYNC	SENDB	BRGH	TRMT	TX9D

表 6-1(4)　數位輸出入埠 PORTD 相關的暫存器

Name	Bit 7	Bit 6	Bit 5	Bit 4	Bit 3	Bit 2	Bit 1	Bit 0
ANSELD	ANSD7	ANSD6	ANSD5	ANSD4	ANSD3	ANSD2	ANSD1	ANSD0
LATD	LATD7	LATD6	LATD5	LATD4	LATD3	LATD2	LATD1	LATD0
PORTD	RD7	RD6	RD5	RD4	RD3	RD2	RD1	RD0
TRISD	TRISD7	TRISD6	TRISD5	TRISD4	TRISD3	TRISD2	TRISD1	TRISD0
BAUDCON2	ABDOVF	RCIDL	DTRXP	CKTXP	BRG16	—	WUE	ABDEN
CCP1CON	P1M<1:0>		DC1B<1:0>		CCP1M<3:0>			
CCP2CON	P2M<1:0>		DC2B<1:0>		CCP2M<3:0>			
CCP4CON	—	—	DC4B<1:0>		CCP4M<3:0>			
RCSTA2	SPEN	RX9	SREN	CREN	ADDEN	FERR	OERR	RX9D
SLRCON	—	—	—	SLRE	SLRD	SLRC	SLRB	SLRA
SSP2CON1	WCOL	SSPOV	SSPEN	CKP	SSPM<3:0>			

表 6-1(5)　數位輸出入埠 PORTE 相關的暫存器

Name	Bit 7	Bit 6	Bit 5	Bit 4	Bit 3	Bit 2	Bit 1	Bit 0
ANSELE	—	—	—	—	—	ANSE2	ANSE1	ANSE0
INTCON2	RBPU	INTEDG0	INTEDG1	INTEDG2	—	TMR0IP	—	RBIP
LATE	—	—	—	—	—	LATE2	LATE1	LATE0
PORTE	—	—	—	—	RE3	RE2	RE1	RE0
SLRCON	—	—	—	SLRE	SLRD	SLRC	SLRB	SLRA
TRISE	WPUE3	—	—	—	—	TRISE2	TRISE1	TRISE0

讓我們以一個數位輸出入埠群組的相關暫存器 PORTD、TRISD 及 LATD 的使用範例來說明數位輸出入埠的相關運作。

6.3 數位輸出

根據前一章實驗板的說明,如果要將某一個發光二極體 LED 點亮,則必須將所對應的數位輸出腳位設定為高電壓。而且要將一個腳位設定為數位輸出,必須先將相對應的資料方向控制暫存器 TRIS 的位元設定為 0。讓我們以下面的程式來做一個說明。

由於這是本書的第一個範例,讓我們從最基礎的方法開始引導讀者學習利用組合語言撰寫程式。

範例

將 PIC18F45K22 的數位輸出入埠 PORTD 上 RD0 腳位的 LED 發光二極體點亮。

```
list p = 18f45k22    ; 宣告程式使用的微控制器

org 0x00             ; 虛擬指令 org 宣告程式開始的位置

movlb 0x0F           ; 將記憶體選擇區塊暫存器設定為 15
movlw b'00000000'    ; 將常數 0 放置到工作暫存器 WREG
movwf 0xF3B          ; 將 WREG 的內容放置到位址 0xF3B 的記憶體
                     ; 0xF3B 就是 ANSELD,這使 PORTD 設定為
                     ; 數位輸出入腳位
clrf 0xF95           ; 將位址 0xF95 記憶體清除為 0
                     ; 0xF95 就是 TRISD,這使 PORTD 設定為輸出
clrf 0xF8C           ; 將 LATD 清除為 0
bsf 0xF8C,0          ; 將 LATD 的 0 位元設定為 1
goto 0               ; 強制回到程式位址 0,形成一個迴圈

end                  ; 虛擬指令宣告程式結束
```

　　在第一個程式中，我們使用 movlw 及 movwf 組合語言指令將 ANSELD 清除爲 0，使得 PORTD 設定爲數位輸出入腳位。再將 TRISD 資料方向控制暫存器（位址 0xF95）利用 clrf 指令清除爲 0；由於所設定的是 b'00000000'，因此所有的 PORTD 所對應的八個腳位全部被設定爲輸出腳位。然後再利用位元設定指令 bsf 將 LATD 暫存器（位址 0xF8C）的第 0 個位元設定爲 1，因此在所對應的 RD0 腳位便會輸出高電壓使發光二極體點亮。然後再利用強制跳換指令 goto 使程式交換到第 0 行，也就是 movlw 指令所在地方，微控制器便會一再重複上述的動作。

　　這個範例程式的寫法當然不是一個有效率的程式撰寫，我們的目的只是要讓讀者了解最原始的組合語言撰寫方式。這裡的程式撰寫有幾個可以改善的地方：

　　指令的應用：可以利用 clrf 指令來取代 movlw 與 movwf 的指令，直接將 TRISD 的內容全部清除爲 0。

　　迴圈的效率：goto 0 所造成的程式迴圈會一直重複 TRISD 與 LATD 的設定動作；但事實上，微處理器的暫存器或者輸出入腳位的狀態一旦設定之後，便不需要再反覆地執行來維持它的狀態。因此，在這裡可以將 goto 0 改成 goto 12（也就是指令 goto 0 自己所在的程式記憶體位址），反覆地執行 goto 的動作就可以維持發光二極體的點亮狀態；或者乾脆直接執行 SLEEP 指令讓處理器進入睡眠狀態。

　　暫存器的定義方式：在範例中使用 0xF3B、0xF95 以及 0xF8C 定義 ANSELD、TRISD 與 LATD 暫存器的記憶體位址，這些位址的數值可以藉由資料手冊上的暫存器相關資料的取得，如表 4-1。但是每一個微處理器都有上百個不同的暫存器，要逐一地查表或者記得它們的位址是非常困難的一件事。因此在撰寫程式時，可以直接使用暫存器的名稱，但是必須要先將這些名稱的位址數值作適當的定義，才能使組譯器了解名稱所代表的意義。這些微處理器相關的暫存器與其他符號的定義，都可以藉由虛擬指令 #include 包含到所撰寫的程式檔案中。

　　如果我們把上述的缺點改正，可以將第一個範例程式修改如下：

```
; my second assembly code
```

```
        list  p = 18f45k22          ;宣告程式使用的微控制器
        #include  <p18f45k22.inc>   ;將微處理器相暫存器與其他符號的定
                                      義檔包含到程式檔中


        org  0x00                    ;虛擬指令 org 宣告程式開始的位置
        BANKSEL ANSELD               ;選擇 ANSELD 所在的記憶體區塊
        clrf    ANSELD                       ;PORTD 設定為數位輸出入腳位
        clrf    TRISD                ;將 TRISD 暫存器清除為 0,使 PORTD
                                      設定為輸出
        clrf    LATD                 ;將 LATD 清除
        bsf     LATD, 0              ;將 LATD 的 0 位元設定為 1 點亮 LED0
Loop:
        goto    Loop                 ;強制回到標籤 Loop 所在的程式位址,
                                      形成一個迴圈
        end                          ;虛擬指令宣告程式結束
```

如果讀者把這兩個範例程式做一個比較,相信大家都同意第二個範例程式不但簡單有效率,而且也容易讓使用者了解程式的內容。藉由上面的範例,讀者可以了解要撰寫一個有效率而且容易維護的微控制器組合語言程式,不只要了解每一個指令的功能與用途,同時也要知道每一個相關暫存器的使用方法與狀態設定的結果,才能夠有效運用微處理器的功能。最後,也必須要具備有效率的程式撰寫技巧,才能夠寫出一個完整而有效率的微控制器組合語言程式。

接下來,就讓我們一同學習較為複雜的微控制器組合語言程式。希望藉由觀摩本書的範例程式,能夠提供讀者有效率的組合語言程式撰寫與學習的途徑,初步地培養組合語言程式撰寫的能力與技巧。

範例 6-1

使用 PIC18F45K22 的數位輸出入埠 PORTD 上的 LED 發光二極體,每間隔 100 ms 將 LED 的發光數值遞加 1。

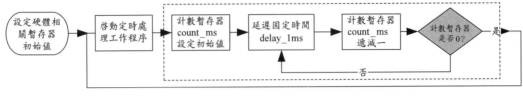

```
;*****************************************
;*              Ex6-1.ASM
;*       範例程式示範時間延遲的 LED 顯示效果
;*       For 10Mhz OSC 1 Instruction(Ins)  =  0.4 us
;*       For 40Mhz OSC 1 Instruction(Ins)  =  0.1 us
;*****************************************
        list p = 18f45k22          ; 宣告程式使用的微控制器


#include <p18f45k22.inc>           ; 將微處理器相暫存器與其他符號的定義
                                     檔包含到程式檔中
;
VAL_US         equ      .147        ;  1ms 延遲數值。
VAL_MS         equ      .100
count          equ      0x20        ; 定義儲存延遲所需數值暫存器
count_ms       equ      0x21        ; 定義儲存 1ms 延遲所需數值暫存器
;
;*****************************************
;      程式開始
;*****************************************
        org    0x00                ; 重置向量
Initial:
        banksel       ANSELD       ; 利用虛擬指令將記憶體選擇區塊暫存器
                                     設為 15
        clrf          ANSELD, BANKED; 將 PORTD 類比功能解除，設定數位輸
                                     入腳位
```

```
        clrf        TRISD           ; 設定 PORTD 爲輸出
        clrf        LATD            ; 清除 PORTD 爲 0x00 使 LED 關閉
;
;********** 主程式 ********************
;
start:
        incf        LATD, f         ; 遞加 LATD 使 LED 燈號遞加
        call        delay_100ms     ; 呼叫延遲函式
        goto        start           ; 迴圈
;
;-------- 100 ms 延遲函式 ----------
delay_100ms:
        movlw       VAL_MS
        movwf       count_ms, 0
loop_ms:
        call        delay_1ms
        decfsz      count_ms, f, 0
        goto        loop_ms
        return
;
;-------- 1 ms 延遲函式 -----------
delay_1ms:
        movlw       VAL_US
        movwf       count, 0
dec_loop
        call        D_short         ; 2 Ins +(20 Ins)
        decfsz      count, f, 0     ; 1 Ins
        goto        dec_loop        ; 2 Ins, Total=(20+5)*VAL_US Ins
        return
;
```

CHAPTER

6

CHAPTER

6

```
;-------- 5uS 延遲函式 -----------
D_short
      call     D_ret       ; 4 Ins
      call     D_ret       ; 4 Ins
      nop                  ; 1 Ins
      nop                  ; 1 Ins
D_ret
      return               ; 2 Ins, Total=12 Ins =4.8us (10Mhz)
;
      end
```

在這個範例程式中，首先我們看到了下面兩行虛擬指令：

```
    list p=18F45k22
#include       <p18f45k22.inc>
```

第一行宣告了這個程式將使用 PIC18F45K22 微處理器；第二行則將
PIC18F45k22 相關的所有名稱定義的檔案 p18f45k22.inc 包含到這個範例程式
中；因此使用者可以直接以各個暫存器的名稱撰寫程式，而不需要使用複雜難
記的位址數值。

```
VAL_US        equ    .147      ; 1ms 延遲數值
VAL_MS        equ    .100
count         equ    0x20      ; 定義儲存延遲所需數值暫存器位址
count_ms      equ    0x21      ; 定義儲存 1ms 延遲所需數值暫存器位址
```

上述的 4 行指令，利用了虛擬指令 equ 定義了四個符號來代替應用程式需
要用到的數值，這些數字可能是常數或暫存器的位址。例如，前面兩行定義的
VAL_US 與 VAL_MS 定義了兩個常數，而後面兩行所定義的 count 與 count_
ms 所代表的則是暫存器的位址。

```
        org   0x00        ; reset vector
Initial:
        banksel   ANSELD; 利用虛擬指令將記憶體選擇區塊暫存器設為 15
        clrf      TRISD ; 設定 PORTD 為輸出
        clrf      LATD  ; 清除 LATD 為 0X00 使 LED 關閉
```

CHAPTER

6

　　而在程式的一開始，也利用了虛擬指令 org 0x00，將程式安置在重置向量的位置，以便開啓電源時可以馬上開始執行相關的應用程式。緊接著是數行初始化的指令，將所需要用到的數位輸出入埠 PORTD 明確的定義其訊號進出的方向，並初始化清除為 0。而在這些指令中，我們看到了利用虛擬指令 BANKSEL 簡化了記憶體區塊選擇的動作，而不需要使用設定 BSR 區塊選擇暫存器的撰寫方式；實際上在程式經過組譯之後，這幾行虛擬指令 BANKSEL 將會自動地被替代為設定 BSR 暫存器的組合語言指令 movlb。使用者可以檢查 DISASSEMBLY 視窗中的程式對應就可以發現到這個結果。在這裡，我們利用 CLRF TRISD 的指令將輸出入埠 PORTD 設定為數位輸出的功能，並且將初始值設定為 0。

```
;************ 主程式 ********************
;
start:
     incf       LATD,f      ; 遞減 LATD 使 LED 燈號遞加
     call       delay_100ms ; 呼叫延遲函式
     goto       start       ; 迴圈
```

　　在緊接著的主程式中，我們使用了一個強制跳行的 GOTO 指令來達成一個迴圈的目的。在這個迴圈的開始，程式先將 LATD 的數值遞加 1 並將結果回存到 LATD 暫存器，進而使得對應的 LED 燈號顯示遞加 1；而在第二個指令則呼叫了一個可以延遲 100 ms 的函式，因此在這裡程式計數器的內容將轉換到標籤 delay_100ms 所在的程式記憶體位址。由於 MPASM 組譯器會自動地將這個標籤所代表的位址數值與 delay_100ms 標籤做一個替換，使用者在程式撰

寫的過程中不需要去計算實際的位址爲何。當函式 delay_100ms 執行完畢而返回到上述的主程式時，將會由堆疊暫存器中取出呼叫函式時所推入的程式記憶體位址，因此接下來將執行 goto start 而又再度回到主程式的第一行將 LATD 遞加 1。所以整個程式將會每隔 100 毫秒就會改變 LATD 的輸出結果，使用者可以在實驗板上看到 LED 發光二極體將會呈現二進位的數值改變。

```
;-------- 100 ms 延遲函式 ----------
delay_100ms:
            movlw       VAL_MS
            movwf       count_ms
loop_ms     call        delay_1ms
            decfsz      count_ms,f
            goto        loop_ms
            return
```

而在函式 delay_100ms 的部分，首先將 VAL_MS 所代表的常數，也就是十進位的 100 載入到 count_ms 所代表的記憶體位址暫存器中。因此，接下來的 loop_ms 迴圈將會執行 100 次；而每一次的執行將藉由呼叫函式 delay_1ms 而延遲 1 ms，而達到延遲 100 ms 的目的。

```
;--------1 ms 延遲函式 -----------
delay_1ms:
            movlw     VAL_US
            movwf     count
dec_loop    call      D_short     ; 2 Ins +(12 Ins)
            decfsz    count,f     ; 1 Ins
            goto      dec_loop    ; 2 Ins, Total=(12+5)*VAL_US Ins
            return
;
```

　　在函式 delay_1ms 也運用了類似的程式架構，總共將執行 147 次的 dec_loop 迴圈；每一次的 dec_loop 迴圈則將藉由呼叫 D_short 以及迴圈中的其他指令消耗十七個指令執行週期。當微處理器使用的外部時序來源為 10 MHz 時，每一個指令週期為 0.4 μs；因此每一次的 dec_loop 迴圈約可以使用 6.8 μs 的時間長度而滿足設計的需求。由於 dec_loop 迴圈本身需要五個指令週期的時間，因此在 D_short 函式中必須要使用十二個指令週期的時間。所以我們可以在函式中發現除了必要的指令此外，使用了 NOP 指令來消耗多餘的時間以滿足我們的目的。

```
;--------5 uS 延遲函式 -----------
D_short    call    D_ret        ; 4 Ins
           call    D_ret        ; 4 Ins
           nop                  ; 1 Ins
           nop                  ; 1 Ins
D_ret      return               ; 2 Ins, Total=12 Ins = 4.8us
                                ; (10Mhz)
;
```

　　另外我們可以注意到在每一個函式的結束都使用了 return 指令，以便函式結束時能夠有堆疊暫存器中推出適當的位址而能夠返回到呼叫程式的位址。而整個程式的最後則必須使用 END 虛擬指令來宣告程式的結束。

　　在前一個範例中利用了簡單的遞加指令來完成 LED 發光二極體的變化，並且利用簡單的指令執行時間與計算完成了精確的時間延遲。從範例中我們學習到如何使用呼叫函式或返回（CALL、RERURN）、條件式判斷跳行（DECFSZ）與強制跳行（GOTO）的動作，以及使用設定暫存器 TRISD 與 LATD 資料暫存器來完成特定腳位的數位訊號輸出變化。雖然這個範例不是一個很有效率的應用程式，但是我們可以看到 PIC 微控制器程式撰寫的容易與輸出入訊號的製作方便。接下來讓我們使用另外一個製作霹靂燈的範例，以不同的指令撰寫方式學習較為複雜的輸出訊號控制。

範例 6-2

利用 PORTD 的發光二極體製作向左循環閃動的霹靂燈，並加長燈號閃爍的時間間隔。

```
;****************************************************
;*        Ex6-2.ASM
;*  範例程式示範 LED 燈號的移動
;****************************************************
    list p = 18f45k22          ;宣告程式使用的微控制器
#include <p18f45k22.inc>        ;將微處理器相暫存器與其他符號的定義
                                 檔包含到程式檔中
;;
VAL_500US     equ     .250      ; 0.5 ms 延遲數值。
VAL_10MS      equ     .20       ; 10 mS 延遲數值。
VAL_200MS     equ     .20       ; 200 mS 延遲數值。
;
count_us      equ     0x20      ;定義儲存 1 us 延遲所需數值暫存器
count_10ms    equ     0x21      ;定義儲存 1 0ms 延遲所需數值暫存器
count_200ms   equ     0x22      ;定義儲存 200 ms 延遲所需數值暫存器
;
;********************************************
;          程式開始                        *
;********************************************
    org    0x00                 ;重置向量
;
;*********** 主程式 ********************
;
start:
        banksel    TRISD        ;設定 PORTD 為數位輸出
```

```
            clrf        ANSELD
            clrf        TRISD
            banksel     LATD
;
LED_Shift                               ; 移動燈號
            movlw       b'00000001'  ; 設定輸出值
            movwf       LATD
            call        delay_200ms ; 時間延遲
            movlw       b'00000010'
            movwf       LATD
            call        delay_200ms
            movlw       b'00000100'
            movwf       LATD
            call        delay_200ms
            movlw       b'00001000'
            movwf       LATD
            call        delay_200ms
            movlw       b'00010000'
            movwf       LATD
            call        delay_200ms
            movlw       b'00100000'
            movwf       LATD
            call        delay_200ms
            movlw       b'01000000'
            movwf       LATD
            call        delay_200ms
            movlw       b'10000000'
            movwf       LATD
            call        delay_200ms
            goto        LED_Shift    ; 迴圈
```

CHAPTER

6

```
;
;--------- 200 ms delay routine --------
;
delay_200ms:
            movlw       VAL_200MS
            movwf       count_200ms, 0
loop_20ms   call        delay_10ms
            decfsz      count_200ms, f, 0
            goto        loop_20ms
            return
;
;-------- 10 ms delay routine ----------
;
delay_10ms:
            movlw       VAL_10MS movwf
                        count_10ms, 0
loop_ms     call        delay_500us
            decfsz      count_10ms, f, 0
            goto        loop_ms
            return
;
;-------- 0.5 ms delay routine ----------
;
delay_500us:
            movlw       VAL_500US
            movwf       count_us, 0
dec_loop    nop
            nop
            decfsz      count_us, f, 0
            goto        dec_loop
```

```
        return
;
        end
```

在這個範例程式中，利用不同的暫存器數值設定使用與前一個範例相同的函式達成了不同的延遲時間；當需要加長時延遲時間的時候，可以增加函式呼叫的層次，但是不要忘記 PIC18F 系列微控制器與呼叫函式相關的堆疊暫存器最多只有三十一個層次，而且每一個暫存器設定的迴圈次數數值不可以超過 8 位元最大的數值，也就是十進位的 255。接下來就讓我們討論一下範例程式是如何讓發光二極體的燈號向左移動。

```
LED_Shift                               ; 移動燈號
        movlw       b'00000001'         ; 設定輸出值
        movwf       LATD
        call        delay_200ms         ; 時間延遲
        movlw       b'00000010'
        movwf       LATD
        call        delay_200ms
        movlw       b'00000100'
        movwf       LATD
        call        delay_200ms
            :
            :
            :
        call        delay_200ms
        movlw       b'10000000'
        movwf       LATD
        call        delay_200ms

        goto        LED_Shift           ; 迴圈
```

　　在這個範例程式中，使用了最簡單的方式來完成燈號的移動。程式中使用 movlw 與 movwf 指令將所需要產生的燈號顯示數值移入到 LATD，然後呼叫延遲 200 ms 的函式；不斷地反覆這樣的動作，移動燈號 8 次之後再利用強制跳行 GOTO 指令產生一個無窮盡的循環，便可以產生不斷向高位元移動的霹靂燈。現在，讀者可以自己嘗試撰寫一個向低位元燈號移動的程式，或者是燈號上下移動的應用程式。

　　上述的撰寫方式雖然可以達到應用程式的目的，但是我們發現，當燈號移動的範圍或者變化越大的時候，程式將會變得非常地冗長。有沒有其他的方法可以完成同樣的燈號變化動作的呢？

　　運用不同的微處理器指令可以使我們的程式更為簡潔，而且在程式執行上也更有效率並減少相關設定指令所需要的時間。這樣的結果不但能減少應用程式所需要的程式記憶體空間，更可以提高程式時間控制的精準性。讓我們參考下面替代上述永久迴圈 GOTO LED_SHIFT 的寫法。

```
start:
        banksel  TRISD         ; 設定 PORTD 為輸出
        clrf     ANSELD
        clrf     TRISD
        banksel  LATD
        movlw    b'00000001'
        movwf    LATD
;       call     delay_200ms
LED_Shift
        RLNCF    LATD, F       ; 使用旋轉指令使燈號移動
        call     delay_200ms
;
        goto     LED_Shift
```

　　在這裡我們看到使用不同的指令 RLNCF LATD, F，同樣可以完成燈號移動的動作，當燈號到達最高位元時，自動重設由最低位元燈號重複開始。把這

樣的程式撰寫不但縮短了程式的長度，而且可以藉由條件式跳行的指令更清楚
而明確地控制微處理器的動作。讀者是不是可以想出其他不同的程式撰寫方式
呢？

練習

　　將上述的範例程式改寫成為能夠用發光二極體完成燈號左右移動的霹靂
燈。

6.4　數位輸入

　　在前面的範例中，我們學習到單純使用微控制器腳位輸出不同的訊號，藉
以達成應用程式的目的；但是現實世界的應用程式並不是只需要單方向的數位
輸出訊號而已，大多數的應用條件下也需要擷取外部的訊號輸入，藉以調整內
部微處理機程式執行的內容。要如何得到輸入的訊號呢？首先當然必須在微控
制器所連接的硬體上產生不同的訊號電壓變化，藉以表達不同訊號的狀態。讓
我們以下列的範例 6-3 說明如何完成訊號輸入的程式撰寫。

範例 6-3

建立一個霹靂燈顯示的應用程式，並利用連接到 RA4 的按鍵 SW3 決定燈號移
動的方向。當按鍵放開時，燈號將往高位元方向移動；當按鍵按下時，燈號將
往低位元方向移動。

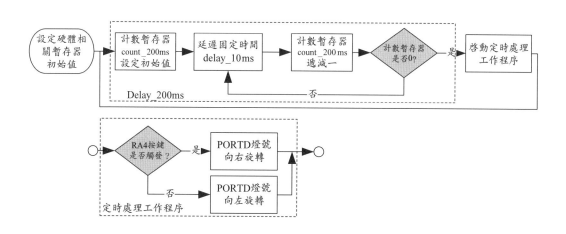

CHAPTER

6

```
;*************************************************
;*          Ex6-3.ASM
;* 範例程式偵測 SW3 按鍵狀態輸入控制燈號移動
;*************************************************
        list p = 18f45k22              ; 宣告程式使用的微控制器
        #include <p18f45k22.inc>       ; 將微處理器相暫存器與其他符號
                                       ; 的定義檔包含到程式檔中
;
SHIFT_VAL    equ   b'00000001'         ; 設定 LED 初始值
;
VAL_500US    equ   .250                ; 0.5ms 延遲數值。
VAL_10MS     equ   .20                 ; 10mS 延遲數值。
VAL_200MS    equ   .20                 ; 200mS 延遲數值。
;
count_us     equ   0x20                ; 定義儲存 1us 延遲所需數值暫存器
count_10ms   equ   0x21                ; 定義儲存 10ms 延遲所需數值暫存器
count_200ms equ    0x22                ; 定義儲存 200ms 延遲所需數值暫存器
;;
;*****************************************
;                程式開始                      *
;*****************************************
        org 0x00                       ; 重置向量
;initial:
        banksel ANSELA
        bcf    ANSELA, 4, BANKED       ; 單獨將 RA4 腳位設定為數位輸出入
        clrf   ANSELD, BANKED
        movlw b'00010000'              ; 設定 RA4 為數位輸入
        iorwf TRISA, f, 0              ; a=0 使用擷取區塊 Access Block
;
        clrf   TRISD, 0                ; 設定 PORTD 為輸出
```

```
          clrf   LATD, 0                    ; 清除 PORTD 燈號
;
;*********** 主程式 ********************
;
start:
          movlw  SHIFT_VAL
          movwf  LATD
;
test_ra4  btfss  PORTA, 4                   ; 檢查 RA4 是否觸發，輸入用 PORTA
          goto   led_right                  ; Yes, RA4 短路 , D0-->D7
;
led_left  rlncf  LATD, F                    ;No, RA4 開路 , D7-->D0
          call   delay_200ms                ;Call 時間延遲函式
          goto   test_ra4
;
led_right rrncf  LATD, F
          call   delay_200ms
          goto   test_ra4
;
;
;--------- 200 md delay routine --------
;
delay_200ms:
          movlw  VAL_200MS
          movwf  count_200ms, 0
loop_20ms call   delay_10ms
          decfsz count_200ms, F, 0
          goto   loop_20ms
          return
;
```

CHAPTER

6

```
;-------- 10 ms delay routine ----------
;
delay_10ms:
            movlw   VAL_10MS
            movwf   count_10ms, 0
loop_ms     call    delay_500us
            decfsz  count_10ms, F, 0
            goto    loop_ms
            return
;
;-------- 0.5 ms delay routine -----------
;
delay_500us:
            movlw   VAL_500US
            movwf   count_us, 0
dec_loop        nop
            nop
            decfsz  count_us, F, 0
            goto    dec_loop
            return
;
            end
```

　　範例程式的開始必須將相關的數位輸出入埠的數位輸出入功能開啟（也就是關閉類比功能），再對數位輸出入方向做適當的設定；除了以往設定 PORTD 的部分之外，同時也必須將按鍵所使用的 RA4 設定為數位輸入使用。因此需要設定 TRISA 暫存器，以便將 RA4 作為數位輸入使用。在這裡我們使用了 Access Bank 的觀念，例如 iorwf TRISA, f, 0，令 a=0 而直接對 Access Bank 做讀寫的動作，而不必再使用 Banksel 的虛擬指令，以節省程式執行的時間。值得注意的是，在這裡我們使用了 iorwf 指令來設定 TRISA, 4 為 1 的動作，這樣的方式將可以保留 TRISA 暫存器其他七個控制位元的原始狀態。而在讀取輸入訊號的部分，由於 PIC18 系列微控制器採用 File Register System 的架構，因此在指令：

```
test_ra4 btfss      PORTA,4      ; Check RA4 press ?
```

可以直接對PORTA暫存器讀取資料，而得到相對應輸入腳位的訊號狀態。而同樣在這一個指令中也利用btfss根據輸入腳位的狀態決定適當的程式跳行，以執行按鍵狀態所對應的燈號移動方向。

在我們離開這個數位輸出入埠章節之前，讓我們進一步說明前面範例經常使用到的 RLNCF 與 RRNCF 指令。有別於較低階的 PIC 微控制器所提供的 RRF 與 RLF 指令，RLNCF 與 RRNCF 指令在做位元移位動作時，並不會經過 STATUS 暫存器的進位旗標 C 位元；如果需要經過進位旗標 C 位元的話，則必須要使用 RLCF 與 RRCF 指令。這四個指令應用的優劣必須要視應用程式的目的而定。

另外，PIC18 系列微控制器指令中除了 GOTO 強制跳行的指令之外，也提供了數個相對位址強制跳行的指令，包括 BC、BN、BNC、BNN、BNOV、BNZ、BOV、BRA 與 BZ。不同的是，這些跳行指令所可以定義的是，強制跳換到由現在程式計數器的位址相對距離 1K 個指令所在的程式記憶體位址。換句話說，上述指令所能夠跳換的位置是受到限制的，不像 GOTO 指令可以跳換到任何一個指令位置。

最後，在呼叫函式的時候，如果整個應用程式的內容並不會太大時，建議使用 RCALL 相對呼叫函式指令：RCALL 可以呼叫相對位置最遠達 1K 位元組的函式位址，而且只占一個字元的程式記憶空間。但是它的缺點是呼叫函式時並不會將 WREG、STATUS、BSR 等暫存器的內容保留在替代暫存器（Shadow Register，或稱影子暫存器）中，使用者必須確保在函式切換時這些相關暫存器的內容正確無誤。但是如果應用程式非常的龐大，或者所呼叫的函式在不同的檔案，或者使用者不確定函式位置時，或者需要使用到上述的 WREG、STATUS、BSR 等暫存器時，雖然會多占據一個字元的程式記憶體，但是建議仍然使用 CALL 指令以確保程式執行的正確性。

讀者不妨多花一點時間來了解這些指令的差異，相信對於撰寫程式的時候可以更靈活有效地運用這些指令的功能，以得到最佳的程式效率。

6.5　受控模式的並列式輸出入埠

除了前面所敘述的個別腳位當做數位輸出入功能之外，早期的 PIC18F4520 微控制器同時也提供將 PORTD 當成一個 8 位元的受控模式並列式輸出入埠（Parallel Slave Port）的通訊介面；並配合 PORTE 的三個腳位作為主控端控制微控制器讀寫（Read/Write）與選擇（Chip Select）的功能，如圖 6-2 所示。

在這個模式下，當外部的主控系統發出晶片選擇與讀／寫的訊號時，微控制器的 PORTD 將會被視作一個並列輸出入埠的緩衝器，藉由完整的 8 個腳位讀／寫八位元的外部資料。

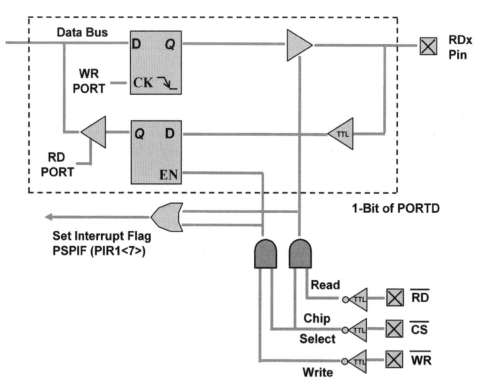

圖 6-2　受控模式的並列式輸出入埠

　　不過由於這種並列式的輸出入方式所占用的腳位資源過多，通常在實際的應用上較少使用，在 PIC18F45K22 上就被移除而無法使用了。

CHAPTER 7

PIC18 微控制器系統功能與硬體設定

7.1 微控制器系統功能

PIC18 微控制器在硬體設計上規劃了一些系統的功能以提高系統的可靠度，並藉由這些系統硬體的整合減少外部元件的使用以降低成本，同時也建置了一些省電操作的模式與程式保護的機制。這些系統功能包含：

❏ 系統震盪時序來源選擇。
❏ 重置的設定
  • 電源啟動重置（Power-On Reset, POR）
  • 電源啟動計時器（Power-up Timer, PWRT）
  • 震盪器啟動計時器（Oscillator Start Timer, OST）
  • 電壓異常重置（Brown-Out Reset）
❏ 中斷
  • 監視計時器（或稱看門狗計時器 , Watchdog Timer, WDT）
  • 睡眠（Sleep）
  • 程式碼保護（Code Protection）
  • 程式識別碼（ID Locations）
  • 線上串列燒錄程式（In-Circuit Serial Programming）
  • 低電壓偵測（Low Voltage Detection）或高低電壓偵測（High/Low Vol-tage Detection）

　　大部分的 PIC18 系列微控制器，建置有一個監視計時器，並且可以藉由軟體設定或者開發環境下設定位元的調整而永久地啓動。監視計時器使用自己獨立的 RC 震盪電路，以確保操作的可靠性。微控制器並提供了兩個計時器來確保在電源開啓時核心處理器可以得到足夠的延遲時間之後再進行程式的執行，以保障程式執行的穩定與正確；這兩個計時器分別是震盪器啓動計時器（OST）及電源啓動計時器（PWRT）。OST 的功用是在系統重置的狀況下，利用計時器提供足夠的時間確保在震盪器產生穩定的時脈序波之前，核心處理器是處於重置的狀況下。PWRT 則是在電源啓動的時候，提供固定的延遲時間以確保核心處理器在開始工作之前電源供應趨於穩定。有了這兩種計時器的保護，PIC18 系列微控制器並不需要配置有外部的重置保護電路。

　　睡眠模式則是設計用來提供一個非常低電流消耗的斷電模式，應用程式可以使用外部重置、監視計時器，或者中斷的方式，將微控制器從睡眠模式中喚醒。PIC18 系列微控制器提供了數種震盪器選項，以便使用者可以針對不同的應用程式選擇不同速度的時脈序波來源。系統也可以選擇使用價格較爲便宜的 RC 震盪電路，或者使用低功率石英震盪器（LP）以節省電源消耗。上述的這些微控制器系統功能只是 PIC18 系列微控制器所提供的一部分；而爲了要適當地選擇所需要的系統功能，必須要藉由系統設定位元來完成相對應的功能選項。

7.2　設定位元

　　PIC18F45K22 微控制器的設定位元（Configuration Bits）可以在程式燒錄時被設定爲 0，或者保留其原有的預設值 1 以選擇適當的元件功能設定。這些設定位元是被映射到由位址 0x300000 開始的程式記憶體。這一個位址是超過一般程式記憶空間的記憶體位址，在硬體的規劃上，它是屬於設定記憶空間（0x300000～0x3FFFFF）的一部分，而且只能夠藉由表列讀取或表列寫入（Table Read/Write）的方式來檢查或更改其內容。

　　要將資料寫入到設定暫存器的方式和將資料寫入程式快閃記憶體的方式是非常類似的；由於這個程序是比較複雜的一個方式，因此通常在燒錄程式的過程中便會將設定位元的內容一併燒錄到微控制器中。如果在程式執行中需要更改設定暫存器的內容時，也可以參照燒錄程式記憶體的程序完成修改的動作。

唯一的差異是，設定暫存器每一次只能夠寫入一個位元組（byte）的資料。

微控制器設定相關暫存器定義

與微控制器設定相關的暫存器與位元定義如表 7-1 所示。

表 7-1　PIC18F45K22 微控制器設定相關的暫存器與位元定義

Address	Name	Bit 7	Bit 6	Bit 5	Bit 4	Bit 3	Bit 2	Bit 1	Bit 0	Default/ Unpro-grammed Value
300000h	CONFIG1L	—	—	—	—	—	—	—	—	0000 0000
300001h	CONFIG1H	IESO	FCMEN	PRICLKEN	PLLCFG	FOSC<3:0>				0010 0101
300002h	CONFIG2L	—	—	BORV<1:0>		BOREN<1:0>			PWRTEN	0001 1111
300003h	CONFIG2H	—	—	WDPS<3:0>				WDTEN<1:0>		0011 1111
300004h	CONFIG3L	—	—	—	—	—	—	—	—	0000 0000
300005h	CONFIG3H	MCLRE	—	P2BMX	T3CMX	HFOFST	CCP3MX	PBADEN	CCP2MX	1011 1111
300006h	CONFIG4L	DEBUG	XINST	—	—	—	LVP	—	STRVEN	1000 0101
300007h	CONFIG4H	—	—	—	—	—	—	—	—	1111 1111
300008h	CONFIG5L	—	—	—	—	CP3	CP2	CP1	CP0	0000 1111
300009h	CONFIG5H	CPD	CPB	—	—	—	—	—	—	1100 0000
30000Ah	CONFIG6L	—	—	—	—	WRT3	WRT2	WRT1	WRT0	0000 1111
30000Bh	CONFIG6H	WRTD	WRTB	WRTC(3)	—	—	—	—	—	1110 0000
30000Ch	CONFIG7L	—	—	—	—	EBTR3	EBTR2	EBTR1	EBTR0	0000 1111
30000Dh	CONFIG7H	—	EBTRB	—	—	—	—	—	—	0100 0000
3FFFFEh	DEVID1	DEV<2:0>			REV<4:0>					qqqq qqqq
3FFFFFh	DEVID2	DEV<10:3>								0101 qqqq

符號：　– = unimplemented, q = value depends on condition. Shaded bits are unimplemented, read as '0'.

7.3　調整設定位元

由於設定暫存器相關的功能眾多，而每一個系統功能的定義選項也非常地繁多；因此，如果要將這些系統功能的定義逐一地表列，不但在學習上有所困難，即便是在程式撰寫的過程中，要仔細地查清楚各個選項的功能都是非常困難的一件事。有鑑於此，一般在發展環境下都會提供兩種方式供使用者對微控制器作適當的功能設定。

以 PIC18 系列微控制器作為範例，使用者可以在發展環境 MPLAB X IDE 的設定（Configuration）選項下選擇 Configuration Bits 功能，便會開啓一個功能設定選項視窗，如附錄 A 所示。在這個選項下，使用者可以針對每一個可設定的功能項目點選想要設定的方式以完成相關的功能設定。這些設定的結果將會可以被輸出成檔案並加入到所開啓的專案中，在程式編譯與燒錄的過程中也會一併地被燒錄到微控制器的設定暫存器空間中。利用這樣的方式，使用者可以快速地完成功能設定的選項。但是在近期的 MPLAB X IDE 版本中，已漸漸不建議這種作法，因爲在複製或轉的程式時，常移漏了系統設定位元而造成錯誤。

如果要自行將設定位元與應用程式相結合，使用者可以利用系統功能設定位元定義的方式，將相關的微處理器設定利用虛擬指令定義在應用程式中。如此一來，當應用程式移轉的時候，相關的設定暫存器內容便會一併地移轉，而減少可能的錯誤發生。在目前的 MPASM 組譯器中，提供了一個方便簡潔的虛擬指令定義方式，使用

config [功能代碼] = [設定狀態]

的格式進行微控制器的設定。例如如果要將震盪器時脈來源設定爲 HS ，並將監視計時器的功能關閉，則可以使用下列的指令：

config OSC = HS, WDT = OFF

如果使用者仍然有其他的功能需要設定，可以在上述的指令後面附加其他的功能設定項目，或者在另外一行指令中重新用 config 指令完成上述的定義設定方式。在程式中或者 MPLAB 的設定視窗中沒有定義的功能項目，編譯器將會以硬體預設值進行組譯，然後再載入控制器的設定暫存器。

對於所有微控制器可設定的功能，以及每個功能可以設定的選項，使用

者不妨參考資料手冊,或者是開啓包含檔在編譯器目錄下的 ～/inc/p18f45k22.inc 找到所有相關的功能定義。在這裡,僅列出應用程式經常使用的震盪器設定功能做一個簡單的表列。

如果專案沒有加入系統功能定義檔,也沒有在程式中做適當的系統功能定義,則一般會在燒入程式後發現微控制器沒有任何動作。這通常是因爲硬體的系統時脈震盪器訊號來源與預設的來源不同,導致微控制器沒有時脈訊號作爲執行指令的觸發訊號。

7.4 震盪器的設定

外部時脈來源

震盪器可設定的模式包括:

1. LP:低功率石英震盪器。
2. XT:石英震盪器。
3. HS:高速石英震盪器 High Speed Crystal/Resonator。
4. HS + PLL:高速石英震盪器合併使用相位鎖定迴路。
5. RC:外部 RC 震盪電路。
6. RCIO:外部 RC 震盪電路並保留 OSC2 做一般數位輸出入腳位使用。
7. EC:外部時序來源。
8. ECIO:外部時序來源並保留 OSC2 做一般數位輸出入腳位使用。

震盪器電路結構如圖 7-1 所示。時脈來源選項與微控制器執行速度選擇如表 7-1 所示。

系統時脈來源的選項基本上可以分爲下列項目:

1. RC:外部 RC 震盪電路。
2. LP:低功率石英震盪器。
3. XT:石英震盪器。

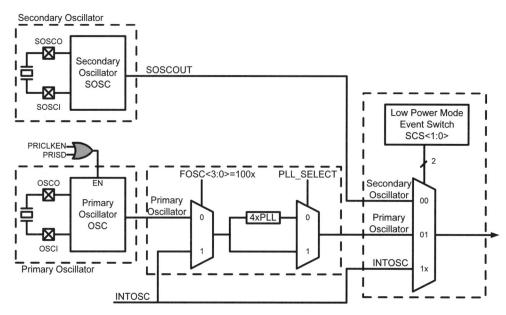

圖 7-1　震盪器電路結構

4. INTOSC：內部 RC 震盪電路，見 7.4.2 節。

5. HS：外部高速（中高功率）石英震盪電路。

6. EC：外部時脈。

表 7-2　時脈來源選項與微控制器執行速度選擇

Symbol	Characteristic	Min	Max	Units	Conditions
F_{OSC}	External CLKIN Frequency	DC	0.5	MHz	EC, ECIO Oscillator mode (low power)
		DC	16	MHz	EC, ECIO Oscillator mode (medium power)
		DC	64	MHz	EC, ECIO Oscillator mode (high power)
	Oscillator Frequency	DC	4	MHz	RC Oscillator mode
		5	200	kHz	LP Oscillator mode
		0.1	4	MHz	XT Oscillator mode
		4	4	MHz	HS Oscillator mode, $V_{DD} < 2.7V$
		4	16	MHz	HS Oscillator mode, $V_{DD} \geq 2.7V$, Medium-Power mode (HSMP)
		4	20	MHz	HS Oscillator mode, $V_{DD} \geq 2.7V$, Power mode (HSHP)

表 7-2 （續）

Symbol	Characteristic	Min	Max	Units	Conditions
T_{OSC}	External CLKIN Period	2.0	—	ms	EC, ECIO Oscillator mode (low power)
		62.5	—	ns	EC, ECIO Oscillator mode (medium power)
		15.6	—	ns	EC, ECIO Oscillator mode (high power)
	Oscillator Period	250	—	ns	RC Oscillator mode
		5	200	ms	LP Oscillator mode
		0.25	10	ms	XT Oscillator mode
		250	250	ns	HS Oscillator mode, $V_{DD} < 2.7V$
		62.5	250	ns	HS Oscillator mode, $V_{DD} \geq 2.7V$, Medium-Power mode (HSMP)
		50	250	ns	HS Oscillator mode, $V_{DD} \geq 2.7V$, Power mode (HSHP)
T_{CY}	Instruction Cycle Time	62.5	—	ns	$T_{CY} = 4/FOSC$
TO_{SL}, T_{OSH}	External Clock in (OSC1) High or Low Time	2.5	—	ms	LP Oscillator mode
		30	—	ns	XT Oscillator mode
		10	—	ns	HS Oscillator mode
T_{OSR}, T_{OSF}	External Clock in (OSC1) Rise or Fall Time	—	50	ns	LP Oscillator mode
		—	20	ns	XT Oscillator mode
		—	7.5	ns	HS Oscillator mode

當選擇不同選項時，系統會橋接至不同的電路以便配合外部時脈元件所需的腳位與電源作為維持時脈運作的基礎。

RC 模式提供使用者自行利用 RC 電路設計時脈震盪頻率，提供最大的彈性與最低的設計成本，但是 RC 震盪電路容易受到環境條件與元件變化的影響而失去準確性。

EC 模式則由外部電路提供時脈訊號，不須使用微控制器的電源，其使用可分為三個範疇：

- ECLP：低於 500 kHz
- ECMP：介於 500 kHz 及 16 MHz 之間
- ECHP：高於 16 MHz

LP 、XT 與 HS 模式則是使用微控制器電路驅動外部石英震盪器電路產生時脈供作使用。LP 模式選擇最低的內部功率增益，所以消耗最少的電流。LP 模式適合使用於低功率的震盪器。XT 模式則是使用適中的功率增益，適合用來驅動中級（頻率）的震盪電路。HS 模式則提供使用 FOSC<3:0> 位元設定中與高功率的選項，中等功率適用於 4 MHz 到 16 MHz 的震盪電路；高功率則是合於 16 MHz 以上的震盪器驅動電路。

▋內部時脈電路

除了使用外部時脈之外，新一代的 PIC18F 微控制器爲降低開發成本，包括物料成本與成品體積重量等等，將內建的時脈來源升級，提供更多的時脈選擇供使用者挑選，如圖 7-2。使用內建時脈時，應注意到雖然選項眾多，但內

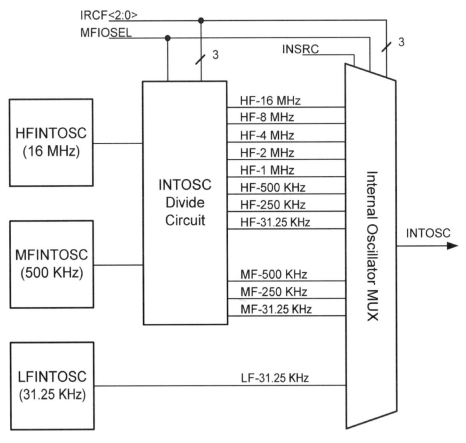

圖 7-2　內部時脈震盪器電路架構

建時脈的設計基本上是以 RC 震盪電路為基礎，只是利用 IC 製程直接嵌入到微控制器電路中。因此其時脈頻率精確度將隨著生產批次而略有差異，同時也會隨著操作環境溫度與溼度的變化而出現些許變化。

　　使用內部時脈電路作為微控制器系統時脈來源時，使用者可以選擇低中高三種基本時脈來源，部分可以再經過鎖相迴路的處理後提高頻率，或經由除頻器降頻，而得以提供使用者應用更多時脈變化。

▎鎖相迴路

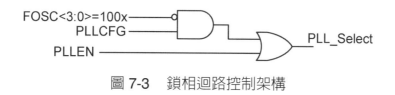

圖 7-3　　鎖相迴路控制架構

　　鎖相迴路（Phase-Lock Loop, PLL）是提供使用者利用低頻率的震盪電路提升為高系統時頻率的一個選項，特別有助於使用者對於高頻震盪電路所產生的電磁波干擾有顧慮的設計。使用 PLL 時，必須注意系統提升後最高頻率不可以超過 64 MHz；但是當震盪電路的時脈未達 4 MHz 時，也不建議使用 PLL 提升系統時脈頻率。震盪電路不穩定時，鎖相迴路也會脫鎖而失去作用，使用者可以藉由檢查 PLLRDY 位元得知鎖相迴路目前的操作狀況。

▎輔助時脈來源

　　除了前述的一般時脈選擇外，使用者可以選擇使用輔助（Secondary Clock）時脈來源，或者是提供作為 TIMER1/3/5 外部時脈來源的訊號作為系統時脈。通常這些時脈的頻率較低，但是會使用較為精準的電路作為計時的依據，當系統需要切換到較為省電的操作時，可以利用輔助時脈來源作為系統時脈的依據。

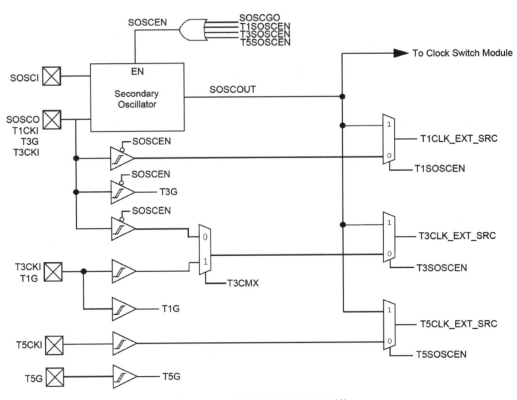

圖 7-4　輔助時脈來源架構

7.5　監視計時器

　　監視計時器是一個獨立執行的系統內建 RC 震盪電路計時器，因此並不需要任何的外部元件。由於使用獨立的震盪電路，因此監視計時器即使在系統的時脈來源故障或停止時，例如睡眠模式下，仍然可以繼續地執行而不會受到影響。

　　監視計時器的結構方塊圖如圖 7-5 所示。

　　在正常的操作下，監視計時器的計時中止（Time-Out）或溢位（Overflow）將會產生一個系統的重置（RESET）；但是，如果系統是處於睡眠模式下，則監視計時器的計時中止將會喚醒微控制器進而恢復正常的操作模式。當發生計時中止的事件時，RCON 暫存器中的狀態位元 $\overline{\text{TO}}$ 將會被清除為 0。

　　監視計時器是可以藉由系統設定位元來開啟或關閉的。如果監視計時器

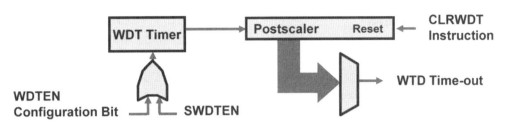

圖 7-5　監視計時器的結構方塊圖

的功能被開啟，則在程式的執行中將無法停止這個功能；但是如果監視計時器致能位元 WDTEN 被清除為 0 時，則可以藉由監視計時器軟體控制位元 SWDTEN 來控制計時器的開啟或關閉。

　　監視計時器並配備有一個後除器的降頻電路，可以設定控制位元 WDTPS2: WDTPS0 選擇 1～8 倍的比例來調整計時中止的時間長度。

7.6　睡眠模式

　　應用程式可藉由執行一個 SLEEP 指令，而讓微控制器進入節省電源的睡眠模式。

　　在執行 SLEEP 指令的同時，監視計時器的計數器內容將會被清除為 0，但是將會持續地執行計時的功能，同時 RCON 暫存器的 $\overline{PD}$ 狀態位元將會被清除為 0 表示進入節能（Power-Down）狀態，$\overline{TO}$ 狀態位元將會被設定為 1，而且微控制器的震盪器驅動電路將會被關閉。每一個數位輸出入腳位將會維持進入睡眠模式之前的狀態。

　　為了要在這個模式下得到最低的電源消耗，應用程式應當將所有的數位輸出入腳位設定為適當的電壓狀態，以避免外部電路持續地消耗電能，並且關閉類比訊號轉換模組及中斷外部時序驅動電路。

▋喚醒微控制器

■下列事件可以用來將微控制器從睡眠模式中喚醒（Wake-up）

- 外部系統重置輸入訊號
- 監視計時器喚醒
- 中斷腳位、RB 輸入埠的訊號改變或者周邊功能所產生的中斷訊號

■可以喚醒微控制器的周邊功能所產生的中斷訊號包括（但不限於）

- 受控模式平行輸入埠（Parallel Slave Port）的讀寫
- 非同步計數器操作模式下的 TIMER1/3/5 計時器中斷
- CCP 模組的輸入訊號捕捉中斷
- MSSP 傳輸埠的傳輸開始／中止位元偵測中斷
- MSSP 受控（Slave）模式下的資料收發中斷
- USART 同步資料傳輸受控（Slave）模式下的資料收發中斷
- 使用內部 RC 時序來源的類比數位訊號轉換中斷
- EEPROM 寫入程序完成中斷
- （高）低電壓偵測中斷

如果微控制器是藉由中斷的訊號從睡眠模式下喚醒，應用程式必須要注意喚醒時相關中斷執行函式的運作與資料儲存，以避免可能的錯誤發生。

7.7 閒置模式

傳統微控制器僅提供正常執行模式與睡眠模式，應用程式的功能受到相當大的限制；為了省電而進入睡眠模式時，大部分的周邊硬體一併隨著關閉功能，使得微控制器幾乎進入了冬眠狀態而無法進行任何的工作。為了改善這個缺失，新的微控制器提供了一個所謂的閒置模式，在這個額外的閒置模式下，應用程式可以將核心處理器的程式指令運作暫停以節省電能，同時又可以選擇性的設定所需要的周邊硬體功能繼續執行相關的工作。而當周邊硬體操作滿足

某些特定條件而產生中斷的訊號時，便可以藉由中斷重新喚醒核心處理器執行所需要應對的工作程序。為了達成不同的執行目的與節約用電能的要求，閒置模式的設定可分為下列三種選擇：

- PRI_IDLE
- SEC_IDLE
- RC_IDLE

各個執行模式下的微控制器功能差異如表 7-3 所示。

表 7-3　各個執行模式下的微控制器功能差異

模式	核心處理器（CPU）	周邊硬體（Peripheral）
RUN	ON	ON
IDLE	OFF	ON
SLEEP	OFF	OFF

閒置模式是藉由 OSCCON 暫存器的 IDLEN 位元所控制的，當這個位元被設定為 1 時，執行 SLEEP 指令將會使微控制器進入閒置模式；進入閒置模式之後，周邊硬體將會改由 SCS1:SCS0 位元所設定的時序來源繼續操作。改良的微控制器時序震盪來源設定的選擇如表 7-4 所示。

一旦進入閒置模式後，由於核心處理器不再執行任何的指令，因此可以離開閒置模式的方法就是中斷事件的發生、監視計時器溢流（Overflow）及系統重置。

■ PRI_IDLE 模式

在這個模式下，系統的主要時序來源將不會被停止運作，但是這個時序只會被傳送到微控制器的周邊裝置，而不會被送到核心處理器。這樣的設定模式主要是為了能夠縮短系統被喚醒時重新執行指令所需要的時間延遲。

表 7-4　改良的微控制器時序震盪來源設定的選擇

模式	OSCCON（位元設定）		模組時序操作		可用時序與震盪器來源
	IDLEN <7>	SCS1:SCS0 <1:0>	CPU	Peripherals	
Sleep	0	N/A	Off	Off	None: All clocks are disabled
PRI_RUN	N/A	00	Clocked	Clocked	Primary: LP, XT, HS, HSPLL, RC, EC and Internal Oscillator Block. This is the normal full power execution mode.
SEC_RUN	N/A	01	Clocked	Clocked	Secondary: Timer1 Oscillator
RC_RUN	N/A	1x	Clocked	Clocked	Internal Oscillator Block
PRI_IDLE	1	00	Off	Clocked	Primary: LP, XT, HS, HSPLL, RC, EC
SEC_IDLE	1	01	Off	Clocked	Secondary: Timer1 Oscillator
RC_IDLE	1	1x	Off	Clocked	Internal Oscillator Block

■ SEC_IDLE 模式

在這個模式下，系統的主要時序來源將會被停止，因此核心處理器將會停止運作；而微控制器的其他周邊裝置將會藉由計時器 TIMER1 的時序持續地運作。這樣的設定可以比 PRI_IDLE 模式更加的省電，但是在系統被喚醒時，必須要花費較多的時間延遲來等待系統主要時序來源恢復正常的運作。

■ RC_IDLE 模式

這個閒置模式的使用，將可以提供更多的電能節省選擇。當系統進入閒置模式時，核心處理器的時序來源將會被停止，而其他的周邊裝置將可以選擇性的使用內部 RC 時序來源的時序進行相關的工作。而由於內部的時序來源可藉由程式調整相關的除頻器設定，因此可以利用軟體調整閒置模式下周邊裝置的執行速度，而達到調整電能與節省電能選擇的目的。

7.8 特殊的時序控制功能

在較新的 PIC18 系列微控制器中，對於時序控制的功能有許多加強的功能，包括：

- 兩段式時序微控制器啓動程序
- 時序故障保全監視器

兩段式時序微控制器啟動程序

兩段式時序微控制器啓動程序的功能，主要是爲了減少時序震盪器啓動與微控制器可以開始執行程式碼之間的時間延遲。在較新的微控制器中，如果應用程式使用外部的石英震盪時序來源時，應用程式可以將兩段式時序啓動的程序功能開啓；在這個功能開啓的狀況下，微控制器將會先使用內部的時序震盪來源作爲程式執行的控制時序，直到主要的時序來源穩定而可以使用爲止。因此，在這個功能被開啓的狀況下，當系統重置或者微控制器由睡眠模式下被喚醒時，微控制器將會自動使用內部時序震盪來源立刻進行程式的執行，而不需要等待石英震盪電路的重新啓動與訊號穩定所需要的時間，因此可以大幅地縮短時間延遲的影響。

時序故障保全監視器

時序故障保全監視器（Fail-Safe Clock Monitor）是一個硬體電路，藉由內部 RC 震盪時序的開啓，持續地監測微控制器主要的外部時序震盪來源是否運作正常；當外部時序故障時，時序故障保全監視器將會發出一個中斷訊號，並將微控制器的時序來源切換至內部的 RC 震盪時序，以便使微控制器持續地操作，並藉由中斷訊號的判斷作適當的工作處理，可安全有效地保護微控制器操作。

在離開這個章節之前，利用範例程式 7-1 來說明使用程式軟體完成相關系統功能設定的撰寫方式。

┌─────────┐
│ 範例 7-1 │
└─────────┘

　　修改範例程式 6-1，將所有相關的微控制器系統功能設定項目包含到應用
程式中。

```
;*********************************************************
;*                    Ex7_1.ASM
;*    範例程式示範如何在程式中設定結構位元 configuration bits
;*********************************************************
        list p = 18f45k22              ; 宣告程式使用的微控制器
        #include <p18f45k22.inc>       ; 將微處理器相暫存器與其他符號
                                        的定義檔
                                       ; 包含到程式檔中
        CONFIG  FOSC=HSMP, BOREN=OFF, BORV = 190, PWRTEN=ON,
                WDTEN=OFF,  LVP=OFF
;
        CONFIG  CCP2MX = PORTC1, STVREN=ON,  DEBUG=OFF
        CONFIG  CP0=OFF, CP1=OFF, CP2=OFF, CP3=OFF, CPB=OFF, CPD=OFF
        CONFIG  WRT0=OFF, WRT1=OFF, WRT2=OFF, WRT3=OFF
        CONFIG  WRTC=OFF, WRTB=OFF, WRTD=OFF
        CONFIG  EBTR0=OFF, EBTR1=OFF, EBTR2=OFF, EBTR3=OFF,
                EBTRB=OFF
;
VAL_US      equ     .147     ; 1ms 延遲數值。
VAL_MS      equ     .100
count       equ     0x20     ;定義儲存延遲所需數值暫存器
count_ms    equ     0x21     ;定義儲存 1ms 延遲所需數值暫存器
;Program
;
;**********************************************
```

```
;              程式開始                                    *
;* * * * * * * * * * * * * * * * * * * * * * * * * * * * * * *
        org 0x00                         ;重置向量
                        :
                        :
                        :
;

                end
```

在範例程式中，使用 CONFIG 虛擬指令對於各個設定位元的功能做詳細的定義。在第一行列出了比較常用或者較常修改的設定位元功能：

```
CONFIG OSC = HSMP, BOR = OFF, BORV = 25, PWRT = ON, WDT = OFF
```

其他相關的系統功能設定位元則列在接續的數行中，所列出的是組譯器的預設值。如果應用程式使用的是預設值的話，並不需要將這些功能全部的列出，而只需要列出想要修改的設定位元即可。

至於在 MPLAB X IDE 發展環境下的視窗選項 Configuration Bits 進行微處理器設定的修改方式，請參考附錄 A 的說明。

CHAPTER

7

中斷與周邊功能運用

8.1　基本的周邊功能概念

在前一個章節的數位輸出入埠使用程式範例中，相信讀者已經學習到如何使用微控制器的腳位做一般輸出或者輸入訊號運用的方法。應用程式可以利用輸入訊號的狀態決定所要進行的資料運算與動作，並且利用適當的暫存器記取某一些事件發生的次數，以便作為某些事件觸發的依據。

在微控制器發展的早期，也就是所謂的微處理器階段，核心處理器本身只能夠做一些數學或者邏輯的計算，並且像前一章的範例一樣利用資料暫存器的記憶空間保留某一些事件的狀態。這樣的方式雖然可以完成某一些工作，但是由於所有的處理工作都要藉由指令的撰寫以及核心處理器的運算才能夠完成，因此不但增加程式的長度以及撰寫的困難，甚至微處理器本身執行的速度效率上都會有相當大的影響。

為了增加微處理器的速度以及程式撰寫的方便，在後續的發展上將許多常常應用到的外部元件，例如計數器、EEPROM、通訊元件、編碼器等等周邊元件（Peripherals），逐漸地納入到微控制器的系統裡面，而成為單一的系統晶片（System On Chip, SOC）。所以隨著微控制器的發展，不但在核心處理器的功能與指令逐漸地加強；而且在微控制器所包含的周邊元件也一直在質與量方面不斷地提升，進而提高了微控制器的應用層次與功能。

為了要將這些周邊元件完整的合併到微處理器上，通常製造廠商都會以檔案暫存器系統（File Register System）的觀念來進行相關元件的整合。基本上，以 PIC18 系統微控制器為例，所有的內建周邊功能元件都會被指定由相關的特殊功能暫存器作爲一個介面。核心處理器可以藉由指令的運作將所需要設定的周邊元件操作狀態寫入到相關的暫存器中而完成設定的動作，或者是藉由某一個暫存器的內容來讀取特定周邊功能目前的狀態或者設定條件。由 PIC18F45K22 微控制器的架構圖，如圖 2-1，便可以看到這些相關的周邊元件是與一般的記憶體在系統層次有著相同的地位，它們都使用同樣的資料傳輸匯流排與相關的指令來與核心處理器作資料的溝通運算。這些相關的特殊功能暫存器便成爲周邊功能元件與核心處理器之間的一個重要橋梁，因此在微控制器的記憶體中，特殊功能暫存器占據了一個相當大的部分。而要提升微控制器的使用效率，必須要詳細地了解相關特殊功能器的設定與使用。

基本的 PIC18 微控制器周邊功能包括：

- 外部中斷腳位
- 計時器／計數器
- 輸入捕捉／輸出比較／波寬調變（CCP）模組
- 高採樣速率的 10 位元類比數位訊號轉換器模組
- 類比訊號比較器

在這一章，我們將以幾個簡單的範例來說明使用周邊元件的程式撰寫，並藉由不同範例的比較讓讀者了解善用周邊元件的好處。在這裡，我們將使用一個最簡單的計時器與計數器的使用，說明相關的周邊元件使用技巧與觀念。其他周邊元件詳細的使用方法，將會在後續的章節中逐一地說明，並作深入的介紹與程式示範。

8.2　計數的觀念

在前一章的範例程式中，爲了要延遲時間，我們利用幾個暫存器作爲計數內容的儲存，當計數內容達到某一個設定的數值時，經過比較確定，核心處理器便會執行所設定的工作以達到時間延遲的目的。在這裡，我們用一個較爲簡單的範例來重複這樣的觀念，以作爲後續範例程式修改的參考依據。

範例 8-1

　　利用按鍵 SW3 作為輸入訊號，當按鍵被觸發累計次數達到四次時，將發光二極體高低四個位元的燈號顯示狀態互換。

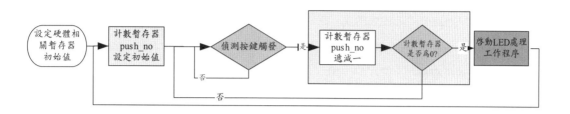

```
list  p=18f45k22
#include   <p18f45k22.inc>    ; 納入定義檔
;
count_val  equ    .4                ; 燈號反轉所需計數數值
;
VAL_500US  equ    .250   ; 0.5ms delay value
;
count_us   equ    0x20      ; Define temp reg. for 1ms delay
push_no    equ    0x23      ; 儲存計數數值的暫存器位址
                            ; Register for number of button push
;
; * * * * * * * * * * * * * * * * * * * * * * * * * * * * * *
;          Program start                        *
; * * * * * * * * * * * * * * * * * * * * * * * * * * * * * *
          org     0x00     ; reset vector
initial:  banksel ANSELD   ; 初始化微控制器
          clrf    ANSELD   ; 將 PORTD 設為數位輸出入。
          bcf     ANSELA, 4 ; 將 PORTA,RA4 腳位設定為數位訊號輸出入
          movlw   b'00010000' ; 設定 RA4 為數位輸入
```

CHAPTER

8

```
        iorwf   TRISA,f,0   ; a=0 使用擷取區塊 Access Block
                            ; 將 PORTD 埠設定為訊號輸入，並點亮
                            ; LED0~3
        clrf    LATD, 0     ; Clear LATD
        clrf    TRISD, 0    ; Set PORTD for LED output
        movlw   0x0f        ; Turn on LED0~3
        movwf   LATD, 0
        banksel push_no     ; 將設定累加的計數次數存入到暫存器中
        movlw   count_val
        movwf   push_no
;
;*********** Main ********************
;
start:

        btfsc   PORTA,4,0   ; 檢查按鍵狀態，如按下時跳行
        goto    start
        call    delay_500us ; 延遲 0.5ms 去除按鍵彈跳
        btfss   PORTA,4,0   ; 按鍵鬆開後跳行執行
        goto    start
                            ; 將 push_no 暫存器的數值遞減 1 並檢查是否
                            ; 為 0
        banksel push_no
        decfsz  push_no
        goto    start       ; 不為零則重複循環
        swapf   LATD,f,0    ; 若為 0 則對調燈號，並將計數內容重置
        banksel push_no
        movlw   count_val
        movwf   push_no
```

```
            goto    start           ;程式循環
;
;-------- 0.5 ms delay routine -----------
;
delay_500us:
            movlw   VAL_500US
            movwf   count_us,0
dec_loop    nop
            nop
            decfsz  count_us,F,0
            goto    dec_loop
            return
;
            end
```

CHAPTER

8

　　在上面的程式中，使用 push_no 暫存器儲存計數次數的內容；因此每一次循環，必須要遞減更新這個暫存器並作爲次數判斷比較的依據。除此之外，主程式每一次循環必須要去檢查 PORTA, RA4 位元的狀態，以決定按鍵是否被觸發。這樣的作法，雖然可以達到程式設計的目的，但是核心處理器必須要多花費一些時間來進行相關腳位的判讀，以及暫存器內容的讀寫計算（例如遞加或遞減）。還記得我們在做邏輯電路回顧時曾經介紹過的計數器邏輯元件嗎？在PIC18F45K22微處理器上爲了增加處理效能便有著這樣的計數器周邊元件。爲了追求更有效率的作法，讓我們改變程式以使用計數器的程式來觀察一些可行的作法。

　　在後續的範例程式中，我們計畫使用計數器 TIMER0 這個周邊元件來儲存計數的內容。由於按鍵 SW3 所接的 RA4 腳位也正好就是計數器 TIMER0 的外部訊號輸入腳位，因此我們可以直接利用計數器 TIMER0 周邊元件來記錄按鍵 SW3 被觸發的次數。在介紹範例程式內容前，讓我們先說明計數器 TIMER0 的硬體架構及相關的設定與使用方法，讓讀者了解微控制器中使用周邊元件的方法與觀念。

8.3 TIMER0計數器／計時器

TIMER0 計時器／計數器是 PIC18F45K22 微控制器中最簡單的一個計數器，它具備有下列的特性：

- 可由軟體設定選擇爲 8 位元或 16 位元的計時器或計數器。
- 計數器的內容可以讀取或寫入。
- 專屬的 8 位元軟體設定前除器（Prescaler）或者稱作除頻器。
- 時序來源可設定爲外部或內部來源。
- 溢位（Overflow）時產生中斷事件。在 8 位元狀態下，於 0xFF 變成 0x00 時；或者在 16 位元狀態下，於 0xFFFF 變成 0x0000 時產生中斷事件。
- 當選用外部時序來源時，可使用軟體設定觸發邊緣形態（H → L 或 L → H）。
- 與 TIMER0 計時器相關的 T0CON 設定暫存器位元內容與定義如表 8-1 所示。

表 8-1　T0CON 設定暫存器位元內容與定義

R/W-1	R/W-1	R/W-1	R/W-1	R/W-1	R/W-1	R/W-1	R/W-1
TMR0ON	T08BIT	T0CS	T0SE	PSA	T0PS2	T0PS1	T0PS0

bit 7　　　　　　　　　　　　　　　　　　　　　　　　　　　　bit 0

bit 7　**TMR0ON:**　Timer0 On/Off Control bit
　　　　1 = 啓動 Timer0 計時器。
　　　　0 = 停止 Timer0 計時器。

bit 6　**T08BIT:**　Timer0 8-bit/16-bit Control bit
　　　　1 = 將 Timer0 設定爲 8 位元計時器／計數器。
　　　　0 = 將 Timer0 設定爲 16 位元計時器／計數器。

bit 5　**T0CS:**　Timer0 Clock Source Select bit
　　　　1 = 使用 T0CKI 腳位脈波變化。
　　　　0 = 使用指令週期脈波變化。

bit 4 **T0SE:** Timer0 Source Edge Select bit

    1 = T0CKI 腳位 H→L 電壓邊緣變化時遞加。

    0 = T0CKI 腳位 L→H 電壓邊緣變化時遞加。

bit 3 **PSA:** Timer0 Prescaler Assignment bit

    1 = 不使用 Timer0 計時器的前除器。

    0 = 使用 Timer0 計時器的前除器。

bit 2-0 **T0PS2:T0PS0:** Timer0 計時器前除器設定位元。Timer0 Prescaler

    Select bits

    111 = 1:256 prescale value

    110 = 1:128 prescale value

    101 = 1:64 prescale value

    100 = 1:32 prescale value

    011 = 1:16 prescale value

    010 = 1:8 prescale value

    001 = 1:4 prescale value

    000 = 1:2 prescale value

      對於 TIMER0 計數器的功能先暫時簡單地介紹到此，詳細的功能留到後面介紹其他計時器／計數器章節時再一併詳細說明。現在先讓我們看看修改過後的範例程式內容。

    範例 8-2

      利用 TIMER0 計數器計算按鍵觸發的次數，設定計數器初始值為 0，使得當計數器內容符合設定值時，進行發光二極體燈號的改變。

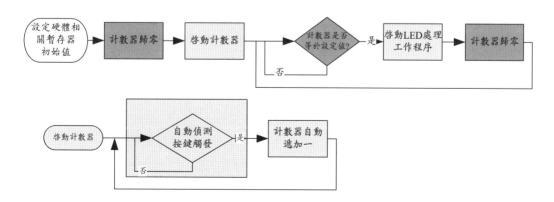

CHAPTER

8

```
        list p=18f45k22
        #include    <p18f45k22.inc>      ; 納入定義檔
        count_val   equ     .4           ; 燈號反轉所需計數數值
        ;
        ;******************************************
        ;          Program start                  *
        ;******************************************
                    org     0x00         ; reset vector
        initial:
                    banksel ANSELD        ; 初始化微控制器
                                          ; 將 PORTD 設爲數位輸出。
                    clrf    ANSELD        ; 將 PORTA, RA4 腳位設定爲數位訊號
                                          ; 輸入
                    bcf     ANSELA, 4
        ;
                    bsf     TRISA, 4, 0   ; a = 0 for access bank SFR

                    clrf    TRISD, 0      ; Set PORTD for LED output
                    clrf    LATD, 0       ; Clear LATD
                    movlw   0x0f
                    movwf   LATD, 0
                                          ; 設定 TIMER0 作爲 8 位元的計數器
                                          ; 並使用外部訊號輸入位元
                    movlw   b'11101000'   ; 設定暫存器所需的設定內容
                    movwf   T0CON, 0      ; 將設定內容存入 T0CON 暫存器
                    clrf    TMR0L, 0      ; 將計數器暫存器 TMR0L 內容清除
                                          ; 爲 0
        ;
        ;*********** Main ********************
        ;
```

```
start:
        movlw   count_val       ; 將 TIMER0 的計數內容與 count_val
        subwf   TMR0L, W        ; 做比較並決定燈號的切換
        btfss   STATUS, Z, 0
        goto    start
        swapf   LATD, f, 0
        clrf    TMR0L, 0
        goto    start
;
        end
```

　　當程式將 b'11101000' 寫入到 T0CON 控制暫存器時，根據暫存器位元定義表 8-1，在這個指令中便完成下列的設定動作：

　　第七位元：設定 1 將計數器開關位元開啓。
　　第六位元：設定 1 將 TIMER0 設定爲 8 位元計數器。
　　第五位元：設定 1 選擇外部時序輸入來源作爲計數器的觸發脈搏。
　　第四位元：設定 0 選擇 L → H 電壓變換邊緣作爲觸發訊號。
　　第三位元：設定 1 關閉前除器設定。
　　第○～二位元：由於前除器關閉，因此設定位元狀態與計數器運作無關。

　　除非周邊功能較爲複雜，大部分周邊功能的設定就是如此的簡單，可以在一個指令執行週期內完成相關的設定。由於按鍵 SW3 的訊號已經連接到 PORTA, RA4 的腳位，而且這個腳位與 T0CKI（TIMER0 時序輸入）的功能作多工的處理；因此當我們將 TIMER0 計數器的功能開啓並選擇外部時序輸入來源時，這一個腳位便可以直接作爲 TIMER0 時序輸入的功能。而爲了謹愼起見，在初始化的開始，程式也將 PORTA, RA4 的腳位設定爲數位輸入腳位。在初始化的最後，程式將 TIMER0 計數器的內容清除爲零，以便將來從 0 開始計數。

在接下來的主程式迴圈中，由於 TIMER0 計數器的周邊硬體能夠自行獨立地偵測輸入訊號脈波的時序變化，程式中不再需要做按鍵動作偵測的工作。因此，程式的內容大幅地簡化，進而可以提高程式執行的速度。而在每一次迴圈的執行中，藉由 subwf 指令將計數器的計數內容 TMR0L 與設定的按鍵次數 count_val 相比較；當比較結果相等時，z 旗標為 1，便執行燈號切換的動作。

從這個範例中，相信讀者已經感受到使用周邊硬體的效率與方便。特別是程式撰寫時，如果能夠完全地了解相關的硬體功能與設定的技巧，所撰寫出來的應用程式將會是非常有效率的。而這也是本書內容的規劃先由微控制器組合語言開始學習的原因，因為只有這樣的方法才能夠讓讀者完全地了解到相關硬體的功能與設定的方法。即便在未來讀者改用高階程式語言，例如以 C 程式語言來撰寫相關的應用程式時，也能夠因為對於周邊硬體與核心處理器功能的深刻了解，而能夠撰寫出具備高度執行效率的應用程式。

在離開 TIMER0 計數器的相關探討之前，讓我們再看一個類似的 TIMER0 應用程式。

範例 8-3

利用 TIMER0 計數器計算按鍵觸發的次數，設定適當的計數器初始值，使得當計數器內容為 0 時，進行發光二極體燈號的改變。

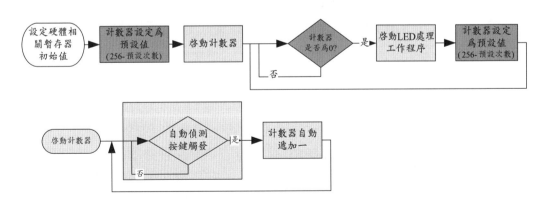

```
list  p=18f45k22
#include           <p18f45k22.inc>      ; 納入定義檔 ;
count_val          equ   (.256-.4)      ; 燈號反轉所需計數數值
;
;*************************************
;        Program start          *
;*************************************
          org    0x00              ; reset vector
initial:
          banksel ANSELD           ; 初始化微控制器
                                    ; 將 PORTD 設為數位輸出。
          clrf    ANSELD           ; 將 PORTA, RA4 腳位設定為數
                                    ; 位訊號輸入
          bcf     ANSELA, 4
          bsf     TRISA, 4, 0      ; a = 0 for access bank SFR
;
          clrf    TRISD, 0         ; Set PORTD for LED output
          clrf    LATD, 0          ; Clear LATD
          movlw   0x0f
          movwf   LATD, 0
                                    ; 設定 TIMER0 作為 8 位元的計數器
                                    ; 並使用外部訊號輸入位元
          movlw   b'11101000'      ; 設定暫存器所需的設定內容
          movwf   T0CON, 0         ; 將設定內容存入 T0CON 暫存器
          clrf    TMR0L, 0         ; 將計數器暫存器 TMR0L 內容清除
                                    ; 為 0
;
;*********** Main ********************
;
start:
```

```
                                        ; 將 TIMER0 的計數內容與 count
                                        ; _val 做比較並決定燈號的切換
        tstfsz   TMR0L, 0               ; 檢查計數器內容 TMR0L 是否為 0
        goto     start                  ; 不是，繼續程式迴圈
        swapf    PORTD, f, 0            ; 是，進行燈號切換
        movlw    count_val
        movwf    TMR0L, 0
        goto     start
;
              end
```

在這個範例程式中，以檢查 TIMER0 計數器內容是否為 0 作為燈號切換的標準；因此在計數器初始值 count_val 的設定上，使用 256 – 4 的計算方式。這樣的作法有兩個好處：

1. 組合語言指令中提供了檢查內容是否為 0 的指令 tstfsz，因此不再需要使用減法等多個指令來檢查計數器內容是否符合。

2. PIC18F45K22 微控制器的所有計數器，包括 TIMER0 計數器在內，都提供了在溢流（Overflow）時觸發中斷的功能。這個溢流觸發中斷的功能雖然就好像在檢查 TIMER0 計數器的內容是否為 0，但是這一個特殊的中斷訊號卻可以讓微控制器在溢流發生的瞬間便執行所需要的工作，而非使用輪詢（Polling）的方式，也就是前面的範例程式利用迴圈不斷地讀取計數器內容並檢查是否符合的方式。或許在這些短短數行的範例程式中讀者無法體驗它們的差異，但是當應用程式需要即時執行某一件與周邊功能或者核心處理器之間發生相關的動作時，中斷的使用是非常重要且關鍵的。

接下來，就讓我們介紹微控制器中斷事件發生相關的概念與技巧。

8.4　中斷

　　PIC18F45K22 微控制器有多重的中斷來源與中斷優先順序安排的功能，中斷優先順序允許每一個中斷來源被設定擁有高優先層次或者低優先層次的順序。高優先中斷向量的程式起始位址是在 0x08，而低優先中斷向量的程式起始位址則是在 0x18。如果中斷優先層級的功能有開啓的話（IPEN=1），當高優先權中斷事件發生時，任何正在執行中的低優先權中斷程式將會被暫停執行而優先執行高優先中斷函式。

　　也就是說，當中斷記號發生時，例如 TIME 發生溢流（0xFF → 0x00）時，系統將會像呼叫函式（call）一樣自動切換到 0x08 或 0x18 的程式記憶體繼續執行程式。因爲脫離了正常程式的執行，因此被稱作「中斷」；但是在中斷執行函式的最後會以 RETFIE 返回原來正常程式繼續原來的程式執行。

　　總共有十幾個的暫存器被用來控制中斷的操作，這些暫存器包括：

- RCON　　重置暫存器
- INTCON　　核心功能中斷控制暫存器
- INTCON2　　核心功能中斷控制暫存器 2
- INTCON3　　核心功能中斷控制暫存器 3
- PIR1~PIR5　　周邊功能中斷旗標狀態暫存器
- PIE1~PIE5　　周邊功能中斷設定暫存器
- IPR1~IPR5　　周邊功能中斷優先設定暫存器

　　在程式中，建議將相對應的微控制器包含檔（如 p18f45k22.inc）納入程式中，以方便程式撰寫時可以直接引用暫存器以及相關位元的名稱。

　　PIC18F45K22 微控制器的中斷結構示意圖如圖 8-1 所示。在結構示意圖中，可以看到每一個中斷訊號來源都是藉由 AND 邏輯閘來作爲中斷訊號的控制。當某一個特定功能的中斷事件被設定爲高優先權時，必須要 AND 閘的三個輸入都同時爲 1 才能夠使 AND 閘輸出 1，才能夠將中斷的訊號向上傳遞。而所有的功能中斷都會經過一個 OR 邏輯閘，因此只要有任何一個中斷事件發生，便會向核心處理器發出一個中斷訊號。但是，在這個中斷訊號傳達到核心處理器之前，又必須通過由 IPEN、PEIE 及 GIE（或 GIEH 及 GIEL）等訊號利用 AND 閘所建立的訊號控制。因此，如果應用程式需要利用中斷功能的話，必

CHAPTER

8

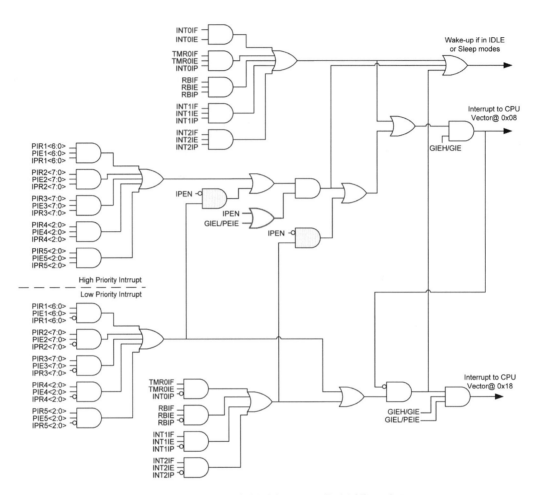

圖 8-1 PIC18F45K22 微控制器的中斷結構示意圖

須將這些位元妥善的設定，才能夠在適當的時候將中斷訊號傳達至核心處理器。

除此之外，當有任何一個高優先中斷事件的發生時，這個訊號將會透過一個 NOT 閘與 AND 閘的功能使低優先中斷事件的訊號無法通過，而使核心處理器優先處理高優先中斷所對應的事件。

除了 INT0 之外，每一個中斷來源都有三個相關的位元來控制相對應的中斷操作。這些控制位元的功能包括：

- 旗標（Flag）位元：用來指示某一個中斷事件是否發生。
- 致能（Enable）位元：當中斷旗標位元被設定時，允許程式執行跳換到中斷向量所在的位址。

• 優先（Priority）位元：用來選擇高優先或低優先順序。

中斷優先層級的功能是藉由設定 RCON 暫存器的第七個位元，IPEN，來決定開啟與否。當中斷優先層級的功能被開啟時，有兩個位元被用來開關全部的中斷事件發生。設定 INTCON 暫存器的第七個位元（GIEH）為 1 時，將開啟所有優先位元設定為 1 的中斷功能，也就是高優先中斷；設定 INTCON 暫存器的第六個位元（GIEL）為 1 時，將開啟所有優先位元設定為 0 的中斷功能，也就是低優先中斷。當中斷旗標，致能位元及適當的全域中斷致能位元被設定為 1 時，依據所設定的優先順序，中斷事件將使程式執行立即跳換到程式記憶體位址 0x08 或者 0x18 的指令。個別中斷來源的功能可以藉由清除相對應的致能位元而關閉其功能。

當中斷優先順序致能位元 IPEN 被清除為 0 時（預設狀態），中斷優先順序的功能將會被關閉，而此時中斷功能的使用將和較低階的 PIC 微處理器相容。在這個相容模式下，任何一個中斷優先位元都是沒有作用的。

在相容模式下，在中斷控制暫存器 INTCON 的第六個位元，PEIE，掌管所有周邊功能中斷來源的開啟與否。INTCON 的第七個位元 GIE 則管理全部的中斷來源開啟與否。所有中斷將會使程式執行直接跳換到程式記憶體位址 0x08 的指令。如果中斷優先致能位元 IPEN 被清除為 0，當微控制器發生一個中斷反應時，全域中斷致能位元 GIE 會被清除為 0 以暫停更多的中斷發生。如果 IPEN 被設定為 1 而啟動中斷優先順序的功能，視中斷位元所設定的優先順序，GIEH 或者 GIEL 會被清除為 0。高優先中斷事件來源的發生可以中斷低優先順序中斷的執行。

當中斷發生時，程式返回的位址將會被推入到堆疊中，程式計數器並會被載入中斷向量的位址（0x08 或 0x18）。一旦進入中斷執行函式，可以藉由檢查中斷旗標位元來決定中斷事件的來源。在重新開啟中斷功能之前，必須要藉由軟體清除相對應的中斷旗標以免重複的中斷發生。在低優先中斷執行函式的程式中，千萬不要使用 MOVFF 等執行時間較長的指令；否則將可能會因高優先中斷的發生使微控制器不正常地運作。

在執行完成中斷執行函式的時候，必須使用 RETFIE（由中斷返回）指令結束函式的執行；這個指令並會將 GIE 位元設定為 1，以重新開啟中斷的功能。如果中斷優先順序位元 IPEN 被設定的話，RETFIE 將會設定所對應的 GIEH

或者 GIEL。離開中斷執行函式前。使用者程式必須將觸發中斷事件的相關功能中斷旗標重置為 0 以避免再度進入中斷執行函式。

對於外部訊號所觸發的中斷事件，例如所有的 INT 觸發腳位或者 PORTB 輸入變化中斷，將會有三到四個指令執行週期的中斷延遲時間。不論一個中斷來源的致能位元或者全域中斷位元是否已經被開啓，當中斷事件發生時，所對應的個別中斷旗標將會被設定為 1。因此當 GIE/PEIE（或 GIEH/GIEL）被恢復為 T 時，如果仍有中斷旗標為 1 的慶，將會因此而再次觸發中斷。

8.5 中斷過程中的資料暫存器儲存

當中斷發生時，程式計數器的返回位置將會被儲存在堆疊暫存器中。除此之外，三個重要的暫存器 WREG、STATUS 及 BSR 的數值將會被儲存到快速返回堆疊（Fast Return Stack）。如果在中斷執行函式結束的時候應用程式沒有使用快速中斷返還指令（retfie fast），使用者將需要在進入中斷函式時把上述三個暫存器的內容儲存在特定的暫存器中。同時，使用者必須根據應用程式的需要，自行將其他重要的暫存器內容作適當地儲存，以便返回正常程式執行後這些暫存器可以保持進入中斷前的數值。讀者可以參考下面的簡單範例進行暫存器 WREG、STATUS 及 BSR 的資料儲存。使用時必須注意暫存器區塊的設定；因為 MOVEF 執行時間為兩個週期，如果在低優先中斷函式，則需要以 MOVF 及 MOVWF 取代 MOVFF。

```
MOVWF    W_TEMP                    ;W_TEMP is in virtual  bank
MOVFF    STATUS, STATUS_TEMP       ;STATUS_TEMP located anywhere
MOVFF    BSR, BSR_TEMP             ;BSR located anywhere
;
; USER ISR CODE
;
MOVFF    BSR_TEMP, BSR             ; Restore BSR
MOVF     W_TEMP, W                 ; Restore WREG
MOVFF    STATUS_TEMP,STATUS        ; Restore STATUS
```

中斷相關的各個暫存器位元定義如表 8-2 所示。

核心功能中斷控制暫存器

■ INTCON

表 8-2(1)　INTCON 核心功能中斷控制暫存器位元定義

R/W-0	R/W-0	R/W-0	R/W-0	R/W-0	R/W-0	R/W-0	R/W-x
GIE/GIEH	PEIE/GIEL	TMR0IE	INT0IE	RBIE	TMR0IF	INT0IF	RBIF

bit 7 　　　　　　　　　　　　　　　　　　　　　　　　　bit 0

bit 7 **GIE/GIEH:** Global Interrupt Enable bit

When IPEN = 0:

1 = 開啟所有未遮蔽的中斷。

0 = 關閉所有的中斷。

When IPEN = 1:

1 = 開啟所有高優先中斷。

0 = 關閉所有的中斷。

bit 6 **PEIE/GIEL:** Peripheral Interrupt Enable bit

When IPEN = 0:

1 = 開啟所有未遮蔽的周邊硬體中斷。

0 = 關閉所有的周邊硬體中斷。

When IPEN = 1:

1 = 開啟所有低優先中斷。

0 = 關閉所有低優先的周邊硬體中斷。

bit 5 **TMR0IE:** TMR0 Overflow Interrupt Enable bit

1 = 開啟 TIMER0 計時器溢位中斷。

0 = 關閉 TIMER0 計時器溢位中斷。

bit 4 **INT0IE:** INT0 External Interrupt Enable bit

1 = 開啟外部 INT0 中斷。

0 = 關閉外部 INT0 中斷。

bit 3 **RBIE:** RB Port Change Interrupt Enable bit

1 = 開啟 RB 輸入埠改變中斷。

0 = 關閉 RB 輸入埠改變中斷。

bit 2 **TMR0IF:** TMR0 Overflow Interrupt Flag bit

1 = TIMER0 計時器溢位中斷發生，須以軟體清除為 0。

0 = TIMER0 計時器溢位中斷未發生。

bit 1 **INT0IF:** INT0 External Interrupt Flag bit

    1 = 外部 INT0 中斷發生，須以軟體清除爲 0。

    0 = 外部 INT0 中斷未發生。

bit 0 **RBIF:** RB Port Change Interrupt Flag bit

    1 = RB(4:7) 輸入埠至少有一腳位改變狀態，須以軟體清除爲 0。

    0 = RB(4:7) 輸入埠未有腳位改變狀態。

    Note: A mismatch condition will continue to set this bit. Reading PORTB will end the mismatch condition and allow the bit to be cleared.

■ INTCON2

表 8-2(2)　INTCON2 核心功能中斷控制暫存器位元定義

R/W-1	R/W-1	R/W-1	R/W-1	U-0	R/W-1	U-0	R/W-1
$\overline{RBPU}$	INTEDG0	INTEDG1	INTEDG2	—	TMR0IP	—	RBIP

bit 7 ... bit 0

bit 7 **$\overline{RBPU}$:** PORTB Pull-up Enable bit

    1 = 關閉所有 PORTB 輸入提升阻抗。

    0 = 開啓個別 PORTB 輸入提升阻抗設定功能。

bit 6 **INTEDG0:** External Interrupt0 Edge Select bit

    1 = INT0 腳位 H→L 電壓上升邊緣變化時觸發中斷。

    0 = INT0 腳位 L→H 電壓下降邊緣變化時觸發中斷。

bit 5 **INTEDG1:** External Interrupt1 Edge Select bit

    1 = INT1 腳位 H→L 電壓上升邊緣變化時觸發中斷。

    0 = INT1 腳位 L→H 電壓下降邊緣變化時觸發中斷。

bit 4 **INTEDG2:** External Interrupt2 Edge Select bit

    1 = INT2 腳位 H→L 電壓上升邊緣變化時觸發中斷。

    0 = INT2 腳位 L→H 電壓下降邊緣變化時觸發中斷。

bit 3 **Unimplemented:** Read as '0'

bit 2 **TMR0IP:** TMR0 Overflow Interrupt Priority bit

    1 = 高優先中斷。

    0 = 低優先中斷。

bit 1 **Unimplemented:** Read as '0'

bit 0 **RBIP:** RB Port Change Interrupt Priority bit

1 = 高優先中斷。

0 = 低優先中斷。

■ INTCON3

表 8-2(3)　INTCON3 核心功能中斷控制暫存器位元定義

R/W-1	R/W-1	U-0	R/W-0	R/W-0	U-0	R/W-0	R/W-0
INT2IP	INT1IP	—	INT2IE	INT1IE	—	INT2IF	INT1IF
bit 7							bit 0

bit 7　**INT2IP:** INT2 External Interrupt Priority bit

　　　1 = 高優先中斷。

　　　0 = 低優先中斷。

bit 6　**INT1IP:** INT1 External Interrupt Priority bit

　　　1 = 高優先中斷。

　　　0 = 低優先中斷。

bit 5　**Unimplemented:** Read as '0'

bit 4　**INT2IE:** INT2 External Interrupt Enable bit

　　　1 = 開啓外部 INT2 中斷。

　　　0 = 關閉外部 INT2 中斷。

bit 3　**INT1IE:** INT1 External Interrupt Enable bit

　　　1 = 開啓外部 INT1 中斷。

　　　0 = 關閉外部 INT1 中斷。

bit 2　**Unimplemented:** Read as '0'

bit 1　**INT2IF:** INT2 External Interrupt Flag bit

　　　1 = 外部 INT2 中斷發生，須以軟體清除爲 0。

　　　0 = 外部 INT2 中斷未發生。

bit 0　**INT1IF:** INT1 External Interrupt Flag bit

　　　1 = 外部 INT1 中斷發生，須以軟體清除爲 0。

　　　0 = 外部 INT1 中斷未發生。

▌周邊功能中斷旗標暫存器

PIR 暫存器包含個別周邊功能中斷的旗標位元。

■PIR1

表 8-2(4)　PIR1 周邊功能中斷旗標暫存器位元定義

R/W-0	R/W-0	R-0	R-0	R/W-0	R/W-0	R/W-0	R/W-0
PSPIF[1]	ADIF	RC1IF	TX1IF	SSP1IF	CCP1IF	TMR2IF	TMR1IF
bit 7							bit 0

bit 7　**PSPIF[1]**: Parallel Slave Port Read/Write Interrupt Flag bit
　　　1 = PSP 讀寫動作發生，須以軟體清除為 0。
　　　0 = PSP 讀寫動作未發生。

bit 6　**ADIF**: A/D Converter Interrupt Flag bit
　　　1 = 類比數位訊號換完成，須以軟體清除為 0。
　　　0 = 類比數位訊號換未完成。

bit 5　**RC1IF**: EUSART 1 Receive Interrupt Flag bit
　　　1 = EUSART 1 接收暫存器 RCREG1 填滿資料，讀取 RCREG1 時將清除為 0。
　　　0 = EUSART 1 接收暫存器 RCREG1 資料空缺。

bit 4　**TX1IF**: EUSART 1 Transmit Interrupt Flag bit
　　　1 = EUSART 1 接收暫存器 TXREG1 資料空缺，寫入 TXREG1 時將清除為 0。
　　　0 = EUSART 1 接收暫存器 TXREG 填滿資料。

bit 3　**SSP1IF**: Master Synchronous Serial Port Interrupt Flag bit
　　　1 = 資料傳輸或接收完成，須以軟體清除為 0。
　　　0 = 等待資料傳輸或接收。

bit 2　**CCP1IF**: CCP1 Interrupt Flag bit
　　　Capture mode:
　　　1 = 訊號捕捉事件發生，須以軟體清除為 0。
　　　0 = 訊號捕捉事件未發生。

　　　Compare mode:
　　　1 = 訊號比較事件發生，須以軟體清除為 0。
　　　0 = 訊號比較事件未發生。

　　　PWM mode:
　　　PWM 模式未使用。

bit 1　**TMR2IF**: TMR2 to PR2 Match Interrupt Flag bit
　　　1 = TMR2 計時器內容符合 PR2 週期暫存器內容，須以軟體清除為 0。
　　　0 = TMR2 計時器內容未符合 PR2 週期暫存器內容。

bit 0　**TMR1IF**: TMR1 Overflow Interrupt Flag bit

1 = TMR1 計時器溢位發生，須以軟體清除為 0。

0 = TMR1 計時器溢位未發生。

Note 1: PIC18F45K22 未使用此位元，恆為 0。

■ PIR2

表 8-2(5) PIR2 周邊功能中斷旗標暫存器位元定義

U-0	U-0	U-0	R/W-0	R/W-0	R/W-0	R/W-0	R/W-0
OSCFIF	C1IF	C2IF	EEIF	BCL1IF	HLVDIF	TMR3IF	CCP2IF

bit 7   bit 0

bit 7 **OSCFIF:** Oscillator Fail Interrupt Flag bit

1 = 系統外部時序震盪器故障，切換使用內部時序來源。

0 = 系統外部時序震盪器正常操作。

bit 6 **C1IF:** Comparator C1 Interrupt Flag bit

1 = 類比訊號比較器 C1 結果改變。

0 = 類比訊號比較器 C1 結果未改變。

bit 5 **C2IF:** Comparator C2 Interrupt Flag bit

1 = 類比訊號比較器 C2 結果改變。

0 = 類比訊號比較器 C2 結果未改變。

bit 4 **EEIF:** Data EEPROM/FLASH Write Operation Interrupt Flag bit

1 = 寫入動作完成，須以軟體清除為 0。

0 = 寫入動作未完成。

bit 3 **BCL1IF:** Bus Collision Interrupt Flag bit

1 = 匯流排衝突發生，須以軟體清除為 0。

0 = 匯流排衝突未發生。

bit 2 **HLVDIF:** High/Low Voltage Detect Interrupt Flag bit

1 = 高 / 低電壓異常發生，須以軟體清除為 0。

0 = 高 / 低電壓異常未發生。

bit 1 **TMR3IF:** TMR3 Overflow Interrupt Flag bit

1 = TMR3 計時器溢位發生，須以軟體清除為 0。

0 = TMR3 計時器溢位未發生。

bit 0 **CCP2IF:** CCP2 Interrupt Flag bit

Capture mode:

1 = 訊號捕捉事件發生，須以軟體清除為 0。

0 = 訊號捕捉事件未發生。

Compare mode:

1 = 訊號比較事件發生，須以軟體清除爲 0。

0 = 訊號比較事件未發生。

PWM mode:

PWM 模式未使用。

■ PIR3

表 8-2(6) PIR3 周邊功能中斷旗標暫存器位元定義

R/W-0	R/W-0	R/W-0	R/W-0	R/W-0	R/W-0	R/W-0	R/W-0
SSP2IF	BCL2IF	RC2IF	TX2IF	CTMUIF	TMR5GIF	TMR3GIF	TMR1GIF

bit 7   bit 0

bit 7   **SSP2IF**: Synchronous Serial Port 2 Interrupt Flag bit

1 = 資料傳輸或接收完成，須以軟體清除為 0。

0 = 等待資料傳輸或接收。

bit 6   **BCL2IF**: MSSP2 Bus Collision Interrupt Flag bit

1 = 匯流排衝突發生，須以軟體清除爲 0。

0 = 匯流排衝突未發生。

bit 5   **RC2IF**: EUSART 2 Receive Interrupt Flag bit

1 = EUSART 2 接收暫存器 RCREG1 填滿資料，讀取 RCREG2 時將清除爲 0。

0 = EUSART 2 接收暫存器 RCREG1 資料空缺。

bit 4   **TX2IF**: EUSART 2 Transmit Interrupt Flag bit

1 = EUSART 2 接收暫存器 TXREG2 資料空缺，寫入 TXREG2 時將清除爲 0。

0 = EUSART 2 接收暫存器 TXREG 填滿資料。

bit 3   **CTMUIF**: CTMU Interrupt Flag bit

1 = CTMU 中斷發生，須以軟體清除爲 0。

0 = CTMU 中斷未發生。

bit 2   **TMR5GIF**: TMR5 Gate Interrupt Flag bits

1 = 計時器 5 閘控中斷發生，須以軟體清除爲 0。

0 = 計時器 5 閘控中斷中斷未發生。

bit 1   **TMR3GIF**: TMR3 Gate Interrupt Flag bits

1 = 計時器 3 閘控中斷發生，須以軟體清除爲 0。

0 = 計時器 3 閘控中斷中斷未發生。

bit 0 **TMR1GIF:** TMR1 Gate Interrupt Flag bits

    1 = 計時器 1 閘控中斷發生,須以軟體清除為 0。

    0 = 計時器 1 閘控中斷中斷未發生。

■ PIR4

表 8-2(7)　PIR4 周邊功能中斷旗標暫存器位元定義

U-0	U-0	U-0	U-0	U-0	R/W-0	R/W-0	R/W-0
—	—	—	—	—	CCP5IF	CCP4IF	CCP3IF

bit 7   bit 0

bit 7-3 **Unimplemented:** Read as '0'

bit 2 **CCP5IF:** CCP5 Interrupt Flag bits

    Capture mode:

    1 = 一次計時器 5 捕捉事件發生,須以軟體清除為 0。

    0 = 沒有計時器 5 捕捉事件發生。

    Compare mode:

    1 = 一次計時器 5 比較符合事件發生,須以軟體清除為 0。

    0 = 沒有計時器 5 比較符合事件發生。

    PWM mode:

    PWM 模式未使用。

bit 1 **CCP4IF:** CCP4 Interrupt Flag bits Capture mode:

    1 = 一次計時器 4 捕捉事件發生,須以軟體清除為 0。

    0 = 沒有計時器 4 捕捉事件發生。

    Compare mode:

    1 = 一次計時器 4 比較符合事件發生,須以軟體清除為 0。

    0 = 沒有計時器 4 比較符合事件發生。

    PWM mode:

    PWM 模式未使用。

bit 0 **CCP3IF:** ECCP3 Interrupt Flag bits

    Capture mode:

    1 = 一次計時器 3 捕捉事件發生,須以軟體清除為 0。

    0 = 沒有計時器 3 捕捉事件發生。

    Compare mode:

    1 = 一次計時器 3 比較符合事件發生,須以軟體清除為 0。

0 = 沒有計時器 3 比較符合事件發生。

PWM mode:
PWM 模式未使用。

■ PIR5

表 8-2(8)　PIR5 周邊功能中斷旗標暫存器位元定義

U-0	U-0	U-0	U-0	U-0	R/W-0	R/W-0	R/W-0
—	—	—	—	—	TMR6IF	TMR5IF	TMR4IF
bit 7							bit 0

bit 7-3 **Unimplemented:** Read as '0'

bit 2　**TMR6IF:** TMR6 to PR6 Match Interrupt Flag bit

　　　　1 = 計時器計數值 TMR6 符合 PR6 暫存器設定值發生，須以軟體清除為 0。

　　　　0 = 計時器計數值 TMR6 未符合 PR6 暫存器設定值。

bit 1　**TMR5IF:** TMR5 Overflow Interrupt Flag bit

　　　　1 = TMR5 暫存器溢位發生，須以軟體清除為 0。

　　　　0 = TMR5 暫存器溢位未發生。

bit 0　**TMR4IF:** TMR4 to PR4 Match Interrupt Flag bit

　　　　1 = 計時器計數值 TMR6 符合 PR6 暫存器設定值發生，須以軟體清除為 0。

　　　　0 = 計時器計數值 TMR6 未符合 PR6 暫存器設定值。

◎ PIE 周邊功能中斷致能暫存器

　　PIE 暫存器包含個別周邊功能中斷的致能位元。當中斷優先順序致能位元被清除為 0 時，PEIE 位元必須要被設定為 1，以開啟任何一個周邊功能中斷。

■ PIE1

表 8-2(9)　PIE1 周邊功能中斷致能暫存器位元定義

R/W-0	R/W-0	R/W-0	R/W-0	R/W-0	R/W-0	R/W-0	R/W-0
PSPIE[1]	ADIE	RC1IE	TX1IE	SSP1IE	CCP1IE	TMR2IE	TMR1IE
bit 7							bit 0

bit 7　**PSPIE**[1]**:** Parallel Slave Port Read/Write Interrupt Enable bit

　　　　1 = 開啓 PSP 讀寫中斷功能。

　　　　0 = 關閉 PSP 讀寫中斷功能。

bit 6　**ADIE:** A/D Converter Interrupt Enable bit

　　　　1 = 開啓 A/D 轉換模組中斷功能。

　　　　0 = 關閉 A/D 轉換模組中斷功能。

bit 5　**RC1IE:** EUSART 1 Receive Interrupt Enable bit

　　　　1 = 開啓 EUSART 1 資料接收中斷功能。

　　　　0 = 關閉 USART 資料接收中斷功能。

bit 4　**TX1IE:** USART Transmit Interrupt Enable bit

　　　　1 = 開啓 USART 資料傳輸中斷功能。

　　　　0 = 關閉 USART 資料傳輸中斷功能。

bit 3　**SSP1IE:** Master Synchronous Serial Port 1 Interrupt Enable bit

　　　　1 = 開啓 MSSP 1 中斷功能。

　　　　0 = 關閉 MSSP 1 中斷功能。

bit 2　**CCP1IE:** CCP1 Interrupt Enable bit

　　　　1 = 開啓 CCP1 中斷功能。

　　　　0 = 關閉 CCP1 中斷功能。

bit 1　**TMR2IE:** TMR2 to PR2 Match Interrupt Enable bit

　　　　1 = 開啓 TMR2 計時器內容符合 PR2 週期暫存器中斷功能。

　　　　0 = 關閉 TMR2 計時器內容符合 PR2 週期暫存器中斷功能。

bit 0　**TMR1IE:** TMR1 Overflow Interrupt Enable bit

　　　　1 = 開啓 TIMER1 計時器溢位中斷功能。

　　　　0 = 關閉 TIMER1 計時器溢位中斷功能。

Note 1: PIC18F45K22 未使用此位元，恆為 0。

■ PIE2

表 8-2(10)　PIE2 周邊功能中斷致能暫存器位元定義

U-0	U-0	U-0	R/W-0	R/W-0	R/W-0	R/W-0	R/W-0
OSCFIE	C1MIE	C2IE	EEIE	BCLIE	HLVDIE	TMR3IE	CCP2IE
bit 7							bit 0

bit 7　**OSCFIE:** Oscillator Fail Interrupt Enable bit

　　　　1 = 開啓時序震盪器故障中斷功能。

　　　　0 = 關閉時序震盪器故障中斷功能。

bit 6 **C1IE:** Comparator 1 Interrupt Enable bit

　　 1 = 開啟類比訊號比較器 1 結果改變中斷功能。

　　 0 = 關閉類比訊號比較器 1 結果改變中斷功能。

bit 5 **C2IE:** Comparator 2 Interrupt Enable bit

　　 1 = 開啟類比訊號比較器 2 結果改變中斷功能。

　　 0 = 關閉類比訊號比較器 2 結果改變中斷功能。

bit 4 **EEIE:** Data EEPROM/FLASH Write Operation Interrupt Enable bit

　　 1 = 開啟 EEPROM 寫入中斷功能。

　　 0 = 關閉 EEPROM 寫入中斷功能。

bit 3 **BCLIE:** Bus Collision Interrupt Enable bit

　　 1 = 開啟匯流排衝突中斷功能。

　　 0 = 關閉匯流排衝突中斷功能。

bit 2 **HLVDIE:** High/Low Voltage Detect Interrupt Enable bit

　　 1 = 開啟低電壓異常中斷功能。

　　 0 = 關閉低電壓異常中斷功能。

bit 1 **TMR3IE:** TMR3 Overflow Interrupt Enable bit

　　 1 = 開啟 TMR3 計時器溢位中斷功能。

　　 0 = 關閉 TMR3 計時器溢位中斷功能。

bit 0 **CCP2IE:** CCP2 Interrupt Enable bit

　　 1 = 開啟 CCP2 中斷功能。

　　 0 = 關閉 CCP2 中斷功能。

■ PIE3

表 8-2(11)　 PIE3 周邊功能中斷致能暫存器位元定義

R/W-0	R/W-0	R/W-0	R/W-0	R/W-0	R/W-0	R/W-0	R/W-0
SSP2IE	BCL2IE	RC2IE	TX2IE	CTMUIE	TMR5GIE	TMR3GIE	TMR1GIE

bit 7 　　　　　　　　　　　　　　　　　　　　　　　　　　　 bit 10

bit 7 **SSP2IE:** Master Synchronous Serial Port 2 Interrupt Enable bit

　　 1 = 開啟 MSSP 2 中斷功能。

　　 0 = 關閉 MSSP 2 中斷功能。

bit 6 **BCL2IE:** Bus Collision Interrupt Enable bit

　　 1 = 啟動

　　 0 = 關閉

bit 5 **RC2IE:** EUSART2 Receive Interrupt Enable bit

　　1 = 開啓 EUSART 2資料接收中斷功能。

　　0 = 關閉 EUSART 2 資料接收中斷功能。

bit 4 **TX2IE:** EUSART2 Transmit Interrupt Enable bit

　　1 = 開啓 EUSART 2 資料傳輸中斷功能。

　　0 = 關閉 EUSART 2資料傳輸中斷功能。

bit 3 **CTMUIE:** CTMU Interrupt Enable bit

　　1 = 啓動

　　0 = 關閉

bit 2 **TMR5GIE:** TMR5 Gate Interrupt Enable bit

　　1 = 啓動

　　0 = 關閉

bit 1 **TMR3GIE:** TMR3 Gate Interrupt Enable bit

　　1 = 啓動

　　0 = 關閉

bit 0 **TMR1GIE:** TMR1 Gate Interrupt Enable bit

　　1 = 啓動

　　0 = 關閉

■ PIE4

表 8-2(12)　PIE4 周邊功能中斷致能暫存器位元定義

U-0	U-0	U-0	U-0	U-0	R/W-0	R/W-0	R/W-0
—	—	—	—	—	CCP5IE	CCP4IE	CCP3IE

bit 7　　　　　　　　　　　　　　　　　　　　　　bit 0

bit 7-3 **Unimplemented:** Read as '0'

bit 2 **CCP5IE:** CCP5 Interrupt Enable bit

　　1 = 啓動

　　0 = 關閉

bit 1 **CCP4IE:** CCP4 Interrupt Enable bit

　　1 = 啓動

　　0 = 關閉

bit 0 **CCP3IE:** CCP3 Interrupt Enable bit

　　1 = 啓動

0 = 關閉

■ PIE5

表 8-2(13)　PIE5 周邊功能中斷致能暫存器位元定義

U-0	U-0	U-0	U-0	U-0	R/W-0	R/W-0	R/W-0
—	—	—	—	—	TMR6IE	TMR5IE	TMR4IE
bit 7							bit 0

bit 7-3 **Unimplemented:** Read as '0'

bit 2　**TMR6IE:** TMR6 to PR6 Match Interrupt Enable bit
　　　 1 = 啓動計時器 6 計數值 TMR6 符合 PR6 暫存器設定值發生中斷
　　　 0 = 關閉計時器 6 計數值 TMR6 符合 PR6 暫存器設定值發生中斷

bit 1　**TMR5IE:** TMR5 Overflow Interrupt Enable bit
　　　 1 = 啓動 TMR5 暫存器溢位發生中斷
　　　 0 = 關閉 TMR5 暫存器溢位發生中斷

bit 0　**TMR4IE:** TMR4 to PR4 Match Interrupt Enable bit
　　　 1 = 啓動計時器 4 計數值 TMR4 符合 PR4 暫存器設定值發生中斷
　　　 0 = 關閉計時器 4 計數值 TMR4 符合 PR4 暫存器設定值發生中斷

◉ IPR 中斷優先順序設定暫存器

　　IPR 暫存器包含個別周邊功能中斷優先順序的設定位元。必須要將中斷優先順序致能位元（IPEN）設定爲 1 後，才能完成這些優先順序設定位元的操作。

■ IPR1

表 8-2(14)　IPR1 中斷優先順序設定暫存器位元定義

R/W-1	R/W-1	R/W-1	R/W-1	R/W-1	R/W-1	R/W-1	R/W-1
PSPIP[1]	ADIP	RC1IP	TX1IP	SS1PIP	CCP1IP	TMR2IP	TMR1IP
bit 7							bit 0

bit 7　**PSPIP[1]:** Parallel Slave Port Read/Write Interrupt Priority bit
　　　 1 = 高優先中斷。
　　　 0 = 低優先中斷。

bit 6 **ADIP:** A/D Converter Interrupt Priority bit

    1 = 高優先中斷。

    0 = 低優先中斷。

bit 5 **RC1IP:** USART Receive Interrupt Priority bit

    1 = 高優先中斷。

    0 = 低優先中斷。

bit 4 **TX1IP:** USART Transmit Interrupt Priority bit

    1 = 高優先中斷。

    0 = 低優先中斷。

bit 3 **SSP1IP:** Master Synchronous Serial Port Interrupt Priority bit

    1 = 高優先中斷。

    0 = 低優先中斷。

bit 2 **CCP1IP:** CCP1 Interrupt Priority bit

    1 = 高優先中斷。

    0 = 低優先中斷。

bit 1 **TMR2IP:** TMR2 to PR2 Match Interrupt Priority bit

    1 = 高優先中斷。

    0 = 低優先中斷。

bit 0 **TMR1IP:** TMR1 Overflow Interrupt Priority bit

    1 = 高優先中斷。

    0 = 低優先中斷。

Note 1: PIC18F45K22 未使用此位元，恆為 1。

■IPR2

表 8-2(15) IPR2 中斷優先順序設定暫存器位元定義

R/W-1	R/W-1	R/W-1	R/W-1	R/W-1	R/W-1	R/W-1	R/W-1
OSCFIP	C1IP	C2IP	EEIP	BCL1IP	HLVDIP	TMR3IP	CCP2IP
bit 7							bit 0

bit 7 **OSCFIP:** Oscillator Fail Interrupt Priority bit

    1 = 高優先中斷。

    0 = 低優先中斷。

bit 6 **C1IP:** Comparator Interrupt Priority bit

    1 = 高優先中斷。

CHAPTER

8

　　0 = 低優先中斷。

bit 5 **C2IP:** Comparator Interrupt Priority bit

　　1 = 高優先中斷。

　　0 = 低優先中斷。

bit 4 **EEIP:** Data EEPROM/FLASH Write Operation Interrupt Priority bit

　　1 = 高優先中斷。

　　0 = 低優先中斷。

bit 3 **BCL1IP:** Bus Collision Interrupt Priority bit

　　1 = 高優先中斷。

　　0 = 低優先中斷。

bit 2 **HLVDIP:** High/Low Voltage Detect Interrupt Priority bit

　　1 = 高優先中斷。

　　0 = 低優先中斷。

bit 1 **TMR3IP:** TMR3 Overflow Interrupt Priority bit

　　1 = 高優先中斷。

　　0 = 低優先中斷。

bit 0 **CCP2IP:** CCP2 Interrupt Priority bit

　　1 = 高優先中斷。

　　0 = 低優先中斷。

■IPR3

表 8-2(16)　IPR3 中斷優先順序設定暫存器位元定義

R/W-0	R/W-0	R/W-0	R/W-0	R/W-0	R/W-0	R/W-0	R/W-0
SSP2IP	BCL2IP	RC2IP	TX2IP	CTMUIP	TMR5GIP	TMR3GIP	TMR1GIP

bit 7　　　　　　　　　　　　　　　　　　　　　　　bit 0

bit 7 **SSP2IP:** Synchronous Serial Port 2 Interrupt Priority bit

　　1 = 高優先中斷。

　　0 = 低優先中斷。

bit 6 **BCL2IP:** Bus Collision 2 Interrupt Priority bit

　　1 = 高優先中斷。

　　0 = 低優先中斷。

bit 5 **RC2IP:** EUSART2 Receive Interrupt Priority bit

　　1 = 高優先中斷。

```
            0 = 低優先中斷。
bit  4  TX2IP: EUSART2 Transmit Interrupt Priority bit
            1 = 高優先中斷。
            0 = 低優先中斷。
bit  3  CTMUIP: CTMU Interrupt Priority bit
            1 = 高優先中斷。
            0 = 低優先中斷。
bit  2  TMR5GIP: TMR5 Gate Interrupt Priority bit
            1 = 高優先中斷。
            0 = 低優先中斷。
bit  1  TMR3GIP: TMR3 Gate Interrupt Priority bit
            1 = 高優先中斷。
            0 = 低優先中斷。
bit  0  TMR1GIP: TMR1 Gate Interrupt Priority bit
            1 = 高優先中斷。
            0 = 低優先中斷。
```

■ IPR4

表 8-2(17)　IPR4 中斷優先順序設定暫存器位元定義

U-0	U-0	U-0	U-0	U-0	R/W-0	R/W-0	R/W-0
—	—	—	—	—	CCP5IP	CCP4IP	CCP3IP

bit 7   bit 0

```
bit  7-3 Unimplemented: Read as '0'
bit  2  CCP5IP: CCP5 Interrupt Priority bit
            1 = 高優先中斷。
            0 = 低優先中斷。
bit  1  CCP4IP: CCP4 Interrupt Priority bit
            1 = 高優先中斷。
            0 = 低優先中斷。
bit  0  CCP3IP: CCP3 Interrupt Priority bit
            1 = 高優先中斷。
            0 = 低優先中斷。
```

CHAPTER

8

■ IPR5

表 8-2(18)　IPR5 中斷優先順序設定暫存器位元定義

U-0	U-0	U-0	U-0	U-0	R/W-0	R/W-0	R/W-0
—	—	—	—	—	TMR6IP	TMR5IP	TMR4IP

bit 7　　　　　　　　　　　　　　　　　　　　　　　　　　bit 0

bit 7-3 **Unimplemented:** Read as '0'

bit 2 　**TMR6IP:** TMR6 to PR6 Match Interrupt Priority bit

　　　　1 = 高優先中斷。

　　　　0 = 低優先中斷。

bit 1 　**TMR5IP:** TMR5 Overflow Interrupt Priority bit

　　　　1 = 高優先中斷。

　　　　0 = 低優先中斷。

bit 0 　**TMR4IP:** TMR4 to PR4 Match Interrupt Priority bit

　　　　1 = 高優先中斷。

　　　　0 = 低優先中斷。

■ RCON 重置控制暫存器

　　RCON 暫存器包含用來開啓中斷優先順序的控制位元 IPEN。

R/W-0	U-0	U-0	R/W-1	U-0	U-0	R/W-0	R/W-0
IPEN	SBOREN	—	$\overline{RI}$	$\overline{TO}$	$\overline{PD}$	$\overline{POR}$	$\overline{BOR}$

bit 7　　　　　　　　　　　　　　　　　　　　　　　　　　bit 0

詳細內容請見第四章 RCON 定義表4-4。

8.6　中斷事件訊號

　　上述所列的中斷功能將留待介紹周邊功能時一併說明，在這裡僅將介紹幾個獨立功能的中斷使用。

◎ INT0、INT1 及 INT2 外部訊號中斷

在 RB0/INT0、RB1/INT1 及 RB2/INT2 腳位上建立有多工的外部訊號中斷功能，這些中斷功能是以訊號邊緣的形式觸發。如果 INTCON2 暫存器中相對應的 INTEDGx 位元被設定為 1，則將以上升邊緣觸發；如果 INTEDGx 位元被清除為 0，則將以下降邊緣觸發。當某一個有效的邊緣出現在這些腳位時，所相對應的旗標位元 INTxIF 將會被設定為 1。這個中斷功能可以藉由將相對應的中斷致能位元 INTxIE 清除為 0 而結束。在重新開啟這個中斷功能之前，必須要在中斷執行函式中藉由軟體將旗標位元 INTxIF 清除為 0。如果在微控制器進入睡眠狀態之前先將中斷致能位元 INTxIE 設定為 1，任何一個上述的外部訊號中斷都可以將微控制器從睡眠的狀態喚醒。如果全域中斷致能位元 GIE 被設定為 1，則在喚醒之後，程式執行將切換到中斷向量所在的位址。

INT0 的中斷優先順序永遠是高優先，這是無法更改的。至於其他兩個外部訊號中斷 INT1 與 INT2 的出現順序則是由 INTCON3 暫存器中的 INT1IP 及 INT2IP 所設定的。

◎ PORTB 狀態改變中斷

在 PORTB 暫存器的第四～七位元所相對應的輸入訊號改變時將會把 INTCON 暫存器的 RBIF 旗標位元設定為 1。這個中斷功能可以藉由 INTCON 暫存器的第三位元 RBIE 設定開啟或關閉。而這個中斷的優先順序是由 INTCON2 暫存器的 RBIP 位元所設定。

在 PIC18F45K22 上除了傳統的 PORTB 狀態改變的相關設定外，也增加了個別腳位的設定內容。包含了 WPUB 與 IOCB 暫存器。配合暫存器 INTCON2<$\overline{RBPL}$> 位元的設定，WPUB 暫存器設定了 PORTB 個別腳位弱電流的電位提升（Pull-up）是否開啟的設定；IOCB 暫存器則是設定 RB4~RB7 的狀態改變偵測功能是否開啟。相關位元如下。

■ WPUB

R/W-1	R/W-1	R/W-1	R/W-1	R/W-1	R/W-1	R/W-1	R/W-1
WPUB7	WPUB6	WPUB5	WPUB4	WPUB3	WPUB2	WPUB1	WPUB0

bit 7　　　　　　　　　　　　　　　　　　　　　　　　　　bit 0

bit 7-0 **WPUB<7:0>:** Weak Pull-up Register bits

      1 = 開啓 PORTB 腳位電位提升功能

      0 = 關閉 PORTB 腳位電位提升功能

■ IOCB

R/W-1	R/W-1	R/W-1	R/W-1	U-0	U-0	U-0	U-0
IOCB7	IOCB6	IOCB5	IOCB4	—	—	—	—

bit 7   bit 0

bit 7-4 **IOCB<7:4>:** Interrupt-on-Change PORTB control bits

      1 = 啓動腳位狀態改變中斷功能，須配合 RBIE 位元（INTCON<3>）。

      0 = 關閉腳位狀態改變中斷功能。

◗ TIMER0 計時器中斷

在預設的 8 位元模式下，TIMER0 計數器數值暫存器 TMR0L 溢流（0xFF → 0x00）將會把旗標位元 TMR0IF 設定爲 1。在 16 位元模式下，TIMER0 計數器數值暫存器 TMR0H:TMR0L 溢流（0xFFFF → 0x0000）將會把旗標位元 TMR0IF 設定爲 1。這個中斷的功能是由 INTCON 暫存器的第五個位元 T0IE 進行是設定功能的開啓或關閉，而中斷的優先順序則是由 INTCON2 暫存器的第二個位元 TMR0IP 所設定的。

在讀者了解中斷相關的概念之後，讓我們將本章的範例程式改用中斷的方式來完成。

範例 8-4

利用 TIMER0 計數器計算按鍵觸發的次數，設定適當的計數器初始值，使得當計數器內容爲 0 時發生中斷，並利用中斷執行函式進行發光二極體燈號的改變。

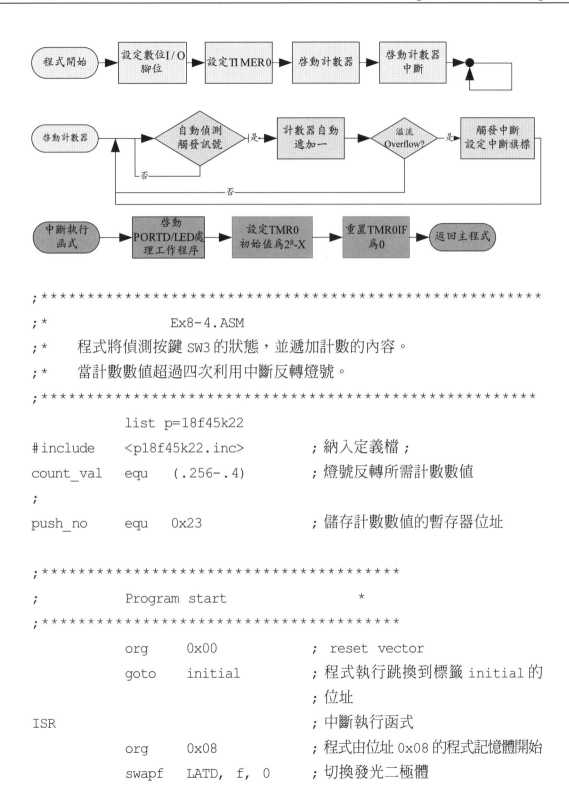

```
;*****************************************************
;*                    Ex8-4.ASM
;*      程式將偵測按鍵 SW3 的狀態，並遞加計數的內容。
;*      當計數數值超過四次利用中斷反轉燈號。
;*****************************************************
        list p=18f45k22
#include    <p18f45k22.inc>          ; 納入定義檔 ;
count_val   equ    (.256-.4)         ; 燈號反轉所需計數數值
;
push_no     equ    0x23              ; 儲存計數數值的暫存器位址


;********************************************
;       Program start                 *
;********************************************
        org    0x00             ;  reset vector
        goto   initial          ; 程式執行跳換到標籤 initial 的
                                ; 位址
ISR                             ; 中斷執行函式
        org    0x08             ; 程式由位址 0x08 的程式記憶體開始
        swapf  LATD, f, 0       ; 切換發光二極體
```

```
        movlw   count_val           ; 重新載入設定值到 TIMER0 計數器
        movwf   TMR0L, 0
        bcf     INTCON, TMR0IF      ; 清除中斷旗標
        retfie                      ; 由中斷返回正常程式執行


        org   0x2A                  ; 正常程式由位址 0x2A 的程式記憶體
                                    ; 開始
initial:
        banksel ANSELD              ; 初始化微控制器
                                    ; 將 PORTD 設為數位輸出。
        clrf    ANSELD              ; 將 PORTA, RA4 腳位設定為數位
                                    ; 訊號輸入
        bcf     ANSELA, 4
        bsf     TRISA, 4, 0         ; a=0 for access bank SFR


        clrf    TRISD, 0            ; Set PORTD for LED output
        clrf    LATD, 0             ; Clear LATD
        movlw   0x0f
        movwf   LATD, 0
                                    ; 設定 TIMER0 作為 8 位元的計數器
                                    ; 並使用外部訊號輸入源
        movlw   b'11101000'         ; 設定暫存器所需的設定內容
        movwf   T0CON, 0            ; 將設定內容存入 T0CON 暫存器
        clrf    TMR0L, 0            ; 將計數器暫存器 TMR0L 內容清除
                                    ; 為 0
        bcf     RCON, IPEN, 0       ; 關閉中斷優先順序設定位元
        bsf     INTCON, T0IE, 0     ; 開啟 TIMER0 計數器中斷功能
        bsf     INTCON, GIE, 0      ; 開啟全域中斷功能控制位元
```

```
        movlw   count_val          ; 載入設定值到 TIMER0 計數器
        movwf   TMR0L, 0
;
;*********** Main *********************
;
start:                             ; 主程式僅需要一個無窮迴圈
        goto    start
;
        end
```

在上面的範例中，將 TIMER0 中斷時所需要執行的程式安置在中斷向量 0x08 的位址。在中斷發生時，除了將燈號切換並載入預設值到 TMR0L 暫存器之外，必須要完成幾個重要的動作，包括：

1. 將中斷旗標位元 TMR0IF 清除為 0，以避免中斷持續發生
2. 使用 retfie 返回指令，以避免程式計數器堆疊發生錯誤

在正常程式的部分，初始化的區塊中必須將中斷的功能作適當的設定。因此，使用了下列的指令：

```
bcf     RCON, IPEN, 0             ; 關閉中斷優先順序設定位元
bsf     INTCON, T0IE, 0          ; 開啟 TIMER0 計數器中斷功能
bsf     INTCON, GIE, 0           ; 開啟全域中斷功能控制位元
```

將與中斷相關的控制位元作適當地關閉或開啟的設定，以便為控制器能夠正確的執行所需要的中斷功能。

最後，在主程式中僅需要一個無窮迴圈，而不需要作任何額外的動作。這是因為計算按鍵觸發次數的工作已經交由內建整合的計數器 TIMER0 來進行，而檢查計數內容與設定值是否符合的工作藉由計數器溢流所產生的中斷旗標通知核心處理器，並進一步地執行中斷執行函式以完成發光二極體的燈號切換。

在這個情況下，讀者一定會好奇微控制器現在到底在做什麼？事實上，它只是一直在進行無窮迴圈的程式位址切換動作，直到中斷發生爲止。讀者不難想像，如果應用程式有一個更複雜而且更需要時間去完成的主程式時，利用這樣的中斷功能及內建計數器的周邊功能，應用程式可以讓微控制器將大部分的時間使用在主程式的執行上，而不需要在迴圈內持續地檢查按鍵的狀態以及計數器等內容。因此應用程式可以得到更大的資源與更多的核心處理器執行時間，如此便可以有效提升應用程式的執行效率以及所需要處理的工作。

也許有讀者會考慮用 SLEEP 指令放入永久迴圈以便節省電能，但是因爲 TIMER0 在睡眠模式下會被停止動作，因此無法藉此中斷記號喚醒核心處理器，因此無法在此範例中使用睡眠模式節能。如果有節能的需求，可以考慮後續章節將介紹的其他計數器。

在後續的章節中，我們將繼續介紹其他周邊功能中斷設定與使用方法。

CHAPTER 9

計時器／計數器

　　計時或計數的功能在邏輯電路或者微控制器的應用中是非常重要的。在一般的應用中，如果要計算事件發生的次數就必須要用到計數器的功能。在上一個章節中，我們看到了利用 TIMER0 作為計數器的範例程式可以有效地提高程式執行的效率，並且可以利用所對應的中斷功能在所設定事件（達到按鍵次數）發生的訊號切換邊緣即時地執行所需要處理的中斷執行函式內容。適當的應用計數器，可以大幅地提升軟體的效率，也可以減少硬體耗費的資源。

　　除了單純作為計數器使用之外，如果將計數器的時序脈波觸發訊號來源切換到固定頻率的震盪器時序脈波，或者使用微控制器內部的指令執行時脈，計數器的功能便轉換成為一個計時器的功能。計時器的應用是非常廣泛而且關鍵的一個功能，特別是對於一些需要定時完成的工作，計時器是非常重要而且不可或缺的一個硬體資源。例如，在數位輸出入的章節中，為了要使發光二極體的燈號切換能夠有固定的時間間隔，在範例程式中使用了軟體撰寫的時間延遲函式，以便能夠在固定時間間隔後進行燈號的切換。雖然部分的時間延遲可以利用軟體程式來完成，但是這樣的作法有著潛在的缺點：

1. 時間延遲函式將會消耗核心處理器的執行時間，而無法處理其他的指令。
2. 在比較複雜的應用程式中，當其他部分的程式所需要的執行時間不固定時，將會影響整體時間長度的精確度。例如，需要等待外部觸發訊號而繼續執行的程式。

因此，為了降低上述缺點的影響，在目前的微控制器中多半都配置數個計

時器 / 計數器的整合性硬體，以方便應用程式的執行與程式撰寫。

　　PIC18 微控制器內建有多個計時器 / 計數器。除了在上一個章節簡單介紹過的 TIMER0 之外，例如 PIC18F45K22 還有 TIMER1、TIMER2、TIMER3、TIMER4、TIMER5 及 TIMER6 計時器 / 計數器。在這個章節中將詳細地介紹所有計時器 / 計數器的功能及設定與使用方法。

9.1　TIMER0 計時器 / 計數器

　　TIMER0 計時器 / 計數器是 PIC18F45K22 微控制器中最簡單的一個計數器，它具備有下列的特性：

- 可由軟體設定選擇為 8 位元或 16 位元的計時器或計數器。
- 計數器的內容可以讀取或寫入。
- 專屬的 8 位元軟體設定前除器（Prescaler）或者稱作除頻器。
- 時序來源可設定為外部或內部來源。
- 溢位（Overflow）時產生中斷事件。在 8 位元狀態下，於 0xFF 變成 0x00 時；或者在 16 位元狀態下，於 0xFFFF 變成 0x0000 時產生中斷事件。
- 當選用外部時序來源時，可以軟體設定觸發邊緣形態（H → L 或 L → H）。

　　TIMER0 計時器的硬體結構方塊圖如圖 9-1 與 9-2 所示。

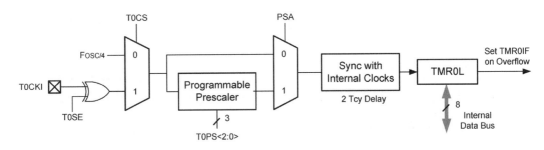

圖 9-1　TIMER0 計時器的 8 位元硬體結構方塊圖

在 8 位元的結構示意圖中，可以看到藉由 T0CS 訊號所控制的多工器選擇了計時器的時脈訊號來源。如果選擇外部時脈訊號輸入的話，則必須符合 T0SE 所設定的訊號邊緣形式，才能夠通過 XOR 閘。在 T0CS 多工器之後，可以利用 PSA 多工器選擇是否經過除頻器（也是一個計數器）的降頻處理；然後再經過內部時序同步的處理後，觸發計時器的計數動作。而核心處理器可以藉由資料匯流排讀取 8 位元的計數內容；而且當溢位發生時，將會觸發中斷訊號的輸出。

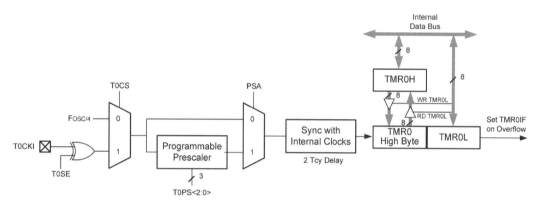

圖 9-2　TIMER0 計時器的 16 位元硬體結構方塊圖

在 16 位元的結構示意圖中，大致與 8 位元的使用方式相同。唯一的差異是計時器的計數內容是以 16 位元的方式儲存在兩個不同的暫存器內，而高位元組的暫存器必須要藉由一個緩衝暫存器 TMR0H 間接地讀寫計數的內容。緩衝暫存器讀寫的操作方式與第一張所描述的程式計數器（Program Counter）的方式相同。

T0CON 設定暫存器定義

TIMER0 暫存器相關的 T0CON 設定暫存器位元內容與定義如表 9-1 所示。

CHAPTER

9

表 9-1 T0CON 設定暫存器位元內容定義

R/W-1	R/W-1	R/W-1	R/W-1	R/W-1	R/W-1	R/W-1	R/W-1
TMR0ON	T08BIT	T0CS	T0SE	PSA	T0PS2	T0PS1	T0PS0

bit 7   bit 0

bit 7 **TMR0ON**: Timer0 On/Off Control bit

    1 = 啟動 Timer0 計時器。

    0 = 停止 Timer0 計時器。

bit 6 **T08BIT**: Timer0 8-bit/16-bit Control bit

    1 = 將 Timer0 設定為 8 位元計時器／計數器。

    0 = 將 Timer0 設定為 16 位元計時器／計數器。

bit 5 **T0CS**: Timer0 Clock Source Select bit

    1 = 使用 T0CKI 腳位脈波變化。

    0 = 使用指令週期脈波變化。

bit 4 **T0SE**: Timer0 Source Edge Select bit

    1 = T0CKI 腳位 H→L 電壓邊緣變化時遞加。

    0 = T0CKI 腳位 L→H 電壓邊緣變化時遞加。

bit 3 **PSA**: Timer0 Prescaler Assignment bit

    1 = 不使用 Timer0 計時器的前除器。

    0 = 使用 TImer0 計時器的前除器。

bit 2-0 **T0PS2:T0PS0**: Timer0 計時器前除器設定位元。

    111 = 1:256 prescale value

    110 = 1:128 prescale value

    101 = 1:64 prescale value

    100 = 1:32 prescale value

    011 = 1:16 prescale value

    010 = 1:8 prescale value

    001 = 1:4 prescale value

    000 = 1:2 prescale value

其他與 TIMER0 計時器／計數器相關的暫存器如表 9-2 所示。

表 9-2　TIMER0 相關暫存器與位元定義

Name	Bit 7	Bit 6	Bit 5	Bit 4	Bit 3	Bit 2	Bit 1	Bit 0	Value on POR, BOR	Value on All Other RESETS
TMR0L	Timer0 Module Low Byte Register								xxxx xxxx	uuuu uuuu
TMR0H	Timer0 Module High Byte Register								0000 0000	0000 0000
INTCON	GIE/GIEH	PEIE/GIEL	TMR0IE	INT0IE	RBIE	TMR0IF	INT0IF	RBIF	0000 000x	0000 000u
T0CON	TMR0ON	T08BIT	T0CS	T0SE	PSA	T0PS2	T0PS1	T0PS0	1111 1111	1111 1111
TRISA	—	PORTA Data Direction Register							-111 1111	-111 1111

TIMER0 的操作方式

TIMER0 的計數內容是由兩個暫存器 TMR0H 以及 TMR0L 共同組成的。當 TIMER0 作為 8 位元的計時器使用時，將僅使用 TMR0L 暫存器作為計數內容的儲存。當 TIMER0 作為 16 位元的計時器使用時，TMR0H 以及 TMR0L 暫存器將共同組成 16 位元的計數內容；這時候，TMR0H 代表計數內容的高位元組，而 TMR0L 代表計數內容的低位元組。

藉由設定 T0CS 控制位元，TIMER0 可設定以計時器或者計數器的方式操作。當 T0CS 控制位元清除為 0 時，TIMER0 將使用內部的指令執行週期時間作為時脈來源，因此將進入所謂的計時器操作模式。在計時器操作模式而且沒有任何的前除器（Prescaler）設定條件下，每一個指令週期時間計數器的內容將增加 1。當計數器的計數數值內容暫存器 TMR0L 被寫入更改內容時，將會有兩個指令週期的時間停止計數內容的增加。讀者可以在程式需要修改 TMR0L 暫存器內容時刻意地加入兩個指令週期時間以彌補不必要的時間誤差。

當 T0CS 控制位元被設定為 1 時，TIMER0 將會以計數器的方式操作。在計數器的模式下，TIMER0 計數的內容將會在 RA4/T0CKI 腳位的訊號有變化時增加 1。使用者可以藉由設定 T0SE 控制位元來決定在訊號上升邊緣（T0SE = 1）或者下降邊緣（T0SE = 0）的瞬間遞加計數的內容。

CHAPTER

9

▌前除器 Prescaler

在 TIMER0 計時器模組內建置有一個 8 位元的計時器作為前除器的使用。所謂的前除器,或者稱為除頻器,就是要將輸入訊號觸發計時器頻率降低的計數器硬體。例如,當前除器被設定為 1:2 時,這每兩次的輸入訊號邊緣發生才會觸發一次計數內容的增加。前除器的內容只能被設定而不可以被讀寫的。TIMER0 前除器的功能開啟與設定,是使用 T0CON 控制暫存器中的位元 PSA 與 T0PS0:T0PS0 所完成的。

控制位元 PSA 清除為 0 時,將會啟動 TIMER0 前除器的功能。一旦啟動之後,便可以將前除器設定為 1:2,……,1:256 等八種不同的除頻器比例。除頻器的設定是可以完全由軟體設定控制更改,因此在應用程式中可以隨時完全地控制除頻器設定。

當應用程式改寫 TMR0L 暫存器的內容時,前除器的除頻計數器內容將會被清除為 0,而重新開始除頻的計算。

▌TIMER0 中斷事件

當 TIMER0 計數器的內容在預設的 8 位元模式下,TIMER0 計數器數值暫存器 TMR0L 溢流(0xFF → 0x00)將會產生 TIMER0 計時器中斷訊號,而把旗標位元 TMR0IF 設定為 1。在 16 位元模式下,TIMER0 計數器數值暫存器 TMR0H: TMR0L 溢流(0xFFFF → 0x0000)將會把旗標位元 TMR0IF 設定為 1。這個中斷功能是可以藉由 TMR0IE 位元來選擇開啟與否。如果中斷功能開啟而且因為溢位事件發生進入中斷執行函式,在重新返回正常程式執行之前,必須將中斷旗標位元 TMR0IF 清除為 0,以免重複地發生中斷而一再地進入中斷執行函式。在微控制器的睡眠(SLEEP)模式下,TIMER0 將會被停止操作,而無法利用 TIMER0 的中斷來喚醒微控制器。

▌TIMER0 計數內容的讀寫

在預設的 8 位元操作模式下,應用程式只需針對低位元組的 TMR0L 暫存器進行讀寫的動作，便可以更改 TIMER0 計數的內容。但是在 16 位元的操作模式下，必須要藉由特定的程序才能夠正確地讀取或寫入計數器的內容。16 位元的讀寫程序必須要藉由 TMR0H:TMR0L 這兩個暫存器來完成。TMR0H 實際上並不是 TIMER0 計數內容的高位元組，它只是一個計數器高位元組讀寫過程中的緩衝暫存器位址，實際的計數器高位元組是不可以直接被讀寫的。

在想要讀取計數器內容的時候，當指令讀取計數器低位元組 TMR0L 暫存器的內容時，計數器高位元組的內容將會同時地被轉移並栓鎖（Latch）在 TMR0H 暫存器中。這樣的作法可以避免應用程式在讀取兩個暫存器的時間差中計數器有不協調的讀取內容更改，而可以得到同一時間完整的 16 位元計數內容。換句話說，在讀取低位元組的計數內容時，TMR0H 暫存器將保留著同一讀取時間的高位元組計數內容。

同樣的觀念也應用在改寫 TIMER0 計數器內容的程序。當要改寫計數器的內容時，必須先將高位元組的資料寫入到 TMR0H 緩衝暫存器中，這時候並不會改變 TIMER0 計時器的內容；當應用程式將其位元組的資料寫入到 TMR0L 暫存器時，TMR0H 暫存器的內容也將同時地被載入到 TIMER0 計數器的高位元組，而完成全部 16 位元的計數內容更新。

9.2 TIMER1/3/5 計時器／計數器

PIC18 新近改良的 TIMER1/3/5 計時器／計數器，除了增加更多的計時／計數觸發的時脈訊號來源之外，更重要的是，在閘控的功能上面有更多進步的設計加入到計時器模組，讓使用者在運用計時器時可以有更彈性的使用方式，以及更快速的資料處理運用。

在傳統的計時器功能上，例如 PIC18F452 的 TIMER1，硬體主要以計算脈波觸發次數為主，在輸入訊號的管控上並沒有太多著墨，只能夠選擇來源。一旦計時器啟動後，就必須一直隨著時脈來源的變化計算次數，直到關閉計時器為止。但是一旦關閉計時器後再重新開啟，有時計數內容將會被重置或初始化為特定值，或者重新開啟的時機無法快速精確地掌控，導致計時器的應用受到限制，或者必須大費周章地利用程式作計時器初始化的處理。計時器閘控（Gate Control）的功能在這些需求下應運而生。

　　所謂閘控（Gate Control），最基本的功能就是對於時脈訊號來源作管控，在不關閉計時器的情形下，藉由暫停時脈傳輸到計時器做累加計數的動作，例如 PIC18F4520 的 TIMER1/3。在較新的 PIC18 微控制器上，例如 PIC18F45K22，對於閘控的功能就更進一步地加強設計，可以藉由許多內外部訊號啟動或關閉閘控訊號控制決定時脈訊號的通過與否；也可以在閘控完成時觸發中斷，即時的處理利用閘控所希望處理的計時資料。藉由在計時器中閘控功能的提升，擴大計時器的應用範疇。

　　PIC18F45K22 的 TIMER1/3/5 計時器／計數器具備有下列的特性：

- 16 位元的計時器或計數器（使用 TMRxH:TMRxL 暫存器）
- 可以讀取或寫入的計數器內容
- 時序來源可設定為外部或內部來源
- 專屬的 3 位元軟體設定前除器（Prescaler）
- 專屬的 32768 Hz 輔助震盪器電路
- 可選擇的同步類比訊號比較器輸出
- 多種 TIMER1/3/5 閘控（Gate Control, or Count Enable）訊號來源
- 溢位（Overflow）時，也就是計數內容於 0xFFFF 變成 0x0000 時，產生中斷事件
- 溢位時喚醒系統（僅適用於使用外部時脈，非同步模式）
- 輸入捕捉與輸出比較的計時基準
- 可由 CCP/ECCP 模組重置的特殊事件觸發器
- 可選擇的閘控訊號來源極性設定
- 閘控事件觸發中斷，及各種閘控相關功能

　　TIMER1/3/5 計時器的硬體結構方塊圖如圖 9-3 所示。而圖 9-3 中的閘控（Gate Control）訊號，則是由如圖 9-4 中的閘控訊號硬體所產生。

　　圖 9-3 中的基本計時器硬體決定計時或計數的時脈來源、頻率與溢位中斷的部分。如果閘控功能關閉（TMRxGE=0），則計時器將會回到基本的操作模式；一旦開啟閘控功能時，也就是 TMRxGE=1，則計時器數值暫存器的遞加觸發，將會隨著閘控訊號的變化而執行或暫停。因此，在外部時脈觸發訊號持

續變化的情況下，計時器也會因爲閘控訊號的管理而有不同的意義。這是新一
代計時器最大的變化。因此，閘控的管理也衍生出數種不同的模式。

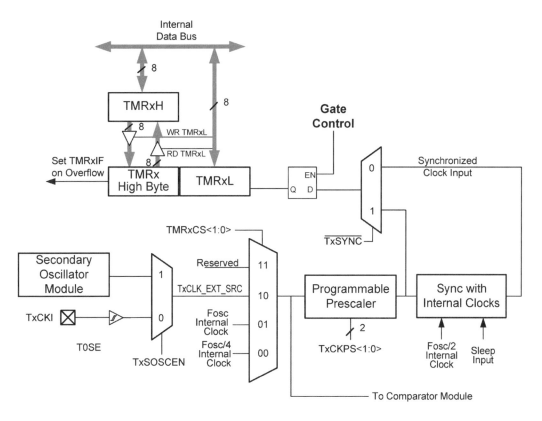

圖 9-3 TIMER1/3/5 計時器的基本計時／計數硬體結構方塊圖

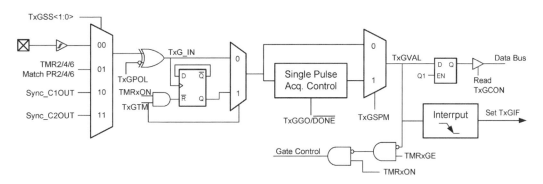

圖 9-4 TIMER1/3/5 計時器的閘控（Gate Control）硬體結構方塊圖

完整的計時器 TIMER1/3/5 硬體架構如圖 9-5 所示。

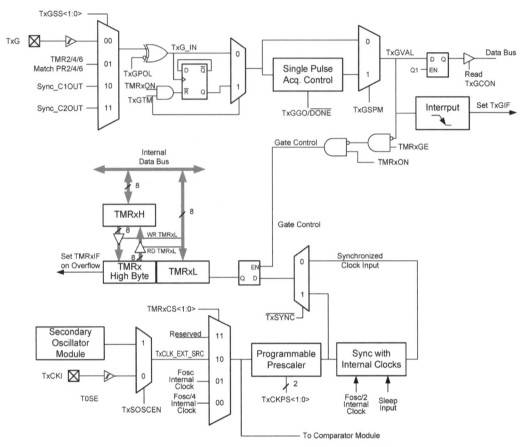

圖 9-5　TIMER1/3/5 計時器的完整硬體結構方塊圖

因此，計時器 TIMER1/3/5 的計數動作，就可以由 TMRxON 跟 TMRxGE 兩個位元決定，如表 9-3 所示。

表 9-3　計時器 TIMER1/3/5 計數動作選擇

TMRxON	TMRxGE	Timer1/3/5 計數動作
0	0	停止
0	1	停止
1	0	持續動作
1	1	依閘控訊號決定

接下來將會把計時器的功能分成基本計時器與閘控管理兩個部分跟大家做詳細的解說。

⬮ TIMER1/3/5 的計時計數功能

TIMER1/3/5 相關的基本計時器功能設定主要由 TxCON 暫存器所定義，其內容如表 9-4 所示。

表 9-4 TxCON 設定暫存器位元內容定義

R/W-0/u	R/W-0/u	R/W-0/u	R/W-0/u	R/W-0/u	R/W-0/u	R/W-0/0	R/W-0/u
TMRxCS<1:0>		TxCKPS<1:0>		TxSOSCEN	$\overline{\text{TxSYNC}}$	TxRD16	TMRxON

bit 7   bit 0

bit 7-6 **TMRxCS1: TMRxCS0:** Timer1/3/5 Clock Source Select bits

　　　11= 保留，未使用。

　　　10= Timer1 時脈來源為對應腳位或震盪器：

　　如果 TxSOSCEN = 0：

　　由 TxCKI 腳位所接入的外部時脈，在上升邊緣觸發。

　　如果 TxSOSCEN = 1：

　　由 SOSCI/SOSCO 腳位所接入的震盪器時脈。

　　　01 =Timer1/3/5 時脈來源為系統時脈 (Fosc)

　　　00 =Timer1/3/5 時脈來源為指令時脈 (Fosc/4)

bit 5-4 **TxCKPS1:TxCKPS0:** 前除器比例設定位元。

　　　11 = 1:8 Prescale value

　　　10 = 1:4 Prescale value

　　　01 = 1:2 Prescale value

　　　00 = 1:1 Prescale value

bit 3 **TxSOSCEN:** TIMERx Seconday Oscillator Enable bit

　　　1 = 開啟 TIMERx 輔助計時器外部震盪源。

　　　0 = 關閉 TIMERx 輔助計時器外部震盪源與相關電路節省電能。

bit 2 **TxSYNC:** TIMERx External Clock Input Synchronization Select bit

　　When TMRxCS = 1X:

　　1 = 不進行指令週期與外部時序輸入同步程序。

0 = 進行指令週期與外部時序輸入同步程序。

When TMRxCS = 0X:

此位元設定被忽略。

bit 1 **TxRD16:** 16-bit Read/Write Mode Enable bit

1 = 開啓 TIMER1 計時器一次 16 位元讀寫模式。

0 = 開啓 TIMER1 計時器兩次 8 位元讀寫模式。

bit 0 **TMRxON:** TIMERx On bit

1 = 開啓 TIMERx 計時器。

0 = 關閉 TIMERx 計時器。

■ 時序脈波的來源

計時器的時序脈波可以藉由 TxCON 暫存器中 TMRxCS1 與 TMRxCS2 及 TxSOSCEN 這些設定位元的組合設定，如表 9-5 所示。

表 9-5　TIMER1/3/5 計時器時脈來源選擇

TMRxCS1	TMRxCS0	TxSOSCEN	Clock Source
0	1	x	系統時脈（Fosc）
0	0	x	指令時脈（Fosc/4）
1	0	0	TxCKI 腳位所接入的外部時脈
1	0	1	由 SOSCI/SOSCO 腳位所接入的震盪器時脈

當 TIMER1/3/5 各自設定使用專屬的 32768 Hz 輔助時脈來源時，它可以由 TIMER1/3/5 同時使用。

■ 內部時脈來源

有別於傳統的 PIC18 微控制器只能使用指令時脈作爲內部計時單位，新的 PIC18 微控制器，例如 PIC18F45K22 可以使用系統時脈，也就是震盪器時脈 F_{osc}，作爲計時單位，可以更精確地計算各種事件發生的時間。當選擇系統時脈爲計時器時脈來源時，計時器將會在每個系統時脈訊號發生時遞加一，或者當設定有前除器的比例時，則依據所設定的比例 N，每 N 個系統時脈後遞加一。如果程式設定使用指令時脈時，則會在每個指令時脈訊號（Fosc/4）

發生時遞加一，或者當設定有前除器的比例時，則依據所設定的比例 N，每 N 個指令時脈後遞加一。

由於計時器的內容必須藉由指令的執行而得以讀寫，因此如果使用同步訊號或單純使用系統時脈，則所得到的數值仍將會與指令時脈同步而無法得到更精確的計時，也就是計時器的最低兩個位元將沒有實際的意義。所以如果要得到更精確的計時精度，必須使用非同步訊號作為計時器 TIMER1/3/5 的閘控訊號。一般而言，適當的非同步閘控訊號包含：

1. 連接到 TIMER1/3/5 閘控訊號腳位的非同步事件訊號
2. 輸出到 TIMER1/3/5 閘控訊號的類比訊號比較器 C1 或 C2 的輸出

■ 外部時脈來源

當選擇使用外部訊號來源時，依外部訊號是否為固定頻率的訊號源，TIMER1/3/5 將作為計時器或計數器使用。使用外部時脈時，計時器將會在所對應的時脈輸入腳位（TxCKI）的上升邊緣發生時遞加一。外部時脈來源並可以選擇設定為與微控制器系統時脈同步或保持非同步。外部時脈保持非同步（$\overline{\text{TxSYNC}}$=1）時，可以更精確記錄事件發生時計時器的時間資料。

如果應用設計選擇使用外部石英震盪器作為時脈來源時，可選擇使用常用的 32768 Hz 石英震盪器且由微控制器的 SOSCI/SOSCO 腳位連結的專屬內部電路提供電源產生時脈訊號。這個專屬的輔助震盪器電路在系統睡眠時仍可以繼續運作而產生適當的時脈與中斷事件供系統使用。

要開啟這個輔助震盪器電路的使用，需要將 TxCON 暫存器中的 TxSO-SCEN 位元及 OSCCON2 暫存器中的 SOSCGO 位元設定為 1，或在設定系統功能時，將 OSCCON 暫存器的 SCS<1:0> 設為 01 的組合而選擇使用輔助震盪器電路作為系統時脈來源。

■ TIMER1/3/5 前除器

TIMER1/3/5 可以藉由 TxCPS<1:0> 位元設定四種不同比例的除頻器，藉由一個簡單的三位元計數器電路的不同位元輸出，提供 1、2、4 及 8 倍四種比例。設定前除器的比例後，計數器內容的遞加將依照設定比例倍數的時脈訊號發生後才會發生計數器遞加一的動作。例如當設定為 4 倍時，需要 4 個時脈訊號才會使 TMRxL 遞加一。

　　為避免計數器內容的誤差，當計時器開啟或計數器數值暫存器被寫入數值時，前除器內的計數器將會被清除為 0，以避免未知的誤差發生。

■TIMER1/3/5 計數器 16 位元數值的讀寫

　　TIMER1 的計數內容是由兩個暫存器 TMR1H 以及 TMR1L 共同組成的。當 TIMER1 作為 16 位元的計時器使用時，TMR1H 以及 TMR1L 暫存器將共同組成 16 位元的計數內容；這時候，TMR1H 代表計數內容的高位元組，而 TMR1L 代表計數內容的低位元組。

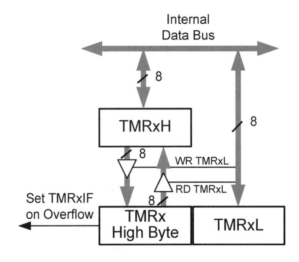

圖 9-6　TIMER1/3/5 計時 16 位元數值的讀寫

　　如圖 9-6 所示，當暫存器 TxCON<TxRD16> 位元設定為 1（16 位元讀寫）時，在想要讀取計數器 TIMER1/3/5 內容的時候，當指令讀取計數器低位元組 TMRxL 暫存器的內容時，計數器高位元組的內容將會同時地被轉移並栓鎖（Latch）在 TMRxH 暫存器中。這樣的作法可以避免應用程式在讀取兩個暫存器的時間差中計數器有不協調的讀取內容更改，而可以得到同一時間完整的 16 位元計數內容。換句話說，在讀取低位元組的計數內容時，TMRxH 暫存器將保留著同一讀取時間的高位元組計數內容。

　　同樣的觀念也應用在改寫 TIMER1/3/5 計數器內容的程序。當要改寫計數器的內容時，必須先將高位元組的資料寫入到 TMRxH 緩衝暫存器中，這時候並不會改變 TIMERx 計時器的內容；當應用程式將低位元組的資料寫入到 TMRxL 暫存器時，TMR1H 暫存器的內容也將同時地被載入到 TIMERx 計數器的高位元組，而完成全部 16 位元的計數內容更新。

　　相反地，如果 TxRD16 位元設定為 8 位元的讀寫方式，則使用時必須由程式確認兩個位元組分開讀寫時是否有進位或溢位的產生而發生不可預期的錯誤。所以一般而言，使用計時器 TIMER1/3/5 都會採用 16 位元的讀寫方式。

◢ TIMER1/3/5 計時器的閘控功能

　　計時器 TIMER1/3/5 閘控功能相關的設定暫存位元如表 9-6 所示。

表 9-6　計時器 TIMER1/3/5 閘控功能相關的 TxGCON 設定暫存器位元表

R/W-0/u	R/W-0/u	R/W-0/u	R/W-0/u	R/W/HC-0/u	R-x/x	R/W-0/u	R/W-0/u
TMRxGE	TxGPOL	TxGTM	TxGSPM	TxGGO/$\overline{\text{DONE}}$	TxGVAL	TxGSS<1:0>	

Bit 7　　　　　　　　　　　　　　　　　　　　　　　　　　　　　　　bit 0

bit 7　**TMRxGE:** Timer1/3/5 Gate Enable bit

　　　If TMRxON = 0:

　　　忽略不使用

　　　If TMRxON = 1:

　　　1 = Timer1/3/5 計數受到 Timer1/3/5 閘控訊號控制

　　　0 = Timer1/3/5 持續計數，不受閘控訊號影響

bit 6　**TxGPOL:** Timer1/3/5 Gate Polarity bit

　　　1 = Timer1/3/5 閘控訊號為 active-high（閘控訊號為 1 時持續計數）

　　　0 = Timer1/3/5 閘控訊號為 active-low（閘控訊號為 0 時持續計數）

bit 5　**TxGTM:** Timer1/3/5 閘控反轉模式位元

　　　1 = Timer1/3/5 閘控反轉模式啟動

　　　0 = Timer1/3/5 閘控反轉模式關閉且清除相關正反器內容

　　　Timer1/3/5 閘控正反器每次上升邊緣反轉

bit 4　**TxGSPM:** Timer1/3/5 閘控單一脈衝模式位元

　　　1 = Timer1/3/5 閘控單一脈衝模式開啟

　　　0 = Timer1/3/5 閘控單一脈衝模式關閉

bit 3 **TxGGO/$\overline{\text{DONE}}$:** Timer1/3/5 閘控單一脈衝模式狀態位元

1 = Timer1/3/5 閘控單一脈衝偵測中，等待觸發邊緣訊號

0 = Timer1/3/5 閘控單一脈衝偵測完成或未啓動

This bit is automatically cleared when TxGSPM is cleared.

bit 2 **TxGVAL:** Timer1/3/5 閘控目前狀態

顯示目前 TIMER1/3/5 閘控實際執行狀態，TIMER1/3/5 是否有持續計時的狀態，而非閘控功能位元 (TMRxGE) 的設定。

bit 1-0 **TxGSS<1:0>:** Timer1/3/5 Gate Source Select bits

00 = Timer1/3/5 閘控腳位

01 = Timer2/4/6 計時數值符合 PR2/4/6 週期暫存器輸出

10 = 類比訊號比較器 Comparator 1 輸出 sync_C1OUT

11 = 類比訊號比較器 Comparator 2 輸出 sync_C2OUT

計時器 TIMER1/3/5 可以藉由設定持續計數或者在不關閉計數器的情形下，藉由閘控電路啓動或暫停計數的動作。藉由閘控功能，配合多種可選擇的閘控訊號及閘控事件中斷，可以更精確地計算對應事件發生的時間。

當 TxGCON 暫存器的 TMRxGE 位元設定爲 1 時，將啓動計時器的閘控功能；啓動或暫停閘控訊號的極性（1 或 0）可以藉由 TxCON 暫存器中的 TxGPOL 位元設定。如此一來，可以更彈性地配合外部硬體的特性計算時間。如圖 9-4 或 9-5 所示，當最終的閘控致能訊號 TxG（Gate Control 或 Gate Enable）爲 1 時，將會使得計時器在時脈來源訊號的上升邊緣遞加一。當閘控致能訊號爲 0 時，則會停止遞加一的動作，計時器數值暫存器則會保持目前的計數內容。整體而言，當閘控致能訊號爲 1 時，計時器的遞加動作如表 9-7 所示。

表 9-7　在閘控功能開啓的情形下，計時器 TIMER1/3/5 計時動作的設定

TxCLK	TxGPOL	TxG	Timer1/3/5 Operation
↑	0	0	持續計數
↑	0	1	暫停計數
↑	1	0	暫停計數
↑	1	1	持續計數

■ 計時器 TIMER1/3/5 閘控訊號來源選擇

計時器 TIMER1/3/5 閘控訊號來源可以有四種選擇，程式藉由 TxGCON 暫存器中的 TxGSS<1:0> 組合選擇，而觸發閘控計數的訊號極性也可以由 TxCON 暫存器中的 TxGPOL 位元設定。可選擇的四個閘控訊號來源如表 9-8 所示。

表 9-8　計時器 TIMER1/3/5 閘控訊號來源

TxGSS	閘控訊號來源
00	Timer1/3/5 閘控訊號腳位 TxG
01	Timer2/4/6 計時數值符合 PR2/4/6 暫存器
10	類比訊號比較器 Comparator 1 輸出 Sync_C1OUT
11	類比訊號比較器 Comparator 2 輸出 Sync_C2OUT

■ TxG 腳位閘控功能

使用者可以利用 TxG 腳位連結外部訊號，提供閘控電路外部訊號控制計時器 TIMER1/3/5 計數的功能。

■ 計時器 TIMER2/4/6 閘控功能

當選擇 TxGSS 為 01 時，計時器 TIMER2、TIMER4 及 TIMER6 所能閘控的計時器分別為 TIMER1、TIMER3 及 TIMER5。當計時器 TIMER2、TIMER4 及 TIMER6 的計時數值各自符合 PR2、PR4 及 PR6 時，就會將對應的計時器 TIMER1/3/5 的計數功能暫停。

當計時功能啟動後，TIMER2/4/6 會持續遞加直到計時數值符合週期暫存器 PR2/4/6 為止，緊接著的下一個計時脈波，TIMER2/4/6 將會重置為 0。當重置發生時，將會有一個內部上升邊緣訊號脈衝，由 0 變為 1，提供給對應的 TIMER1/3/5 作為閘控電路使用。當配對的 TIMER2/4/6 與 TIMER1/3/5 都使用指令時脈（Fosc/4）作為時脈來源時，TIMER1/3/5 將會在 TIMER2/4/6 溢位（Overflow）觸發 TIMER1/3/5 遞加一；這樣的連結實質上將 TIMER2/4/6

與對應的 TIMER1/3/5 結合成一組最高達 24 位元的計時器。特別是在配合 CCP 的特殊事件觸發時，可以提供一個更長時間週期的中斷訊號。

■ 類比訊號比較器 Comparator 1/2 輸出 Sync_CxOUT

　　類比訊號比較器 Comparator 的輸出結果，可以作為計數器 TIMER1/3/5 的閘控訊號。比較器輸出 Sync_CxOUT 可以與計數器做同步或非同步結合的運用。詳細的內容留待類比訊號比較的章節再加以介紹。

■ 計時器 TIMER1/3/5 閘控模式

　　計時器的閘控操作模式有三種：

1. 基本模式
2. 反轉模式（Toggle Mode）
3. 單一脈衝模式（Single-Pulse Mode）

■ 基本模式

　　基本模式的計時器閘控，僅僅由外部訊號的變化管控。當外部訊號為 1 時（假設 TxGPOL=1），計數器將持續計數；當閘控訊號為 0 時，則暫停計數。基本模式的計時器閘控時序圖如圖 9-7 所示。

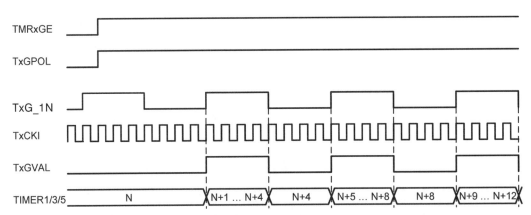

圖 9-7　計時器 TIMER1/3/5 閘控基本模式下的計數與相關位元訊號時序圖

　　反轉模式（TxGTM=1）基本上是藉由在閘控訊號後面增加一個正反器，再接到閘控電路控制計數。由於增加一個正反器，所以輸入訊號必須有一次完整的 0 與 1 週期變化，正反器才會有一個變化，因此相當於計時器必須持續計時一個完整的週期後才停止。啟動反轉模式的計時器閘控時序圖如圖 9-8 所示。

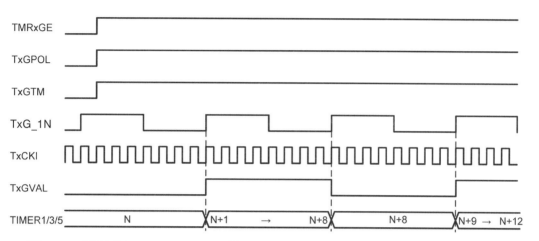

圖 9-8　計時器 TIMER1/3/5 閘控反轉模式下的計數與相關位元訊號時序圖

　　單一脈衝模式（TxGSPM=1）基本上是藉由在基本模式上額外增加一個 TxGGO/$\overline{DONE}$ 控制訊號，在 TxGGO/$\overline{DONE}$ 控制訊號為 1 的情形下，執行單一閘控訊號 TxG_IN 脈衝（僅有 TxG_IN 為 1 時）的計數動作。TxGGO/$\overline{DONE}$ 將會在執行完成單一脈衝的計數動作後，由 TxGVAL 的下降邊緣自動清除為 0。因此，TxGGO/$\overline{DONE}$ 也可以作為單一脈衝模式是否執行完成的狀態檢查位元。當完成閘控計數時，同時也會將計時器閘控中斷旗標設定為 1，如果中斷功能開啟的話，將可以直接進入中斷執行函式進行資料處理，可以提供即時快速的系統反應。單一脈衝模式的計時器閘控時序圖如圖 9-9 所示。

CHAPTER

9

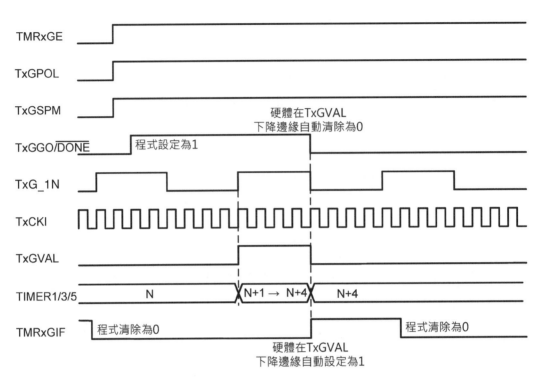

圖 9-9 計時器 TIMER1/3/5 閘控單一脈衝模式下的計數與相關位元訊號時序圖

■ 計時器 TIMER1/3/5 閘控事件中斷

當 TxGVAL 發生下降邊緣的訊號時,將會把 PIR3 暫存器中的 TMRxGIF 中斷旗標位元設定為 1。當計時器閘控事件中斷功能被開啓（TMRxGIE=1 時),這個中斷訊號將會觸發系統中斷執行函式;即便計時器閘控事件中斷功能沒有開啓,仍然可以利用 TMRxGIF 中斷旗標位元進行狀態的判斷。

■ 計時器 TIMER1/3/5 的中斷功能

當 TIMER1/3/5 計數器數值暫存器 TMRxH:TMRxL 溢位時（0xFFFF → 0x0000),將會把 PIR1/2/5 暫存器中的旗標位元 TMRxIF 設定為 1。這個中斷功能是可以藉由 PIE1/2/5 暫存器中的 TMRxIE 位元來選擇開啓與否。如果中斷功能開啓而且進入中斷執行函式,在重新返回正常程式執行之前,必須將中斷旗標位元 TMRxIF 清除為 0,以免重複地發生中斷。

■計時器 TIMER1/3/5 的系統喚醒功能

只有當計時器 TIMER1/3/5 被設定爲非同步計數器的功能時，在系統睡眠的狀態下才可以繼續操作。在這個模式下，外部石英震盪器或時脈訊號可以持續讓計數器數值遞加。當計數器數值發生溢位（Overflow）時，將會喚醒系統並執行下一個指令。如果相關計時器中斷功能有設定的話，將會執行相關的中斷執行函式。

如果設定使用輔助時脈來源（Secondary Oscillator），不論 $\overline{\text{TxSYNC}}$ 是否設定，計時器仍會持續運作。

■ECCP/CCP 的輸入捕捉與輸出比較的計時基礎

當 ECCP/CCP 的輸入捕捉與輸出比較開啓時，必須要選擇 TIMER1/3/5 中的一個計時器作爲其計時的基礎。

在輸入捕捉（Capture）模式下，當設定的訊號事件發生時，計時器數值 TMRxH:TMRxL 暫存器內容將會被複製到 CCPRxH:CCPRxL 暫存器中。

在輸出比較（Compare）模式下，當 CCPRxH:CCPRxL 暫存器中的數值與所設定的計時器 TMRxH:TMRxL 暫存器內容相同時，將會觸發一個事件訊號。這可以設定作爲一個輸出捕捉的中斷事件，或者重置相對應計時器的特殊事件訊號。重置計時器時並不會觸發溢位中斷，但是可以設定成爲 CCP 模組的中斷。

利用與 CCP 模組的搭配，CCPRxH:CCPRxL 暫存器實質上成爲對應計時器的週期暫存器。要使用這樣的功能，必須將計時器設定使用內部指令時脈作爲訊號來源。如果是用非同步訊號，則有可能造成特殊事件訊號的錯失。萬一計數器因爲程式執行寫入計數器數值暫存器的時間與 CCP 模組特殊事件觸發的時間碰巧重疊，將會優先執行寫入的指令而不會重置。

表 9-9　計時器 TIMER1/3/5 相關的暫存器位元表

Name	Bit 7	Bit 6	Bit 5	Bit 4	Bit 3	Bit 2	Bit 1	Bit 0
ANSELB	—	—	ANSB5	ANSB4	ANSB3	ANSB2	ANSB1	ANSB0
ANSELC	ANSC7	ANSC6	ANSC5	ANSC4	ANSC3	ANSC2	—	—
INTCON	GIE/GIEH	PEIE/GIEL	TMR0IE	INT0IE	RBIE	TMR0IF	INT0IF	RBIF
IPR1	—	ADIP	RC1IP	TX1IP	SSP1IP	CCP1IP	TMR2IP	TMR1IP
IPR2	OSCFIP	C1IP	C2IP	EEIP	BCL1IP	HLVDIP	TMR3IP	CCP2IP
IPR3	SSP2IP	BCL2IP	RC2IP	TX2IP	CTMUIP	TMR5GIP	TMR3GIP	TMR1GIP
IPR5	—	—	—	—	—	TMR6IP	TMR5IP	TMR4IP
PIE1	—	ADIE	RC1IE	TX1IE	SSP1IE	CCP1IE	TMR2IE	TMR1IE
PIE2	OSCFIE	C1IE	C2IE	EEIE	BCL1IE	HLVDIE	TMR3IE	CCP2IE
PIE3	SSP2IE	BCL2IE	RC2IE	TX2IE	CTMUIE	TMR5GIE	TMR3GIE	TMR1GIE
PIE5	—	—	—	—	—	TMR6IE	TMR5IE	TMR4IE
PIR1	—	ADIF	RC1IF	TX1IF	SSP1IF	CCP1IF	TMR2IF	TMR1IF
PIR2	OSCFIF	C1IF	C2IF	EEIF	BCL1IF	HLVDIF	TMR3IF	CCP2IF
PIR3	SSP2IF	BCL2IF	RC2IF	TX2IF	CTMUIF	TMR5GIF	TMR3GIF	TMR1GIF
PIR5	—	—	—	—	—	TMR6IF	TMR5IF	TMR4IF
PMD0	UART2MD	UART1MD	TMR6MD	TMR5MD	TMR4MD	TMR3MD	TMR2MD	TMR1MD
T1CON	TMR1CS<1:0>		T1CKPS<1:0>		T1SOSCEN	T1SYNC	T1RD16	TMR1ON
T1GCON	TMR1GE	T1GPOL	T1GTM	T1GSPM	T1GGO/DONE	T1GVAL	T1GSS<1:0>	
T3CON	TMR3CS<1:0>		T3CKPS<1:0>		T3SOSCEN	T3SYNC	T3RD16	TMR3ON
T3GCON	TMR3GE	T3GPOL	T3GTM	T3GSPM	T3GGO/DONE	T3GVAL	T3GSS<1:0>	
T5CON	TMR5CS<1:0>		T5CKPS<1:0>		T5SOSCEN	T5SYNC	T5RD16	TMR5ON
T5GCON	TMR5GE	T5GPOL	T5GTM	T5GSPM	T5GGO/DONE	T5GVAL	T5GSS<1:0>	
TMR1H	Holding Register for the Most Significant Byte of the 16-bit TMR1 Register							
TMR1L	Least Significant Byte of the 16-bit TMR1 Register							
TMR3H	Holding Register for the Most Significant Byte of the 16-bit TMR3 Register							
TMR3L	Least Significant Byte of the 16-bit TMR3 Register							
TMR5H	Holding Register for the Most Significant Byte of the 16-bit TMR5 Register							
TMR5L	Least Significant Byte of the 16-bit TMR5 Register							
TRISB	TRISB7	TRISB6	TRISB5	TRISB4	TRISB3	TRISB2	TRISB1	TRISB0
TRISC	TRISC7	TRISC6	TRISC5	TRISC4	TRISC3	TRISC2	TRISC1	TRISC0

CHAPTER

9

9.3 TIMER2/4/6 計時器／計數器

PIC18F45K22 有三個屬於 TIMER2 類型的 8 位元計時器模組，為保持與過去相容的傳統與名稱，稱之為 TIMER2、TIMER4 與 TIMER6。

TIMER2/4/6 計時器／計數器具備有下列的特性：

- 8 位元的計時器或計數器（使用可讀寫的 TMR2/TMR4/TMR6 暫存器）。
- 8 位元的週期暫存器（PR2/4/6）。可以讀取或寫入的暫存器內容。
- 軟體設定前除器（Prescaler）（1:1、1:4、1:16）。
- 軟體設定後除器（Postscaler）（1:1～1:16）。
- 當週期暫存器 PR2/4/6 符合 TMR2/4/6 計時器數值時產生中斷訊號。
- MSSP 模組可選擇使用 TMR2 輸出而產生時序移位脈波。

TIMER2/4/6 計時器的硬體結構方塊圖如圖 9-10 所示。

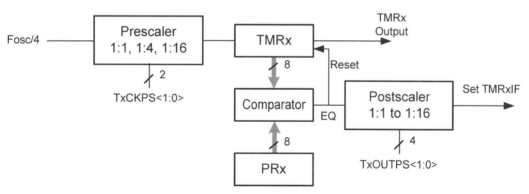

圖 9-10　TIMER2/4/6 計時器的硬體結構方塊圖

■TIMER2/4/6 TxCON 設定暫存器定義

表 9-10　TxCON 設定暫存器位元內容定義

U-0	R/W-0	R/W-0	R/W-0	R/W-0	R/W-0	R/W-0	R/W-0
—	TxOUTPS<3:0>				TMRxON	TxCKPS<1:0>	

bit 7　　　　　　　　　　　　　　　　　　　　　　　　　　　　　　　bit 0

bit 7　**Unimplemented:** Read as '0'

bit 6-3　**TxOUTPS3:TxOUTPS0:** Timerx 計時器後除器設定位元。

　　　　0000 = 1:1 Postscale

　　　　0001 = 1:2 Postscale

　　　　1111 = 1:16 Postscale

bit 2　**TMRxON:** Timerx On bit

　　　　1 = 啟動 Timerx 計時器。

　　　　0 = 停止 Timerx 計時器。

bit 1-0　**TxCKPS1:TxCKPS0:** Timerx 計時器前除器設定位元。

　　　　00 = Prescaler is 1

　　　　01 = Prescaler is 4

　　　　1x = Prescaler is 16

其他與 TIMER2/4/6 計時器／計數器相關的暫存器如表 9-11 所示。

表 9-11　TIMER2/4/6 計時器／計數器相關的暫存器

Name	Bit 7	Bit 6	Bit 5	Bit 4	Bit 3	Bit 2	Bit 1	Bit 0
CCPTMRS0	C3TSEL<1:0>		—	C2TSEL<1:0>		—	C1TSEL<1:0>	
CCPTMRS1	—	—	—	—	C5TSEL<1:0>		C4TSEL<1:0>	
INTCON	GIE/GIEH	PEIE/GIEL	TMR0IE	INT0IE	RBIE	TMR0IF	INT0IF	RBIF
IPR1	—	ADIP	RC1IP	TX1IP	SSP1IP	CCP1IP	TMR2IP	TMR1IP
IPR5	—	—	—	—	—	TMR6IP	TMR5IP	TMR4IP
PIE1	—	ADIE	RC1IE	TX1IE	SSP1IE	CCP1IE	TMR2IE	TMR1IE
PIE5	—	—	—	—	—	TMR6IE	TMR5IE	TMR4IE
PIR1	—	ADIF	RC1IF	TX1IF	SSP1IF	CCP1IF	TMR2IF	TMR1IF
PIR5	—	—	—	—	—	TMR6IF	TMR5IF	TMR4IF
PMD0	UART2MD	UART1MD	TMR6MD	TMR5MD	TMR4MD	TMR3MD	TMR2MD	TMR1MD
PR2	Timer2 Period Register							
PR4	Timer4 Period Register							
PR6	Timer6 Period Register							
T2CON	—	T2OUTPS<3:0>				TMR2ON	T2CKPS<1:0>	
T4CON	—	T4OUTPS<3:0>				TMR4ON	T4CKPS<1:0>	
T6CON	—	T6OUTPS<3:0>				TMR6ON	T6CKPS<1:0>	

表 9-11 （續）

Name	Bit 7	Bit 6	Bit 5	Bit 4	Bit 3	Bit 2	Bit 1	Bit 0
TMR2	Timer2 Register							
TMR4	Timer4 Register							
TMR6	Timer6 Register							

TIMER2/4/6 的操作方式

TIMER2/4/6 計時器／計數器功能的開啟是由 T2CON 設定暫存器中的 TMRxON 位元所控制的。TIMER2/4/6 計時器的前除器或者後除器的操作模式則是藉由 TxCON 設定暫存器中的相關設定位元所控制的。

TIMER2/4/6 可以被用來作為 CCP 模組下波寬調變（PWM）模式的時序基礎。TMRx 暫存器是可以被讀寫的，而且在任何一個系統重置發生時將會被清除為 0。TIMERx 計時器所使用的時序輸入，也就是指令時脈（Fosc/4），可藉由 TxCON 控制暫存器中的 TxCKPS1: TxCKPS0 控制位元設定三種不同選擇的前除比例（1: 1、1:4、1:16）。而 TMRx 暫存器的輸出將會經過一個 4 位元的後除器，它可以被設定為十六種後除比例（1:1～1:16）以產生 TMRx 中斷訊號，並將 PIR1/5 暫存器的中斷旗標位元 TMRxIF 設定為 1。

TIMER2/4/6 前除器與後除器的計數內容在下列的狀況發生時，將會被清除為 0：

- 當寫入資料到 TMRx 暫存器時。
- 當寫入資料到 TxCON 暫存器時。
- 任何一個系統重置發生時。

但是寫入資料到 TxCON 控制暫存器，並不會影響到 TMRx 暫存器的內容。

◎ TIMER2/4/6 中斷事件

TIMER2/4/6 模組建置有一個 8 位元的週期暫存器 PR2/4/6。TIMER2/4/6 的計數內容將由 0x00 經由訊號觸發而逐漸地遞加，一直到符合 PR2/4/6 週期暫存器的內容爲止；這時候，將會觸發 TIMER2/4/6 的中斷訊號，而且 TMR2/4/6 的內容將會在下一個遞加的訊號發生時被重置爲 0。在系統重置時，PR2/4/6 暫存器的內容將會被設定爲 0xFF。

◎ TIMER2/4/6 其他相關功能

■ TMR2/4/6 輸出

未經過後除器之前的 TMR2/4/6 輸出訊號，主要是作爲 CCP 模組中 PWM 模式的計時基礎，這個訊號也可以被選擇作爲產生通訊時所需要的移動時脈。程式可以藉由設定 CCPTMRS0 及 CCPTMRS1 暫存器中的 CxTSEL<1:0> 選擇 CCP 模組對應的計時器。

未經過後除器之前的 TMR2 輸出訊號，同時也被輸出到同步串列通訊模組，可以被選擇作爲產生通訊時所需要的移動時脈。

■ TIMER2/4/6 在睡眠模式下的操作

計時器 TIMER2/4/6 在睡眠模式下無法操作。TMRx 與 PRx 暫存器的內容在睡眠模式下將會維持不變。

■ 未使用的周邊模組停用

爲降低系統電能消耗，當某一個周邊功能模組未使用或未啓動時，可以藉由 PMD 暫存器中的模組關閉位元關閉對應的周邊硬體。當對應的關閉位元設定爲 1 時，對應模組會被維持在重置的狀態並且停止系統時脈的提供。計時器 TIMER2/4/6 對應的模組關閉位元，是在 PDM 暫存器的 TMR2MD、TM-R4MD 與 TMR6MD。

接下來，將以範例 9-1 說明計算器 TIMER1 的設定及使用。

範例 9-1

設計一個每 0.5 秒讓 PORTD 的 LED 所顯示的二進位數字自動加一的程式。

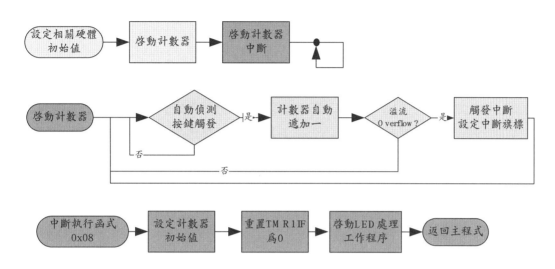

```
        list  p=18f45k22
#include      <p18f45k22.inc>        ; 納入定義檔 Include file located
                                     ; at defult directory
;
TMR1_VAL   EQU   .16384             ; Timer1 設定為 500ms 中斷一次


;****************************************************
;**** RESET Vector @ 0x0000
;****************************************************


        org   0x00            ;
        bra   Initial
;
        org   0x08            ; 高優先中斷的程式向量位址
        bra   Hi_ISRs
```

CHAPTER

9

```
;
;* * * * * * * * * * * * * * * * * * * * * * * * * * * * * * * * * * * * * * * * * * * * * * *
;****    The Main Program start from Here !!
;* * * * * * * * * * * * * * * * * * * * * * * * * * * * * * * * * * * * * * * * * * * * * * *

            org     0x2A            ; 正常執行程式的開始
Initial:
            call    Init_IO         ; 以函式的方式宣告所有的輸出入腳位
            call    Init_Timer1     ; 以函式的方式設定 TIMER1 計時器
;
            bsf     RCON, IPEN, 0   ; 啓動中斷優先順序的功能
            bsf     INTCON,GIEH,0   ; 啓動所有的高優先中斷
;
Main:
Null_Loop   goto    Null_Loop       ; 無窮迴圈
;
;* * * * * * * * * * * * * * * * * * * * * * * * * * * * * * * * * * * * * * * * * * * * * * *
;****    Initial the PORTD for the output port
;* * * * * * * * * * * * * * * * * * * * * * * * * * * * * * * * * * * * * * * * * * * * * * *
Init_IO:
            banksel ANSELD
            clrf    ANSELD, BANKED  ; 將 PORTD 類比功能解除，設定數位輸
                                    ; 入腳位
            bcf     ANSELA, 4, BANKED ; 將 RA4 類比功能解除，設定數位輸
                                    ; 入腳位
                                    ; 將 PORTA, RA4 腳位設定爲訊號輸入

            clrf    TRISD           ; 設定所有的 PORTD 腳位爲輸出
            clrf    LATD            ; 清除所有的 :ATD 腳位值
            return
```

```
;*********************************************
;****    Initial Timer1 as a 500ms Timer
;*********************************************
Init_Timer1:
        banksel T1CON
        movlw  B'10001111'    ;16 位元非同步計數器模式，關閉前除器
        movwf  T1CON          ; 是用外部 32768Hz 震盪器並開啟 Timer1
;
        movlw  (.65536-TMR1_VAL)/.256 ; 設定計時器高位元組資料
        movwf  TMR1H
        movlw  (.65536-TMR1_VAL)%.256 ; 設定計時器低位元組資料
        movwf  TMR1L
;
        bsf    IPR1,TMR1IP,  ; 設定 Timer1 為高優先中斷
        bcf    PIR1,TMR1IF,  ; 清除 Timer1 中斷旗標
        bsf    PIE1,TMR1IE,  ; 開啟 Timer1 中斷功能
;
        return


;*********************************************
;****    ISRs() : 中斷執行函式
;****
;*********************************************
Hi_ISRs                       ; 高優先中斷執行函式

        bcf    PIR1,TMR1IF,0 ; 清除 Timer1 中斷旗標
;
        movlw  (.65536-TMR1_VAL)/.256 ; 設定計時器高位元組資料
        movwf  TMR1H,0
        movlw  (.65536-TMR1_VAL)%.256 ; 設定計時器低位元組資料
```

CHAPTER

9

```
        movwf   TMR1L, 0

        incf    LATD, F, 0      ; LATD = LATD + 1;
        retfie  FAST            ; Return with shadow register
;

        END
```

　　在範例程式中，將 TIMER1 計時器設定為使用外部時脈輸入；而由於在硬體電路上外部的時脈輸入源建置有一個 32768 Hz 的震盪器，因而產生一個每 0.5 秒一次的中斷訊號，計數器的內容必須計算 32768 的一半就必須產生溢流的中斷訊號。所以在設定計數器的初始值時，必須將計數器的 16 位元計數範圍 65536 扣除掉（32768/2）便可以得到所應該要設定的初始數值。在範例程式中使用函式的方式，將各個硬體模組的初始化指令區塊化。這樣的函式區塊程式撰寫方式將有助於程式的結構化，對於未來程式的維護與整理或者是移轉程式到其他的為控制器上使用都是非常地有幫助。

　　更重要的是，在這個範例程式中藉由外部時脈訊號來源、TIMER1 計數器以及中斷訊號的使用，可以讓應用程式非常精確地在 TIMER1 計時器被觸發 16,384 次之後立即進行燈號切換的動作。雖然進入中斷執行函式之後，仍然有少許幾個指令的執行時間延遲，但是由於每一次中斷發生後的時間延遲都是一樣的，因此每一次燈號切換動作所間隔的時間也就會相同。

　　在學習精確的計時器使用之後，在後續的章節中將會反覆地利用計時器的功能，以達到精確時間控制的要求。由於 TIMER3/5 計時器的功能及使用與 TIMER1 是完全一樣的，在此不多作介紹。至於 TIMER2 類型計時器的功能主要是作為 CCP 模組的時脈來源，將在介紹 CCP 模組時再一併說明。

類比訊號模組

在許多微控制器的應用中，類比訊號感測器是非常重要的一環。一方面是由於許多傳統的機械系統或者物理訊號所呈現的，都是一個連續不間斷的類比訊號，例如溫度、壓力、位置等等；因此在量測時，通常也就以連續式的類比訊號呈現。另外一方面，雖然數位訊號感測器的應用越趨普遍，但是相對的許多對應的類比訊號感測器在成本以及使用方法上仍然較為簡單，例如水位的量測、角度的量測等等，因此在比較不要求精確度或者不容易受到干擾的應用系統中，仍然存在著許多類比訊號感測器。

這些類比訊號感測器的輸出通常多是以電壓的變化呈現，因此在微控制器的內部或者外接元件中，必須要有適當的模組將這些訊號轉換成微控制器所能夠運算處理的數位訊號。通常最普遍的類比數位信號轉換方式，是採用 SAR（Successive Approximation Register），有興趣的讀者可參考數位邏輯電路的書籍以了解相關的運作與架構。

通常在選擇一個類比訊號轉換的硬體時，最基本的考慮條件為轉換時間及轉換精度。當然使用者希望能夠在越短的轉換時間取得越高精度的訊號，以提高系統運作的效能；但是系統性能的提升，相對的也會增加系統的成本。

無論如何，如果一個微控制器能夠內建有一個足夠解析度的類比數位訊號轉換模組，對於一般的應用而言將會有極大的幫助，並有效的降低成本。

在 PIC18 系列的微控制器中，10 位元的類比數位訊號轉換模組是一個標準配備；甚至在較為低階的 PIC12 或者 PIC16 系列的微控制器中也可以見到它的蹤影。傳統的微控制器，如 PIC18F452，類比數位訊號轉換模組建置有 8 個類比訊號的輸入端點，較新的微控制器，如 PIC18F4520，類比數位訊號轉換模組則建置有 13 個類比訊號的輸入端點，藉由一個多工器、訊號採樣保持及 10 位元的轉換器，這個模組快速地將類比訊號轉換成 10 位元精度的數位訊號，供核心處理器做更進一步的運算處理。PIC18F45K22 則擁有高達 30 個類比訊號功能的腳位，可以更輕易地設計出使用類比訊號的應用程式。

除此之外，如果應用程式只需要判斷輸入類比訊號與特定預設電壓的比較而不需要知道入訊號的精確電壓大小時，在較新的微控制器中可以使用類比訊號比較器（Comparator）以加速程式的執行。應用程式可以將比較器的兩個輸入端的類比電壓做比較，並將比較的結果轉換成輸出高電位「1」或低電位「0」的數位訊號，作為後續程式執行判斷的依據。

PIC18F45K22 更擁有內部固定參考電壓（Fixed Reference Voltage, FVR）與數位類比訊號轉換器（Digital-to-Analog Converter, DAC）的功能，可以由應用程式自行設定所需要的類比電壓供類比轉數位訊號轉換器或比較器使用。數位類比訊號轉換器更可以輸出類比電壓作為外部元件的參考電壓使用，讓使用者在開發微控制器應用時更為方便且節省成本。

10.1 內部固定參考電壓

在前面介紹的類比訊號轉換器與比較器中，參考訊號的來源除了可以使用操作電壓與外部電壓之外，新一代的微控制器增加了可調整的內部參考電壓選項，讓應用開發時不需要再額外增加外部電路元件，就可以取得許多不同的電壓設定。不但降低應用開發的硬體成本，更增加應用程式的彈性；可以根據不同的執行條件調整參考電壓，因應外部變化調整程式判斷的參考電壓範圍。新增的內部類比參考訊號有兩個：固定參考電壓（Fixed Voltage Reference, FVR）以及數位類比訊號轉換器（Digital to Analog Converter, DAC）。在這個章節先介紹固定參考電壓的部分。

固定參考電壓是利用 Microchip 自行發展的類比訊號電路，不論微控制器的操作電壓如何變化，提供一個穩定的參考電壓給其他類比元件使用。可提供使用的功能包括：

- 類比訊號轉換器（ADC）的輸入
- 類比訊號轉換器（ADC）的正端參考電壓

- 類比訊號比較器（Comparator）的負端輸入
- 數位轉類比訊號轉換器（DAC）

PIC18F45K22 固定參考電壓的硬體架構圖如圖 10-1 所示。

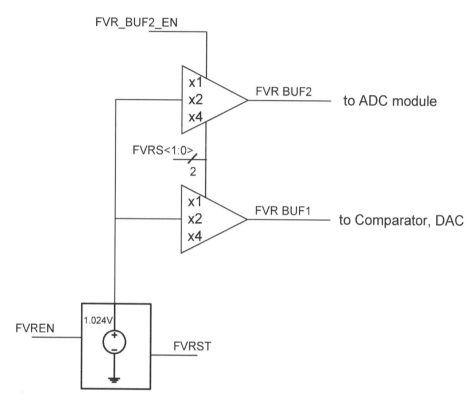

圖 10-1 PIC18F45K22 固定參考電壓硬體架構圖

PIC18F45K22固定參考電壓功能相關的暫存器與位元定義如表10-1所示。

表 10-1 PIC18F45K22 固定參考電壓相關暫存器與位元定義表

R/W-0	R/W-0	R/W-0	R/W-1	U-0	U-0	U-0	U-0
FVREN	FVRST	FVRS<1:0>		—	—	—	—

bit 7   bit 0

bit 7　**FVREN:** Fixed Voltage Reference Enable bit 固定參考電壓致能位元

　　　　0 = Fixed Voltage Reference is disabled

　　　　1 = Fixed Voltage Reference is enabled

bit 6　**FVRST:** Fixed Voltage Reference Ready Flag bit 固定參考電壓準備穩定旗標位元

　　　　0 = Fixed Voltage Reference output is not ready or not enabled

　　　　1 = Fixed Voltage Reference output is ready for use

bit 5-4 **FVRS<1:0>:** Fixed Voltage Reference Selection bits 固定參考電壓選擇位元

　　　　00 = Fixed Voltage Reference Peripheral output is off

　　　　01 = Fixed Voltage Reference Peripheral output is 1x (1.024V)

　　　　10 = Fixed Voltage Reference Peripheral output is 2x (2.048V)

　　　　11 = Fixed Voltage Reference Peripheral output is 4x (4.096V)

　　　　註：參考電壓輸出最大值為微控制器的操作電壓

bit 3-2 **Reserved:** Read as '0'. Maintain these bits clear. 保留

bit 1-0 **Unimplemented:** Read as '0'. 未使用

固定參考電壓的啟動

　　使用固定需參考電壓模組時，只需將 VREFCON0 暫存器中的 FVREN 位元設定為 1，即可提供其他周邊元件一個固定的參考電壓。不需要的時候，建議將 FVREN 清除為 0，以避免電能消耗。

獨立的電壓放大增益

　　提供給類比訊號轉換器（ADC），跟提供給比較器（Comparator）與數位轉類比訊號轉換器（DAC）各自有兩個輸出通道，而且這兩個通道是獨立的電壓隨耦器（Voltage Follower，或稱緩衝器，Buffer），如圖 10-1 所示，以避免輸出訊號受到各自連結電路設定而有變化。

　　每個通道上的基本參考電壓為 1.024 V，可以藉由 FVRS<1:0> 位元調整，設定為 1, 2, 4 倍而變成 1.024，2.048 與 4.096 V；但是當操作電壓 VDD 降低時，固定參考電壓將會以操作電壓為上限。例如，當微控制器操作電壓為 3.3 V，即便 FVRS<1:0>=11，輸出電壓將會是 3.3 V，而不會是 4.096 V。

FVRS<1:0> 位元的設定主要是作為比較器（Comparator）與數位轉類比訊號轉換器（DAC）的電壓增益設定所使用；類比訊號轉換器（ADC）如果設定使用固定參考電壓功能作為輸入或參考電壓使用時，將使用 FVR BUF2 的通道輸出訊號。

固定參考電壓的穩定時間

當固定參考電壓功能被致能啟動後，或者放大增益被改變時，需要一點時間讓輸出電壓達到穩定的輸出設定值。所需時間視操作溫度而定，約在 25～100 μs 之間。程式可以利用 FVRST 位元進行判斷，當 FVRST 為 1 時，表示輸出電壓穩定可以使用。

10.2 數位轉類比訊號轉換器

數位轉類比訊號轉換器（Digital-To-Analog Converter, DAC）是將微控制器資料處理的結果轉換成類比訊號的模組，轉換而得的類比訊號可以作為其他元件的參考電壓或作為控制其他元件的訊號，以類比電壓的高低作為控制訊號大小的變化。在傳統的控制系統中，早期多以可變電阻作為人員操控設備的輸入裝置，藉由可變電阻的位置調整中改變電壓的大小而得以輸出控制訊號。但是在微處理器中，如果要得到高解析度的數位轉類比訊號轉換器，微處理器所耗費的電能、建置的成本都將大幅的增加。所以在一般的控制系統中，多數會以外加外部元件的方式處理。

Microchip 為了加強在類比訊號方面的功能，在相關的參考電源的設定上必須提供更大的彈性，以免設計應用時還需要使用外部訊號而增加使用者的成本。所以在 PIC18F45K22 微控制器上，便建置有一個基本的數位轉類比訊號轉換器（Digital-To-Analog Converter, DAC），除了作為其他內建周邊元件的參考電壓或輸入訊號使用外，也可以作為外部元件的控制訊號。

PIC18F45K22 微控制器的數位轉類比訊號轉換器架構圖如圖 10-2 所示，數位轉類比訊號轉換器相關的暫存器與位元定義如表 10-2 所示。

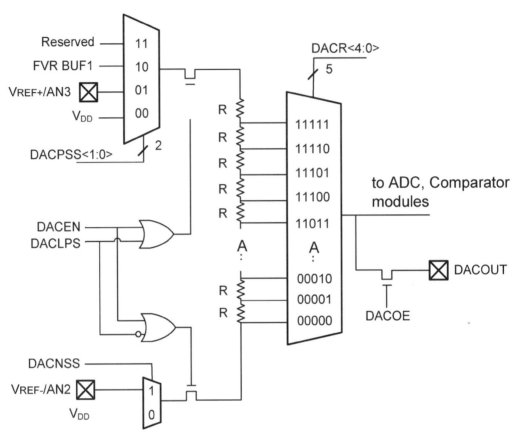

圖 10-2　PIC18F45K22 微控制器數位轉類比訊號轉換器架構圖

表 10-2(1)　PIC18F45K22 微控制器數位轉類比訊號轉換器 VREFCON1 暫存器
位元定義表

R/W-0	R/W-0	R/W-0	U-0	R/W-0	R/W-0	U-0	R/W-0
DACEN	DACLPS	DACOE	—	DACPSS<1:0>		—	DACNSS

bit 7　　　　　　　　　　　　　　　　　　　　　　　　　　　　　　　　bit 0

bit 7　**DACEN:** DAC Enable bit DAC 模組啟動位元

　　　1 = DAC is enabled

　　　0 = DAC is disabled

bit 6　**DACLPS:** DAC Low-Power Voltage Source Select bit DAC 低功率電壓來源
選擇位元

　　　1 = DAC Positive reference source selected

0 = DAC Negative reference source selected

bit 5 **DACOE:** DAC Voltage Output Enable bit DAC 電壓輸出致能位元

1 = DAC voltage level is also an output on the DACOUT pin

0 = DAC voltage level is disconnected from the DACOUT pin

bit 4 **Unimplemented:** Read as '0' 未使用

bit 3-2 **DACPSS<1:0>:** DAC Positive Source Select bits DAC 正電壓來源選擇位元

00 = VDD

01 = VREF+

10 = FVR BUF1 output

11 = Reserved, do not use

bit 1 **Unimplemented:** Read as '0' 未使用

bit 0 **DACNSS:** DAC Negative Source Select bits DAC 負電壓來源選擇位元

1 = VREF-

0 = VSS

表 10-2(2)　PIC18F45K22 微控制器數位轉類比訊號轉換器 VREFCON2 暫存器位元定義表

U-0	U-0	U-0	R/W-0	R/W-0	R/W-0	R/W-0	R/W-0
—	—	—	DACR<4:0>				

bit 7　　　　　　　　　　　　　　　　　　　　　　　　　　　bit 0

bit 7-5 **Unimplemented:** Read as '0' 未使用

bit 4-0 **DACR<4:0>:** DAC Voltage Output Select bits DAC 輸出電壓選擇位元

VOUT = ((VSRC+) - (VSRC-))*(DACR<4:0>/(2^5)) + VSRC-

　　PIC18F45K22 微控制器的數位轉類比訊號轉換器提供一個可調整 32 位階電壓大小的類比電壓設定功能。32 位階的大小區分是以輸入電壓（正負兩端的電壓差）為準，而輸入電壓的來源可以由使用者在下列來源選擇：

- 外部參考電壓 V_{REF} 腳位
- 正操作電壓 V_{DD}
- 固定參考電壓 FVR

輸出的電壓訊號則可以由設定作為下列功能使用：

- 比較器的正端輸入
- 類比訊號轉換器（ADC）輸入通道
- DACOUT 腳位輸出電壓

要啓動數位轉類比訊號轉換器功能時，只要將 VREFCON1 暫存器的 DACEN 位元設定爲 1。如果不需要使用數位轉類比訊號轉換器時，最好把 DACEN 位元清除爲 0，以免持續消耗電能。

輸出電壓的選擇設定

數位轉類比訊號轉換器可以設定出 32 位階的不同電壓輸出，設定時，要使用 VREFCON2 暫存器的 DACR<4:0> 位元進行設定。計算的方法如下：

$$V_{OUT} = (V_{SRC+} - V_{SRC-}) \times \frac{DACR<4:0>}{32}$$

比例式的電壓輸出

數位轉類比訊號轉換器的基本電路是以 32 個電阻串連而成的分壓電路，再將每一個電阻與電阻間的接點電壓連結到一個 32 通道的類比訊號多工器，而通道的選擇是由 DACR<4:0> 位元進行設定。如此一來，便可以將 32 個位階的電壓依使用者的設定輸出到使用者選擇的裝置。而這 32 個電壓位階的大小會根據數位轉類比訊號轉換器兩個輸入端的電壓決定。當輸入電壓不穩定時，輸出電壓也會有所浮動。

低功率電壓狀態

由於數位轉類比訊號轉換器在使用時會持續地耗費電能，爲了讓模組使用的電能最低，數位轉類比訊號轉換器可以使用 VREFCON1 暫存器的 DACLPS

位元設定，將兩個輸入電壓之一關閉。如果 DACLPS 位元設定為 1，則負端輸入（V_{SRC-}）將會被關閉；如果 DACLPS 位元清除為 0，則正端輸入（V_{SRC+}）將會被關閉。如果需要節省更多的電能，可以使用適當的設定，讓電壓鎖定在正端或負端輸入電壓，但是需將模組關閉而減少電能的消耗。

數位轉類比訊號轉換器輸出電壓

如果要將 DAC 產生的電壓輸出到 DACOUT 腳位時，可以將 VREFCON1 暫存器 DACOE 位元設定為 1 即可。由於 PIC18F 微控制器的設計是以類比訊號的設定優先，所以當 DACOE 位元被設定為 1 時，類比電壓輸出的功能將優先於數位輸出入腳位的設定；如果利用數位輸入讀取設為 DACOUT 功能的腳位時，將會得到數值 0。

值得使用者注意的是，當腳位作為類比電壓輸出功能時，由於微控制器所能夠提供的功率有限，所以在外接電路時，必須要使用一個電壓隨耦器（Voltage Follower）或稱緩衝器（Buffer）的電路提供外部元件所需的電能，以免造成微控制器電能過度輸出，導致電源供應電路不穩而當機重置。電壓隨耦器可以利用功率放大器（Operational Amplifier）搭配簡單的回饋電路即可以完成。

從睡眠中喚醒

當微控制器由 Watchdog、TIMER1 等裝置從睡眠中喚醒時，DAC 模組的相關設定將不會被改變。但是為了降低睡眠中的電能消耗，最好在睡眠指令執行前將 DAC 模組關閉。

範例 10-1

調整數位類比轉換電壓值，並將比例結果呈現在 PORTD 發光二極體。如果設定 DACOUT 腳位輸出功能，亦可輸出至 RA2 腳位。（須將 DSW1 的 RA2 斷開）

```
list p=18f45k22
```

CHAPTER

10

```
        #include <p18f45k22.inc>            ; 納入定義檔
;
        C_Hold_Delay equ        0x20        ; 延遲時間計數暫存器
;
;*************************************************
;****      RESET Vector @ 0x0000
;*************************************************

                org     0x00        ; 程式起始位址
                bra     Main
;
;*************************************************
;****      The Main Program start from Here !!
;*************************************************

                org     0x02A       ; 主程式起始位址
Main:
                call    Init_IO     ; 呼叫數位輸出入埠初始化函式
                call    Init_DAC    ; 呼叫數位類比訊號轉換模組初始
                                    ; 化函式
;
DAC_Loop        call    C_Hold_Time ; 延遲 50uS 完成類比訊號採樣保持
                dcfsnz  LATD, 0     ; 檢查是否為零,是則重設為 0.5(V+- V-)
                bsf     LATD, 4, 0  ; 為零,則點亮 RD4 的 LED
                movff   LATD, VREFCON2;不為零,將結果轉移到 DAC
;
                goto    DAC_Loop    ; 重複無窮迴圈
;*************************************************
;****      Initial the PORTD for the output port
;*************************************************
```

```
Init_IO:                                ; 數位輸出入埠初始化函式
            banksel     ANSELD
            clrf        ANSELD,BANKED; 將 PORTD 類比功能解除，設定數
                                    ; 位輸入腳位
            bcf         ANSELA,  4,  BANKED; 將 RA4 類比功能解除，設
                                    ; 定數位輸入腳位
            bsf         TRISA,  4,  ACCESS; 將 PORTA,  RA4 腳位設定為
                                    ; 訊號輸入

            clrf        LATD        ; 清除 LATD 暫存器數值
            bsf         LATD,  4    ; 設為 0.5(V+ -  V-)
            clrf        TRISD       ; 設定 PORTD 全部為數位輸出
;
            return
;***********************************************************
;****       Initial  DA  converter
;***********************************************************
Init_DAC:
            banksel     VREFCON1
; DAC 僅作內部使用
            movlw       b'11000000' ; 開啟模組 / 僅作內部電壓使用 /
                                    ; 低功率使用正端 / 電源選用 VDD/VSS，
; DAC 由腳位輸出
;           movlw       b'11100000' ; 將 RA2 設為 DACOUT, DSW1-3 需斷
                                    ; 開成 OFF
                                    ; 可以使用示波器觀察 RA2 電壓變化
            movwf       VREFCON1    ; 啟動 DAC 模組
;
            movlw       b'00010000' ; 設定輸出為 0.5* (VDD-VSS)
            movwf       VREFCON2
```

```
;
            return
;
;********************************************************
; 採樣保持時間延遲函式 (50uS)
;********************************************************
C_Hold_Time:
            movlw       .125
            movwf       C_Hold_Delay, 0
            nop
            decfsz      C_Hold_Delay,F, 0
            bra         $-4
            return


            END
```

　　範例程式中利用 VREFCON1 的設定，將 DAC 的功能調整成僅作內部電壓使用，低功率使用正端電源，電源選用微控制器的操作電源 V_{DD}/V_{SS}。如果需要將轉換後的類比電壓輸出，則僅需要將 VREFCON1 的 DACOUT 位元設定為 1，即可輸出於 RA2 腳位。而藉由固定時間延遲的間隔改變 LATD 連結的 LED 燈號變化，並將 LATD 的設定值傳送到 VREFCON2，以同時改變 DACOUT 的電壓變化。

　　由於本書所選用實驗板的 RA2 腳位已於前面範例連接到 SW4/5/6 按鍵的電路，作為類比電壓量測的練習，如果需要使用 RA2 作為 DACOUT 類比電壓輸出以便觀察轉換變化時，必須將實驗板上的 DSW1 的 3 接點斷開，然後利用擴充埠的 RA2 接點使用示波器觀察。如果沒有示波器，也可以使用多功能電表量測，但是需要將延遲時間延長到相當的時間，才可以在電表上看到電壓變化。如果將 LATD 的初始值設定為 0x1F，也可以達到增加週期時間為兩倍的效果。

10.3 10 位元類比數位訊號轉換模組

　　PIC18F45K22 的類比訊號轉換模組總共有 30 個輸入端點，並且使用控制暫存器 ADCON0、ADCON1 及 ADCON2，加上 ANSELA 、 ANSELB 、 ANSELC 、 ANSELD 與 ANSELE 腳位類比功能設定暫存器設定相關的模組功能，並將結果輸出至 ADRESH 與 ADRESL 暫存器。這個模組可以將一個類比輸入訊號轉換成相對應的 10 位元數位數值。這個類比數位訊號轉換模組的結構示意圖如圖 10-3 所示。

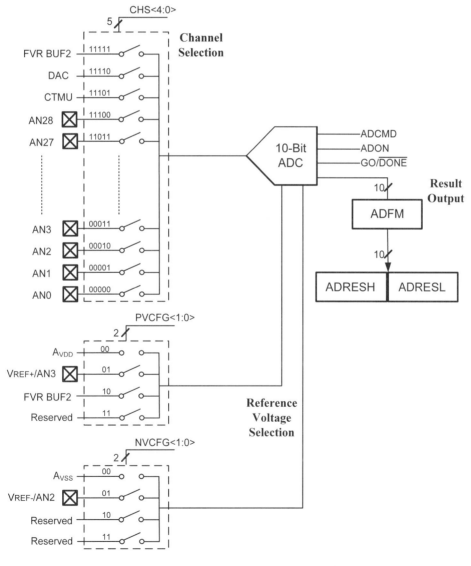

圖 10-3 類比數位訊號轉換模組結構示意圖

◉ 類比數位訊號轉換器

　　由於類比訊號電路的設計技術取得不易且製作成本較高，因此內建的類比數位訊號轉換器是一個重要的微控制器資源。一般類比數位訊號轉換器大多使用所謂的連續近似暫存器（Successive Approximation Register, SAR）的電路設計方式，其架構如圖 10-4 所示。由於在轉換訊號時，是使用二分逼近法的操作方式轉換類比訊號，因此每增加一個位元的解析度，將會延長一個轉換週期的時間。所以，微控制器製造廠商必須要在成本、時間與解析度之間做一個適當的妥協與設計。如果所提供的設計不能滿足使用者的需求，使用者必須外加類比訊號元件，不但增加成本，也會降低操作的效率。

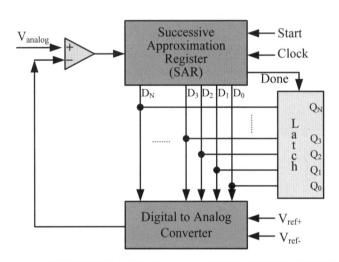

圖 10-4　連續近似暫存器（SAR）類比數位訊號轉換器示意圖

◉ 類比數位訊號轉換模組相關暫存器

　　與類比數位訊號轉換模組功能有關的主要暫存器可分為

- 功能控制與設定相關的暫存器 ADCON0、ADCON1 與 ADCON2
- 設定腳位類比功能的設定暫存器 ADSELA～ADSELE
- 類比訊號轉換數位訊號的結果輸出暫存器 ADRESH 與 ADRESL

其他還有設定中斷功能或中斷旗標的暫存器 IPR1、PIE1 與 PIR1。這些暫存器的功能說明如表 10-3 所示。

表 10-3(1)　PIC18F45K22 類比數位訊號轉換模組 ADCON0 暫存器位元定義

U-0	R/W-0	R/W-0	R/W-0	R/W-0	R/W-0	R/W-0	R/W-0
—			CHS<4:0>			GO/DONE	ADON

bit 7   bit 0

bit 7　**Unimplemented:** Read as '0' 未使用

bit 6-2 **CHS<4:0>:** Analog Channel Select bits 類比通道選擇位元。

        00000 = **AN0**

        00001 = **AN1**

        00010 = **AN2**

        00011 = **AN3**

        00100 = **AN4**

        00101 = **AN5**

        00110 = **AN6**

        00111 = **AN7**

        01000 = **AN8**

        01001 = **AN9**

        01010 = **AN10**

        … …

        11001 = **AN25**

        11010 = **AN26**

        11011 = **AN27**

        11100 = **Reserved**

        11101 = **CTMU**

        11110 = **DAC**

        11111 = **FVR BUF2(1.024V/2.048V/4.096V Volt Fixed Voltage Reference)**

bit 1　**GO/DONE:** A/D Conversion Status bit A/D 轉換狀態位元

        1 = A/D conversion cycle in progress. Setting this bit starts an A/D conversion cycle.

        This bit is automatically cleared by hardware when the A/D conversion has completed.

0 = A/D conversion completed/not in progress

bit 0   **ADON:** ADC Enable bit A/D 模組啟動位元

1 = ADC is enabled

0 = ADC is disabled and consumes no operating current

表 10-3(2)   PIC18F45K22 類比數位訊號轉換模組 ADCON1 暫存器位元定義

R/W-0	U-0	U-0	U-0	R/W-0	R/W-0	R/W-0	R/W-0
TRIGSEL	—	—	—	PVCFG<1:0>		NVCFG<1:0>	

bit 7   bit 0

bit 7   **TRIGSEL:** Special Trigger Select bit 特殊事件觸發來源選擇

1 = Selects the special trigger from CTMU

0 = Selects the special trigger from CCP5

bit 6-4 **Unimplemented:** Read as '0' 未使用

bit 3-2 **PVCFG<1:0>:** Positive Voltage Reference Configuration bits 正參考電壓設定位元

00 = A/D VREF+ connected to internal signal, AVDD

01 = A/D VREF+ connected to external pin, VREF+

10 = A/D VREF+ connected to internal signal, FVR BUF2

11 = Reserved (by default, A/D VREF+ connected to internal signal, AVDD)

bit 1-0 **NVCFG<1:0>:** Negative Voltage Reference Configuration bits 負參考電壓設定位元

00 = A/D VREF- connected to internal signal, AVSS

01 = A/D VREF- connected to external pin, VREF-

10 = Reserved(by default, A/D VREF- connected to internal signal, AVSS)

11 = Reserved(by default, A/D VREF- connected to internal signal, AVSS)

表 10-3(3)   PIC18F45K22 類比數位訊號轉換模組 ADCON2 暫存器位元定義

R/W-0	U-0	R/W-0	R/W-0	R/W-0	R/W-0	R/W-0	R/W-0
ADFM	—	ACQT<2:0>			ADCS<2:0>		

bit 7   bit 0

bit 7   **ADFM:** A/D Conversion Result Format Select bit 輸出格式設定位元

bit 6 **Unimplemented:** Read as '0' 未使用

bit 5-3**ACQT<2:0>:** A/D Acquisition time select bits. 採樣時間設定位元

Acquisition time is the duration that the A/D charge holding capacitor remains connected to A/D channel from the instant the GO bit is set until conversions begins. 採樣電容與腳位外部訊號連接的時間

000 = 0

001 = 2 TAD

010 = 4 TAD

011 = 6 TAD

100 = 8 TAD

101 = 12 TAD

110 = 16 TAD

111 = 20 TAD

bit 2-0**ADCS<2:0>:** A/D Conversion Clock Select bits 轉換時間設定位元

000 = FOSC/2

001 = FOSC/8

010 = FOSC/32

011 = FRC

100 = FOSC/4

101 = FOSC/16

110 = FOSC/64

111 = FRC

表 10-3(4) PIC18F45K22 類比數位訊號轉換模組其他相關暫存器位元定義

Name	Bit 7	Bit 6	Bit 5	Bit 4	Bit 3	Bit 2	Bit 1	Bit 0
ADRESH	A/D Result, High Byte							
ADRESL	A/D Result, Low Byte							
ANSELA	—	—	ANSA5	—	ANSA3	ANSA2	ANSA1	ANSA0
ANSELB	—	—	ANSB5	ANSB4	ANSB3	ANSB2	ANSB1	ANSB0
ANSELC	ANSC7	ANSC6	ANSC5	ANSC4	ANSC3	ANSC2	—	—
ANSELD	ANSD7	ANSD6	ANSD5	ANSD4	ANSD3	ANSD2	ANSD1	ANSD0
ANSELE	—	—	—	—	—	ANSE2	ANSE1	ANSE0

表 10-3 （續）

Name	Bit 7	Bit 6	Bit 5	Bit 4	Bit 3	Bit 2	Bit 1	Bit 0
INTCON	GIE/GIEH	PEIE/GIEL	TMR0IE	INT0IE	RBIE	TMR0IF	INT0IF	RBIF
IPR1	—	ADIP	RC1IP	TX1IP	SSP1IP	CCP1IP	TMR2IP	TMR1IP
IPR4	—	—	—	—	—	CCP5IP	CCP4IP	CCP3IP
PIE1	—	ADIE	RC1IE	TX1IE	SSP1IE	CCP1IE	TMR2IE	TMR1IE
PIE4	—	—	—	—	—	CCP5IE	CCP4IE	CCP3IE
PIR1	—	ADIF	RC1IF	TX1IF	SSP1IF	CCP1IF	TMR2IF	TMR1IF

▐ 設定類比訊號輸入腳位

在 PIC18F45K22 微控制器中，總共有 30 個類比訊號輸入腳位。它們分布在 PORTA 到 PORTE，使用者可以參考腳位圖中有 ANx 記號的腳位，x 指的是類比通道的編號。因此在使用時，必須透過 ADCON0、ANSELA～ANSELE 暫存器來完成相關腳位的類比訊號功能設定。設定時必須將相關腳位在 ANSELA～ANSELE 中對應的位元設定為 1，方能使用類比訊號功能。如果需要將腳位連接的外部訊號轉換成數位訊號時，則需要將 ADCON0 暫存器中的通道編號設定為腳位對應的編號。如果將某一個特定的腳位設定為類比訊號輸入，則必須同時將相對應的數位輸出入方向控制位元 TRISx 也設定為數位訊號輸入的方向，以免輸出訊號干擾外部類比訊號。被設定為類比訊號輸入腳位之後，如果使用 PORTx 暫存器讀取這些腳位的狀態時，將會得到 0 的結果。

▐ 類比訊號轉換時脈訊號

將類比訊號轉換成每一個數位訊號位元所需要的時間，稱之為 T_{AD}；由於需要額外兩個 T_{AD} 進行控制的切換，要將一個類比訊號轉換成為 10 位元的數位訊號總共需要 12 個 T_{AD}。在類比訊號轉換模組中提供了幾個可能的 T_{AD} 時間選項，它們分別是 2、4、8、16、32、64 倍系統時序震盪時間的 T_{AD}，以及使用類比訊號模組內建的 FRC 震盪器（通常為 1.7 μs）。但是為了要得到正確的訊號轉換結果，應用程式必須確保最小的 T_{AD} 時間要大於 1 μs。使用時可以藉由 ADCON2 暫存器 ADCS<2:0> 轉換時間設定位元設定。

除此之外，由於電路設計的考量，類比訊號轉換模組相關的時間必須要滿足如表 10-4 的規定。

表 10-4　類比訊號轉換模組相關的時間規格

參數	功能	Min	Max	單位	條件
T_{AD}	A/D Clock Period	1	25	ms	$-40°C$ to $+85°C$
		1	4	ms	$+85°C$ to $+125°C$
T_{CNV}	Conversion Time (not including acquisition time)	11	11	T_{AD}	
T_{ACQ}	Acquisition Time	1.4	—	ms	$V_{DD} = 3$ V, Rs = 50 Ω
T_{DIS}	Discharge Time	1	1	T_{cy}	

類比訊號採樣時間

在完成類比數位訊號模組的設定之後，被選擇的類比訊號通道必須在訊號轉換之前完成採樣的動作。採樣所需要的時間計算可以利用下面的公式計算：

$$T_{ACQ} = \text{Amplifier Settling Time} + \text{Hold Capacitor Charging Time}$$
$$+ \text{Temperature Coefficient}$$
$$= T_{AMP} + T_C + T_{COFF}$$
$$= 5 \text{ μs} + T_C + (\text{Temperature} - 25°C) \times 0.05 \text{ μs/}°C$$

使用者必須確認所選定的採樣時間 T_{ACQ}，足以讓採樣電容有足夠的時間達到與外部訊號相同的電位，否則將會產生量測的誤差。因此在使用上，寧可使用較長的 T_{ACQ} 以避免誤差的產生。完成設計之後再行調整測試較短的採樣時間以節省效能。

類比訊號參考電壓

類比訊號參考電壓指的是訊號轉換時的電壓上下限範疇，參考電壓是可以藉由軟體選擇而使用微控制器元件的高低供應電壓（V_{DD} 與 V_{SS}），或者是使用外部電壓腳位以及內部固定電壓訊號作為參考電壓。使用時可以藉由 AD-CON1 暫存器設定。

睡眠模式下的類比訊號轉換

如果需要類比訊號轉換在睡眠模式下進行的話，必須要將轉換時脈改成使用內部的 FRC 電路作為時脈來源。由於當 GO 位元設定為 1 啟動轉換後，還需要一個時脈週期才會開始進行，這足以讓微控制器執行 SLEEP 指令進入睡眠。在睡眠模式下進行類比訊號轉換可以降低微控制器執行程式時產生的高頻訊號干擾，有助於提高訊號的精確度。如果進入睡眠前沒有將轉換時脈來源改變成內部 FRC 時脈的話，ADC 將在進入睡眠時停止轉換，該次轉換結果將會被放棄，同時也會關閉 ADC 模組的運作，即便 ADON 位元仍然保持為 1。如果全域中斷功能跟 ADC 中斷功能都有開啟的話，GIE=1 且 ADIE=1（必要時 PEIE=1），則轉換完成時將喚醒微控制器並進入中斷執行函式。如果 ADIE 未開啟的話，則在轉換完成後將關閉 ADC 模組，即便 ADON 位元仍然保持為 1。

類比訊號轉換的中斷事件

當類比訊號轉換完成時，不論中斷功能 ADIE 是否開啟，都將會觸發中斷旗標 ADIF，然後根據中斷優先權 ADIP 的設定觸發高優先或低優先中斷函式的執行。如果使用者要利用 ADIF 作為類比訊號是否轉換完成的狀態位元，則必須在每一次訊號轉換完成後由程式將 ADIF 清除為 0，以便後續的檢查。由於類比訊號轉換模組可以在睡眠模式下繼續進行轉換，當轉換完成時，將可以利用 ADIF 中斷訊號將微控制器喚醒。如果進入睡眠前有開啟全域中斷功能（GIE=1，必要時 PEIE=1）的話，喚醒時將會進入中斷執行函式；否則將會繼續執行睡眠指令 SLEEP 的下一行指令。

類比數位訊號轉換的程序

經過歸納整理，完成一個類比數位訊號轉換必須經過下列的步驟：

1. 設定類比數位訊號轉換模組：
   - 設定腳位為類比訊號輸入、參考電壓或者是數位訊號輸出入（AN-SELx、TRISx 與 ADCON1）。
   - 選擇類比訊號輸入通道（ADCON0）。
   - 選擇類比訊號轉換時序來源（ADCON2）。
   - 啟動類比數位訊號轉換模組（ADCON0）。
   - 設定類比數位訊號轉換輸出格式（ADCON2）。
2. 如果需要的話，設定類比訊號轉換中斷事件發生的功能：
   - 清除 ADIF 旗標位元。
   - 設定 ADIE 控制位元。
   - 設定 PEIE 控制位元。
   - 設定 GIE 控制位元。
3. 等待足夠的訊號採樣時間。
4. 啟動轉換的程序：
   - 將控制位元 GO/$\overline{\text{DONE}}$ 設定為 1（ADCON0）。
5. 等待類比訊號轉換程序完成。檢查的方法有二：
   - 檢查 GO/$\overline{\text{DONE}}$ 狀態位元是否為 0。
   - 檢查中斷旗標位元 ADIF。
6. 讀取類比訊號轉換結果暫存器 ADRESH 與 ADRESL 的內容；如果中斷功能啟動的話，必須清除中斷旗標 ADIF。
7. 如果要進行其他的類比訊號轉換，重複上述的步驟。每一次轉換之間至少必須間隔兩個 T_{AD}，一個 T_{AD} 代表的是轉換一個位元訊號的時間。

類比數位訊號轉換結果的格式

類比訊號結果暫存器 ADRESH 與 ADRESL 是用來在成功地轉換類比訊號

之後，儲存 10 位元類比訊號轉換結果內容的記憶體位址。這兩個暫存器組總共有 16 位元的長度，但是被轉換的結果只有 10 位元的長度；因此系統允許使用者自行設定將轉換的結果使用向左或者向右對齊的方式存入到這兩個暫存器組中。對齊格式的示意圖如圖 10-5 所示。對齊的方式是使用對齊格式控制位元 ADFM 所決定的。至於多餘的位元則將會被填入 0。當類比訊號轉換的功能被關閉時，這些位址可以用來當作一般的 8 位元暫存器。

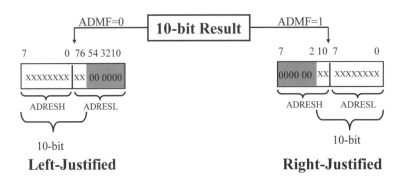

圖 10-5　類比數位訊號轉換結果格式設定

◢ 特殊事件觸發訊號轉換

　　類比訊號轉換可以藉由數位訊號捕捉、比較與 PWM 模組 CCP5，以及充電時間量測單元（Charging Time Measurement Unit, CTMU）的中斷事件旗標自動觸發類比訊的轉換。

　　CCP5 模組特殊事件觸發器所產生的訊號啓動。如果要使用這樣的功能，必須要將 CCP5CON 暫存器中的 CCP2M3:CCP2M0 控制位元設定爲 1011，並且將類比訊號轉換模組開啓（ADON = 1）。當 CCP5 模組特殊事件觸發器產生訊號時，GO/$\overline{\text{DONE}}$ 將會被設定爲 1，並同時開始類比訊號的轉換。在同一瞬間，由於 CCP5 觸發訊號也聯結至計時器 TIMER1、TIMER3 或 TIMER5，因此就所選擇計數器也將會被自動重置爲 0。利用這個方式，便可以用最少的軟體程式讓這些計數器被重置，並自動地重複類比訊號採樣週期。在自動觸發訊號產生之前，應用程式只需要將轉換結果搬移到適當的暫存器位址，並選擇適當的類比輸入訊號通道。

如果類比訊號轉換的功能未被開啓，則觸發訊號將不會啓動類比訊號轉換；但是 CCP5 對應的計時器，仍然會被重置爲 0。

CTMU 的特殊事件觸發功能，則是能夠讓該模組在固定的充電時間後觸發類比訊號轉換模組進行電壓的量測，進而由轉換結果判斷相對應的電路參數。

在對於PIC18F45K22的類比數位訊號轉換模組的操作有了基本認識之後，讓我們用範例程式來說明類比訊號轉換的設定與操作過程。

範例 10-2

利用類比數位訊號轉換模組量測可變電阻 VR1 的電壓值，並將轉換的結果以 8 位元的方式呈現在 LED 發光二極體顯示。

```
        list p=18f45k22
#include <p18f45k22.inc>            ; 納入定義檔
;
C_Hold_Delay equ        0x20        ; 延遲時間計數暫存器
;
;*************************************************
;****      RESET Vector @ 0x0000
;*************************************************

        org     0x00        ; 程式起始位址
        bra     Main
;
;*************************************************
```

```
;****       The Main  Program  start  from  Here  !!
;* * * * * * * * * * * * * * * * * * * * * * * * * * * * * * * * * * * * * * * * * * *


              org        0x02A       ; 主程式起始位址
Main:
              call       Init_IO     ; 呼叫數位輸出入埠初始化函式
              call       Init_AD     ; 呼叫類比訊號轉換模組初始化函式
;
AD_Loop       call       C_Hold_Time ; 延遲 50uS 完成類比訊號採樣保持
              bsf        ADCON0,GO, 0 ; 啓動類比訊號轉換
              nop                    ;
              btfsc      ADCON0,GO, 0 ; 檢查類比訊號轉換是否完成？
              bra        $-4         ; 否，迴圈繼續 (倒退兩行，4/2=2)
              movff      ADRESH, PORTD ; 是，將結果轉移到 PORTD
;
              goto       AD_Loop     ; 重複無窮迴圈
;* * * * * * * * * * * * * * * * * * * * * * * * * * * * * * * * * * * * * * * * * * *
;****       Initial the PORTD for the output port
;* * * * * * * * * * * * * * * * * * * * * * * * * * * * * * * * * * * * * * * * * * *
Init_IO:                            ; 數位輸出入埠初始化函式
              banksel    ANSELD
              clrf       ANSELD,BANKED ; 將 PORTD 類比功能解除，設定數
                                      ; 位輸入腳位
              bcfANSELA,4,  BANKED    ; 將 RA4 類比功能解除，設定數位
                                      ; 輸入腳位
                                      ; PORTA, RA4 腳位預設爲訊號輸入

              clrf       PORTD       ; 清除 PORTD 暫存器數值
              clrf       TRISD       ; 設定 PORTD 全部爲數位輸出
;
```

```
          bsf         TRISA,RA0    ; 設定 RA0 為數位輸入
;
          return
;*************************************************
;****      Initial A/D converter
;*************************************************
Init_AD:
          movlw       b'00000001'  ; 選擇 AN0 通道轉換，
          movwf       ADCON0, 0    ; 啟動 A/D 模組
;
          movlw       b'0000000'   ; 設定 VDD/VSS 為參考電壓
          movwf       ADCON1, 0
;
          movlw       b'00111010'  ; 結果向左靠齊並
          movwf       ADCON2,0     ; 設定採樣時間 20TAD，轉換時間
                                   ; 為 Fosc/32
;
          bcf         PIE1,ADIE,0  ; 停止 A/D 中斷功能

          return
;
;*************************************************
; 採樣保持時間延遲函式 (50uS)
;*************************************************
C_Hold_Time:
          movlw       .125
          movwf       C_Hold_Delay, 0
          nop
          decfsz      C_Hold_Delay,F, 0
          bra         $-4
```

CHAPTER

10

```
        return
;

        END
```

　　在類比訊號模組設定初始化的函式中，ANSELA 未被改變（初始值為 1），所以將保持 RA0 設定為類比輸入（同時將 TRISA0 也設為 1，改為數位輸入）。將 ADCON0~2 暫存器的設定，根據位元定義，ADFM = 1 會將模組設定為向左靠齊的格式；CHS4:CHS0 = 00000，將訊號轉換通道設定為 AN0；而 ADCON2 暫存器中 ACQT<2:0> 被設定為 b '111'，因此採樣時間為 20 個 T_{AD}；ADCS<2:0> = 010，因此設定轉換時間為 $F_{OSC}/32$；最後，設定 ADON = 1 將模組啟動。

　　初始化完成後，在主程式中，只要將 ADCON0 暫存器的 GO 位元設定為 1，便會啟動訊號轉換的程序；接下來，只要持續地檢查這個位元是否為 0，便可以偵測訊號轉換的過程是否完成。而由於轉換的結果被設定為向左靠齊，因此只要將轉換結果的高位元組暫存器 ADRESH 直接傳入到 LATD，便可以將結果顯示在發光二極體。

■ 練習

　　將範例 10-2 中的延遲時間函式 C_Hold_Time 改以計時器中斷的方式處理。試利用 TIMER1/3/5 的中斷功能，每間隔 1ms, 100 ms 或 1s，進行 ADC 的轉換並調整 LED。

　　提示：當間隔時間較長或需要較為精確計時的應用場合，利用計時器遠比時間延遲函式精準且有效率。如果所需間隔時間較長而超出 16 位元計數器範圍時，可以利用計時器的前除頻器擴大計時範圍；如果還不夠使用的話，可以自行設定計數變數遞加以達到目的。而且使用計時器的中斷，更可以喚醒處理器的功能，進而在 ADC 轉換處理完成後，以 SLEEP 進入睡眠模式節省電能。

範例 10-3

　　利用類比輸入電壓檢測類比按鍵 SW4、SW5、SW6 的狀態。當按鍵 SW2

按下時，以 LED 顯示類比電壓值；當 SW2 按鍵放開時，以 LED 顯示對應之
按鍵值（例如，LED4 → SW4）。

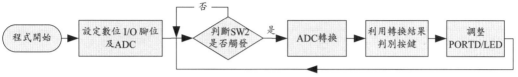

```
          list p=18f45k22
#include <p18f45k22.inc>                  ; 納入定義檔


;
C_Hold_Delayequ0x20                       ; 延遲時間計數暫存器
;
;************************************************************
;****      RESET Vector @  0x0000
;************************************************************

          org       0x00               ; 程式起始位址
          bra       Main
;
;************************************************************
;****      The Main Program start from Here !!
;************************************************************

          org       0x02A              ; 主程式起始位址
Main:
          call      Init_IO            ; 呼叫數位輸出入埠初始化函式
          call      Init_AD            ; 呼叫類比訊號轉換模組初始化函式
```

```
AD_Loop:
          btfsc     PORTB, RB0, 0
          bra       $-2
          call      C_Hold_Time    ; 延遲 50uS 完成類比訊號採樣保持
          bsf       ADCON0,GO,0    ; 啓動類比訊號轉換
          nop;
          btfsc     ADCON0,GO,0    ; 檢查類比訊號轉換是否完成？
          bra       $-4            ; 否，迴圈繼續（倒退兩行,4/2=2）
          movff     ADRESH, LATD   ; 是，將結果轉移到 PORTD
;
          btfss     PORTB, RB0, 0
          bra       $-2
          clrf      LATD, 0
          movf      ADRESH, W, 0
SW4:      bnz       SW5            ;  ADRESH>0, Others
          bsf       LATD, 4, 0     ;  ADRES=0, SW4 Pressed
          goto      AD_Loop        ; 重複無窮迴圈
SW5:
          sublw     .127
          bn        SW6            ;  ADRES>128, Others
          bsf       LATD, 5, 0     ;  ADRES<128, SW5 Pressed
          goto      AD_Loop        ; 重複無窮迴圈
SW6:      movf      ADRESH, W, 0
          sublw     .169
          bn        AD_Loop
          bsf       LATD, 6, 0     ;  ADRES<170, SW6 Pressed
          bra       AD_Loop        ;  ADRES>170, None, 重複無窮迴圈
;************************************************************
;****     Initial the PORTD for the output port
;************************************************************
```

```
Init_IO:                          ; 數位輸出入埠初始化函式
        banksel  ANSELD
        clrf     ANSELD, BANKED   ; 將 PORTD 類比功能解除，設定數
                                  ; 位輸入腳位
        bcf      ANSELA,4,BANKED  ; 將 RA4 類比功能解除，設定數位
                                  ; 輸入腳位
                                  ; 將 PORTA,RA4 腳位設定為訊號輸入
        bcf      ANSELB,0,BANKED  ; 將 RB0 類比功能解除，設定數位
                                  ; 輸入腳位
                                  ; 將 PORTB,RB0 腳位設定為訊號輸入

        clrf     LATD             ; 設定 PORTD 暫存器數值
        clrf     TRISD            ; 設定 PORTD 全部為數位輸出
;
        bsf      TRISA,RA4        ; 設定 RA4 為數位輸入
        bsf      TRISB,RB0        ; 設定 RB0 為數位輸入
;
        return
;************************************************
;****    Initial A/D converter
;************************************************
Init_AD:                          ; 類比訊號模組初始化函式 for
                                  ; PIC18F45K22
        movlw    b'00000111'      ; 設定 AN0~AN2 為類比輸入
        BANKSEL  ANSELA
        iorwf    ANSELA, BANKED
;
        movlw    b'00001001'      ; 選擇 AN2 通道轉換，
        movwf    ADCON0,0         ; 啟動 A/D 模組
        movlw    b'0000000'       ; 設定 VDD/VSS 為參考電壓
```

```
        movwf     ADCON1, 0
;
        movlw     b'00111010'         ; 結果向左靠齊並
        movwf     ADCON2, 0           ; 設定採樣時間 20TAD，轉換時間
                                      ; 為 Fosc/32
;
        bcf       PIE1, ADIE, 0       ; 關閉 A/D 模組中斷功能

        return
;
;************************************************
; 採樣保持時間延遲函式 (50uS)
;************************************************
C_Hold_Time:
        movlw     .125
        movwf     C_Hold_Delay, 0
        nop
        decfsz    C_Hold_Delay, F, 0
        bra       $-4
        return
;
        END
```

　　範例程式中以單一的輸入端 AN2/RA2，以類比電壓的方式擷取按鍵
SW4、SW5 與 SW6 的狀態。主要是以類比電壓感測值配合分壓定律計算可能
的電壓值，藉以判定所觸發的按鍵為何。程式的類比電壓判斷值必須依照實際
電路的電阻值計算決定。利用這樣的方式可以使用單一的輸入腳位偵測多個
按鍵的狀態，但是這個方法每次僅能判定一個按鍵的觸發。多重按鍵同時觸發
時，則只能由程式決定其中特定的一個按鍵。

10.4 類比訊號比較器

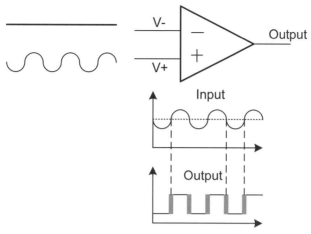

圖 10-6 類比訊號比較器的功能

　　在較新的微控制器中，除了前述的類比訊號轉換器（Analog to Digital Converter, ADC）之外，也會配備有類比訊號比較器（Comparator），應用程式可以將比較器的 V+ 與 V− 端輸入的類比電壓做比較，當 V+ 通道的類比電壓高於 V− 的類比電壓時比較器將會輸出高電位的「1」訊號；當 V+ 通道的類比電壓低於 V− 的類比電壓時，比較器將會輸出低電位的「0」訊號，如圖 10-6 所示。所以比較器基本上是一個簡單快速的類比訊號轉換成數位訊號的裝置。

　　類比訊號轉換器雖然可以得到精確的類比訊號（電壓高低）的數值，但是相對的操作程序也比較複雜，所需的轉換時間也比較長。如果使用者不需要知道類比訊號的精確數值，特別是因為應用需求只是需要做一個啟動器開關（ON/OFF）的訊號，這時候類比訊號比較器的使用相對就較為簡單、快速。而且使用者也可以自行選擇比較器參考訊號（V+）的來源，可以選擇外部訊號、內部固定電壓或數位類比訊號轉換器（Digital to Analog Converter, DAC）的輸出訊號，作為與外部代測訊號（V−）的比較對象，所以使用者可以根據應用需求而選擇使用類比訊號轉換器或比較器。

CHAPTER

10

比較器相關的暫存器

與比較器相關的暫存器與位元定義如表 10-5 所示。

表 10-5(1)　CMxCON0 暫存器與位元定義表

R/W-0	R-0	R/W-0	R/W-0	R/W-1	R/W-0	R/W-0	R/W-0
CxON	CxOUT	CxOE	CxPOL	CxSP	CxR	CxCH<1:0>	

bit 7　　　　　　　　　　　　　　　　　　　　　　　　　　　　bit 0

bit 7　　**CxON:** Comparator Cx Enable bit 比較器 Cx 致能位元

　　　　　1 = Comparator Cx is enabled

　　　　　0 = Comparator Cx is disabled

bit 6　　**CxOUT:** Comparator Cx Output bit 比較器 Cx 結果位元

　　　　　If CxPOL = 1 (inverted polarity):

　　　　　CxOUT = 0 when CxVIN+ > CxVINCxOUT

　　　　　　　　 = 1 when CxVIN+ < CxVINIf

　　　　　CxPOL = 0 (non-inverted polarity):

　　　　　CxOUT = 1 when CxVIN+ > CxVINCxOUT

　　　　　　　　 = 0 when CxVIN+ < CxVIN

bit 5　　**CxOE:** Comparator Cx Output Enable bit 比較器結果輸出（到腳位）致能位元

　　　　　1 = CxOUT is present on the CxOUT pin(1)

　　　　　0 = CxOUT is internal only

bit 4　　**CxPOL:** Comparator Cx Output Polarity Select bit 比較器輸出極性選擇位元

　　　　　1 = CxOUT logic is inverted

　　　　　0 = CxOUT logic is not inverted

bit 3　　**CxSP:** Comparator Cx Speed/Power Select bit 比較器 Cx 運作速度與功率選擇位元

　　　　　1 = Cx operates in Normal-Power, Higher Speed mode

　　　　　0 = Cx operates in Low-Power, Low-Speed mode

bit 2　　**CxR:** Comparator Cx Reference Select bit (non-inverting input) 比較器 Cx 參考訊號選擇位元

　　　　　1 = CxVIN+ connects to CXVREF output

　　　　　0 = CxVIN+ connects to C12IN+ pin

bit 1-0 **CxCH<1:0>:** Comparator Cx Channel Select bit 比較器 Cx 通道選擇位元

```
00 = C12IN0- pin of Cx connects to CxVIN-
01 = C12IN1- pin of Cx connects to CXVIN-
10 = C12IN2- pin of Cx connects to CxVIN-
11 = C12IN3- pin of Cx connects to CxVIN-
```
註：使用比較器腳位輸出時，需要完成下列設定，CxOE = 1、CxON = 1 及對應腳位的 TRISx bit = 0.

表 10-5(2)　CM2CON1 暫存器與位元定義表

R-0	R-0	R/W-0	R/W-0	R/W-0	R/W-0	R/W-0	R/W-0
MC1OUT	MC2OUT	C1RSEL	C2RSEL	C1HYS	C2HYS	C1SYNC	C2SYNC

bit 7 　　　　　　　　　　　　　　　　　　　　　　　　　　　　　bit 0

bit 7 **MC1OUT:** Mirror Copy of C1OUT bit 比較器 C1 輸出鏡像位元（內容與 C1OUT 相同）
bit 6 **MC2OUT:** Mirror Copy of C2OUT bit 比較器 C2 輸出鏡像位元（內容與 C2OUT 相同）
bit 5 **C1RSEL:** Comparator C1 Reference Select bit 比較器 C1 參考訊號選擇位元
　　　1 = FVR BUF1 routed to C1VREF input
　　　0 = DAC routed to C1VREF input
bit 4 **C2RSEL:** Comparator C2 Reference Select bit 比較器 C2 參考訊號選擇位元
　　　1 = FVR BUF1 routed to C2VREF input
　　　0 = DAC routed to C2VREF input
bit 3 **C1HYS:** Comparator C1 Hysteresis Enable bit 比較器 C1 輸出訊號遲滯（磁滯）致能位元
　　　1 = Comparator C1 hysteresis enabled
　　　0 = Comparator C1 hysteresis disabled
bit 2 **C2HYS:** Comparator C2 Hysteresis Enable bit 比較器 C2 輸出訊號遲滯（磁滯）致能位元
　　　1 = Comparator C2 hysteresis enabled
　　　0 = Comparator C2 hysteresis disabled
bit 1 **C1SYNC:** C1 Output Synchronous Mode bit 比較器 C1 同步模式致能位元
　　　1 = C1 output is synchronized to rising edge of TMR1 clock (T1CLK)
　　　0 = C1 output is asynchronous
bit 0 **C2SYNC:** C2 Output Synchronous Mode bit 比較器 C2 同步模式致能位元
　　　1 = C2 output is synchronized to rising edge of TMR1 clock (T1CLK)
　　　0 = C2 output is asynchronous

表 10-5(3)　比較器相關暫存器與位元表

Name	Bit 7	Bit 6	Bit 5	Bit 4	Bit 3	Bit 2	Bit 1	Bit 0
ANSELA	—	—	ANSA5	—	ANSA3	ANSA2	ANSA1	ANSA0
ANSELB	—	—	ANSB5	ANSB4	ANSB3	ANSB2	ANSB1	ANSB0
CM2CON1	MC1OUT	MC2OUT	C1RSEL	C2RSEL	C1HYS	C2HYS	C1SYNC	C2SYNC
CM1CON0	C1ON	C1OUT	C1OE	C1POL	C1SP	C1R	C1CH<1:0>	
CM2CON0	C2ON	C2OUT	C2OE	C2POL	C2SP	C2R	C2CH<1:0>	
VREFCON1	DACEN	DACLPS	DACOE	—	DACPSS<1:0>		—	DACNSS
VREFCON2	—		—	DACR<4:0>				
VREFCON0	FVREN	FVRST	FVRS<1:0>		—			
INTCON	GIE/GIEH	PEIE/GIEL	TMR0IE	INT0IE	RBIE	TMR0IF	INT0IF	RBIF
IPR2	OSCFIP	C1IP	C2IP	EEIP	BCL1IP	HLVDIP	TMR3IP	CCP2IP
PIE2	OSCFIE	C1IE	C2IE	EEIE	BCL1IE	HLVDIE	TMR3IE	CCP2IE
PIR2	OSCFIF	C1IF	C2IF	EEIF	BCL1IF	HLVDIF	TMR3IF	CCP2IF
PMD2	—	—	—	—	CTMUMD	CMP2MD	CMP1MD	ADCMD
TRISA	TRISA7	TRISA6	TRISA5	TRISA4	TRISA3	TRISA2	TRISA1	TRISA0
TRISB	TRISB7	TRISB6	TRISB5	TRISB4	TRISB3	TRISB2	TRISB1	TRISB0

比較器的運作程序

PIC18F45K22 類比訊號比較器的設計較以往的架構更為多元，提供使用者更多使用上的彈性，操作上也更為簡單。比較器的系統架構圖如圖 10-7 所示。

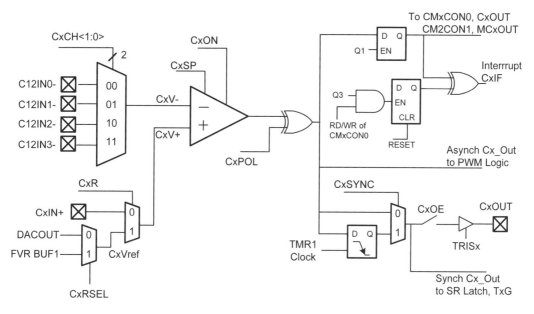

圖 10-7　PIC18F45K22 比較器系統架構圖

比較器的控制

PIC18F45K22 微控制器配置有兩個比較器，每一個比較器有各自的控制暫存器 CM1CON0 與 CM2CON0，另外還有一個 CM2CON1 作為共同功能的設定與結果同時讀取的設定使用。相關功能請見表 10-5。

比較器的啟動

要使用個別的比較器時，只要將 CMxCON0 中的 CxON 位元設定為 1，即可開始比較器的作用。未使用時，將 CxON 設定為 0，可以減少電能消耗至最低。但是在啟動前，必須將相對應的腳位適當的設定：

1. 將對應的待測或參考電壓腳位的 ANSEL 位元設定為 1，啟動類比訊號輸入功能。
2. 將對應的待測或參考電壓腳位的數位輸出入設定方向設定為 1（輸入），

CHAPTER

10

以免輸出電壓影響量測值。

◎ 輸入訊號的選擇

藉由設定 CMxCON0 暫存器中 CxCH<1:0> 位元的組合，選擇需要的 V-負端輸入訊號來源。要注意的是，在 Microchip 的微控制器設計上，V- 負端是待測電壓訊號來源，V+ 是參考電壓來源。所以輸出為 1 時，代表待測訊號較參考訊號低。但是這樣的輸出極性，是可以藉由 CxPOL 位元進行調整。

正端輸入訊號的來源則是藉由 CMxCON0 暫存器中 CxR 位元從下列三個訊號來源選擇：

1. CxIN+
2. 內部固定參考電壓 (Fixed Reference Voltage, FVR)
3. 內部數位類比訊號轉換器 (DAC) 輸出訊號

如果使用 CxIN+ 時，同樣需要注意腳位的相關設定。

◎ 比較器的結果輸出

比較器的結果可以選擇輸出數位訊號至對應的腳位，使用時必須將 CxOE位元設定為方能改變腳位的輸出狀態，同時也要注意腳位數位輸出入方向要設為 0。比較結果同時將更新控制暫存器的 CxOUT 位元，作為應用程式檢查並控制程式流程的依據。各個比較器除了在 CMxCON1 中有各自的 CxOUT 位元作為結果的檢查外，當兩個比較器同時開啟時，為減少分別讀取兩個暫存器，以得到比較結果的時間。在 CM2CON1 中，設計有鏡射輸出結果位元 MCx-CON，方便程式使用單一指令讀取兩個結果以提升使用效率。

◎ 比較器的速度與功率設定

由於比較器電路會在每一個指令週期檢查並更新比較器的結果，所以一旦開啟比較功能，將會耗費較高的電能。如果應用上有電能的考量，但又不想要關閉比較器功能時，可以將 CxSP 位元設定爲 0，讓比較器執行跟資料更新的速度降低，藉此得到較好的電能效率。

▌比較器的中斷事件觸發

每個比較器在 PIR 暫存器中對應的中斷旗標位元 CxIF 會在比較結果發生變化時，被設定爲 1；也就是說，無論是輸出由 0 變爲 1，或 1 變爲 0 都將觸發中斷。比較器中斷事件的判斷與觸發，是藉由每一次執行指令時，在指令的 Q1 時脈相位讀取前一次 CxOUT 的結果，然後跟本次指令 Q3 相位時所得到比較結果做檢查；如果 Q1 與 Q3 相位所得到的結果不同，表示比較結果與前一次相較有變化，將會觸發中斷旗標位元 CxIF 的設定。如果在 PIE2 暫存器中，相對應的 CxIE 致能位元也被設定爲 1 而啟動中斷功能時，將會觸發微控制器進入中斷執行函式。當然，使用者在執行完中斷執行函式的內容後，必須自行將 CxIF 位元清除爲 0，以免反覆地進入中斷執行函式。

如果在程式執行睡眠（SLEEP）指令前，比較器中斷的功能已經開啟，則當發生中斷事件時，將可以藉由 CxIF 位元觸發系統喚醒的功能。如果系統不需要利用比較器中斷事件喚醒微控制器的功能，建議在進入睡眠之前，可以將比較器關閉（CxON=0），藉此降低系統在睡眠時的電能消耗。

▌比較器與計時器 TIMER1 同步的功能

如果需要的話，比較器可以藉由 CM2CON1 暫存器中 CxSYNC 位元的設定，讓比較器結果輸出的 CxOUT 與 TIMER1 的時序脈波訊號同步，使得比較器輸出訊號可以跟 TIMER1 時序脈波的下降邊緣同步。使用時要注意到，必須將 TIMER1 的前除頻器設定爲 1:1，而且注意到 TIMER1 將會在時序脈波的上升邊緣遞加一，而不是下降邊緣；同步功能開啟時，也不要使用比較器作爲 TIMER1 的閘控訊號來源，以免發生不可預期的變化。

範例 10-4

利用比較器設定發光二極體的顯示,當可變電阻 VR1 電壓值小於設定的內部電壓時,將 VR1 的類比訊號轉換結果以二進位方式顯示在 LED 上。當 VR1 電壓值小於設定的內部電壓時,則點亮所有 LED。

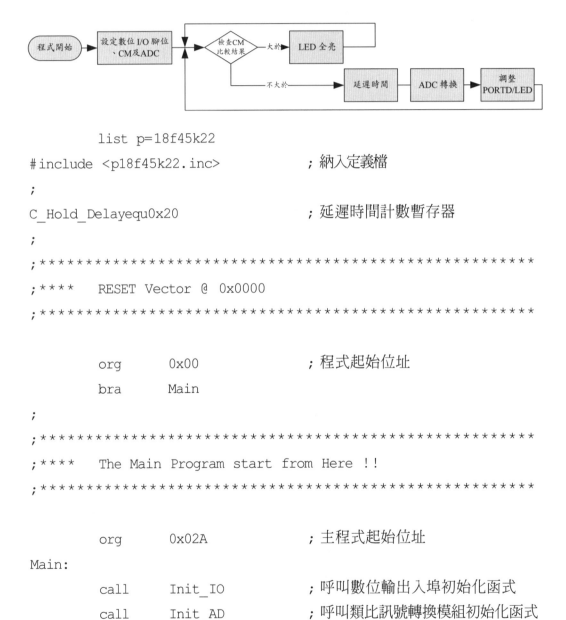

```
        list p=18f45k22
#include <p18f45k22.inc>              ; 納入定義檔
;
C_Hold_Delayequ0x20                   ; 延遲時間計數暫存器
;
;********************************************************
;****   RESET Vector @ 0x0000
;********************************************************


        org     0x00                  ; 程式起始位址
        bra     Main
;
;********************************************************
;****   The Main Program start from Here !!
;********************************************************


        org     0x02A                 ; 主程式起始位址
Main:
        call    Init_IO               ; 呼叫數位輸出入埠初始化函式
        call    Init_AD               ; 呼叫類比訊號轉換模組初始化函式
```

```
         call      Init_DAC          ; 呼叫數位類比訊號轉換模組初始
                                      ; 化函式
;
Init_Comparator:
         banksel   CM1CON0
         movlw     b'10101100'       ; 開啓類比訊號比較模組，負端
                                      ; IN0- ，正端 CxVref
         movw      fCM1CON0,BANKED   ; 設定比較器內部參考電壓爲 (VDD-
                                      ; VSS)/2
         movlw     b'00000011'       ; 設定類比電壓比較器模組 C1/2+
                                      ; 聯結至 DACOUT
         movwf     CM2CON1,BANKED
;
AD_Loop:
         btfss     CM2CON1, MC1OUT, BANKED; 檢查電壓是否小於預設值
         goto      LED_ON            ; 否，點亮所有 LED
                                      ; 是，顯示電壓採樣值
         call      C_Hold_Time       ; 延遲 50uS 完成類比訊號採樣保持
         bsf       ADCON0,GO, 0      ; 啓動類比訊號轉換
         nop                         ;
         btfsc     ADCON0,GO, 0      ; 檢查類比訊號轉換是否完成 ？
         bra       $-4               ; 否，迴圈繼續（倒退兩行， 4/2=2）
         movff     ADRESH, LATD      ; 是，將結果轉移到 PORTD
;
         goto      AD_Loop           ; 重複無窮迴圈
LED_ON   setf      LATD,0
         goto      AD_Loop           ; 重複無窮迴圈
;*************************************************************
;****     Initial the PORTD for the output port
;*************************************************************
```

CHAPTER 10

CHAPTER

10

```
    Init_IO:                                ; 數位輸出入埠初始化函式
            banksel   ANSELD
            clrf      ANSELD,  BANKED        ; 將 PORTD 類比功能解除，設定數
                                             ; 位輸入腳位
            bcf       ANSELA, 4, BANKED      ; 將 RA4 類比功能解除，設定數位
                                             ; 輸入腳位
                                             ; 將 PORTA, RA4 腳位設定爲訊號輸入
            bsf       ANSELA, 0, BANKED      ; 將 RA0 設定類比功能

            clrf      LATD                   ; 清除 PORTD 暫存器數值
            clrf      TRISD                  ; 設定 PORTD 全部爲數位輸出
    ;
            return
    ;*************************************************************
    ;****    Initial A/D converter
    ;*************************************************************
    Init_AD:
            movlw     b'00000001'            ; 選擇 AN0 通道轉換，
            movwf     ADCON0, 0              ; 啓動 A/D 模組
    ;
            movlw     b'0000000'             ; 設定 VDD/VSS 爲參考電壓
            movwf     ADCON1, 0
    ;
            movlw     b'00111010'            ; 結果向左靠齊並
            movwf     ADCON2, 0              ; 設定採樣時間 20TAD，轉換時間
                                             ; 爲 Fosc/32
    ;
            bcf       PIE1, ADIE,  0         ; 停止 A/D 中斷功能

            return
```

```
;*********************************************
;****    Initial DA converter
;*********************************************
Init_DAC:
        banksel   VREFCON1
        movlw     b'11000000'         ; 開啓模組 / 內部電壓 / 低電壓使
                                      ; 用正端 / 電源選用 VDD/VSS，
        movwf     VREFCON1, BANKED    ; 啓動 DAC 模組
;
        movlw     b'00010000'         ; 設定輸出爲 0.5*(VDD-VSS)
        movwf     VREFCON2, BANKED
;
        return
;;*********************************************
; 採樣保持時間延遲函式 (50uS)
;*********************************************
C_Hold_Time:
        movlw .125
        movwf C_Hold_Delay, 0
        nop
        decfsz C_Hold_Delay,F, 0
        bra $-4
        return
;
        END
```

CHAPTER

10

CHAPTER 11

CCP 模組

　　CCP（Capture/Compare/PWM）模組是 PIC18 系列微控制器的一個重要功能，它主要是用來量測數位訊號方波的頻率或工作週期（Capture 功能），也可以被使用作為產生精確脈衝的工具（Compare 功能），更重要的是，它也能產生可改變工作週期的波寬調變連續脈衝（PWM 功能）。這些功能使得這個模組可以被使用作為數位訊號脈衝的量測，或者精確控制訊號的輸出。

　　當應用程式需要量測某一個連續方波的頻率、週期（Period）或者工作週期（Duty Cycle）時，便可以使用輸入訊號捕捉（Capture）的功能；如果使用者需要產生一個精確寬度的脈衝訊號時，便可以使用輸出訊號比較（Compare）的功能；在許多控制馬達或者電源供應的系統中，如果要產生可變波寬的連續脈衝時，便可以使用波寬調變（Pulse Width Modulation, PWM）的功能。

　　而在較新的微控制器中則配置有增強功能的 CCP 模組（ECCP），以作為控制直流馬達所需要的多組 PWM 脈波控制介面。在 PIC18F45K22 為控制器上，配置有三個 ECCP 模組與兩個 CCP 模組。ECCP 模組中的輸入訊號捕捉（Capture）與輸出訊號比較（Compare）是與 CCP 模組相同的，僅有 PWM 模組建置加強的輸出電力，以便有效率地控制馬達電路。每一個 CCP 或 ECCP 模組的 PWM 功能如表 11-1 所示。由於加強型的 PWM 模組需要更多腳位進行控制，如果使用者選擇其他的微控制器時，需要注意每個模組所能夠執行的功能。

表 11-1　PIC18F45K22 微控制器中 CCP/ECCP 模組的 PWM 功能

ECCP1	ECCP2	ECCP3	CCP4	CCP5
加強的 全橋 PWM 電路	加強的 全橋 PWM 電路	加強的 半橋 PWM 電路	標準的 PWM 單一腳位輸出	標準的 PWM 單一腳位輸出 配有特殊事件觸發器

11.1　傳統的 PIC18 系列微控制器 CCP 模組

　　每一組 CCP/ECCP 模組都可以多工選擇執行輸入訊號捕捉、輸出訊號比較,以及波寬調變的功能;但是在任何一個時間只能夠執行上述三個功能中的一項。每一個 CCP/ECCP 模組中都包含了一組 16 位元的暫存器 (由兩個暫存器 CCPxRL 跟 CCPRxH 組成),它可以被用作為輸入訊號捕捉暫存器、輸出訊號比較暫存器,或者是 PWM 模組的工作週期暫存器。

　　使用不同的模組功能時,可以選擇不同的時序來源。可以選擇的項目如表 11-2 所示。

表 11-2　CCP 模組可選擇的計時器數值來源

模式	計時器數值來源
Capture	TIMER1/TIMER3/TIMER5
Compare	TIMER1/TIMER3/TIMER5
PWM	TIMER2/TIMER4/TIMER6

　　CCP/ECCP 模組的功能基本上都是由 CCPxCON 與 CCPTMRSx 暫存器所設定,其位元定義表如表 11-3 所示。如果所使用的是 ECCP 模組,則 bit 6~7 也會有與加強型 PWM 相關的功能。

表 11-3(1)　CCP/ECCP 模組相關控制暫存器 CCPxCON 位元定義表

R/x-0	R/W-0	R/W-0	R/W-0	R/W-0	R/W-0	R/W-0	R/W-0
PxM<1:0>		DCxB<1:0>		CCPxM<3:0>			

bit 7 　　　　　　　　　　　　　　　　　　　　　　　　　　　　　　　　　　bit 0

bit 7-6 **PxM<1:0>:** 加強型 PWM 輸出設定位元（僅 ECCP 適用）Enhanced PWM Output Configuration bits

If CCPxM<3:2> = 00, 01, 10: (Capture/Compare 模式)

xx = 僅 PxA 作為 CCP 功能；PxB, PxC, PxD 作為一般數位輸出入腳位

半橋模式（Half-Bridge ECCP Modules）：僅 ECCPx 適用

If CCPxM<3:2> = 11: (PWM modes)

0x = 單一輸出（Single Output）；PxA 為 PWM 輸出；PxB 為一般數位輸出入腳位

1x = 半橋輸出（Half-Bridge output）；PxA 與 PxB 作為有空乏時間的 PWM 輸出腳位

全橋模式（Full-Bridge ECCP Modules）：僅 ECCPx 適用

If CCPxM<3:2> = 11: (PWM 模式)

00 = 單一輸出（Single output）；PxA 為 PWM 輸出；PxB/PxC/PxD 為一般數位輸出入腳位

01 = 全橋正向輸出（Full-Bridge output forward）；PxD 為 PWM 輸出；PxA 致能（Active）；PxB/PxC 關閉（Inactive）

10 = 半橋輸出；PxA/PxB 作為有空乏時間的 PWM 輸出腳位；PxC/PxD 為一般數位輸出入腳位

11 = 全橋正向輸出（Full-Bridge output reverse）；PxB 為 PWM 輸出；PxC 致能（Active）；PxA/PxD 關閉（Inactive）

bit 5-4 **DCxB1:DCxB0:** PWM 工作週期的位元 0 與位元 1 定義。PWM Duty Cycle bit 1 and bit 0

Capture mode: 未使用。

Compare mode: 未使用。

PWM mode: PWM 工作週期的最低兩位元。配合 CCPRxL 暫存器使用。

bit 3-0 **CCPxM3:CCPxM0:** CCP 模組設定位元。CCP Mode Select bits 0000 = 關閉（重置）CCP 模組。

0001 = 保留。

0010 = 比較輸出模式，反轉輸出腳位狀態。

0011 = 保留。

0100 = 捕捉輸入模式，每一個下降邊緣觸發。

0101 = 捕捉輸入模式，每一個上升邊緣觸發。

0110 = 捕捉輸入模式，每四個下降邊緣觸發。

0111 = 捕捉輸入模式，每十六個下降邊緣觸發。

1000 = 比較輸出模式，初始化 CCPx 腳位為低電位，比較相符時設定為高電位（並設定 CCPxIF）。

1001 = 比較輸出模式，初始化 CCPx 腳位為高電位，比較相符時設定為低電

位（並設定 CCPxIF）。

1010 = 比較輸出模式，僅產生軟體 CCPxIF 中斷訊號，CCPx 保留為一般輸出入使用。

1011 = 比較輸出模式，觸發特殊事件（重置由 CxTSEL 選擇的 TMR1/3/5，設定 CCPxIF 位元；CCPx 腳位不變）。

11xx = 波寬調變模式。

表 11-3(2)　CCP/ECCP 模組相關控制暫存器 CCPTMRS0 位元定義表

R/W-0	R/W-0	U-0	R/W-0	R/W-0	U-0	R/W-0	R/W-0
C3TSEL<1:0>		—	C2TSEL<1:0>		—	C1TSEL<1:0>	
bit 7							bit 0

bit 7-6 **C3TSEL<1:0>**: CCP3 Timer Selection bits　CCP3 配合暫存器選擇位元

00 = CCP3 - Capture/Compare modes use Timer1, PWM modes use Timer2

01 = CCP3 - Capture/Compare modes use Timer3, PWM modes use Timer4

10 = CCP3 - Capture/Compare modes use Timer5, PWM modes use Timer6

11 = Reserved

bit 5　**Unused** 未使用

bit 4-3 **C2TSEL<1:0>**: CCP2 Timer Selection bits　CCP2 配合暫存器選擇位元

00 = CCP2 - Capture/Compare modes use Timer1, PWM modes use Timer2

01 = CCP2 - Capture/Compare modes use Timer3, PWM modes use Timer4

10 = CCP2 - Capture/Compare modes use Timer5, PWM modes use Timer6

11 = Reserved

bit 2　**Unused** 未使用

bit 1-0 **C1TSEL<1:0>**: CCP1 Timer Selection bits　CCP1 配合暫存器選擇位元

00 = CCP1 - Capture/Compare modes use Timer1, PWM modes use Timer2

01 = CCP1 - Capture/Compare modes use Timer3, PWM modes use Timer4

10 = CCP1 - Capture/Compare modes use Timer5, PWM modes use Timer6

11 = Reserved

表 11-3(3)　CCP/ECCP 模組相關控制暫存器 CCPTMRS1 位元定義表

U-0	U-0	U-0	U-0	R/W-0	R/W-0	R/W-0	R/W-0
—	—	—	—	C5TSEL<1:0>		C4TSEL<1:0>	
bit 7							bit 0

bit 7-4 **Unimplemented:** Read as '0' 未使用

bit 3-2 **C5TSEL<1:0>:** CCP5 Timer Selection bits   CCP5 配合暫存器選擇位元

　　　　00 = CCP5 - Capture/Compare modes use Timer1, PWM modes use Timer2

　　　　01 = CCP5 - Capture/Compare modes use Timer3, PWM modes use Timer4

　　　　10 = CCP5 - Capture/Compare modes use Timer5, PWM modes use Timer6

　　　　11 = Reserved

bit 1-0 **C4TSEL<1:0>:** CCP4 Timer Selection bits   CCP4 配合暫存器選擇位元

　　　　00 = CCP4 - Capture/Compare modes use Timer1, PWM modes use Timer2

　　　　01 = CCP4 - Capture/Compare modes use Timer3, PWM modes use Timer4

　　　　10 = CCP4 - Capture/Compare modes use Timer5, PWM modes use Timer6

　　　　11 = Reserved

　　由於 PIC18F45K22 微控制器增加了許多新功能，即便是有 40 個腳位可以多工分配，也常發生捉襟見肘，腳位被占用而無法使用所需功能的情形。爲了增加使用的彈性跟設計的方便，較新的微控制器除了在單一腳位上可以多工選擇功能之外，也增加將特定功能輸出可以多工選擇到不同腳位的功能。CCP/ECCP 模組可以多工選擇的腳位如表 11-4 所示。但是這些設定必須在系統專案設定時，利用設定位元（Configuration bits）事先選擇；一旦燒錄程式之後就無法在程式執行中進行調整。

表 11-4　PIC18F45K22 微控制器 CCP/ECCP 模組腳位多工選擇定義表

CCP OUTPUT	CONFIG 3H Control Bit	Bit Value	PIC18F4XK22 I/O pin
CCP2	CCP2MX	0	RB3
		1*	RC1
CCP3	CCP3MX	0*	RE0
		1	RB5

*：預設值

　　爲了方便學習，接下來將把 CCP/ECCP 模組分成輸入訊號捕捉（Capture）、輸出訊號比較（Compare）、一般的脈波寬度調變 (PWM) 與加強的 PWM 模組分別介紹。

11.2　輸入訊號捕捉模式

輸入訊號捕捉的模式操作結構圖如圖 11-1 所示。

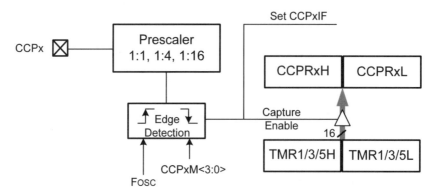

圖 11-1　輸入訊號捕捉模式的結構圖

從輸入訊號捕捉的結構示意圖中可以看到，輸入訊號將先經過一個可設定的前除器作除頻的處理，然後再經過一個訊號邊緣觸發偵測的硬體電路。當所設定要偵測的訊號邊緣發生時，將會觸發硬體將計時器 TIMER1 的計數內容移轉到 CCP 模組的 16 位元暫存器中，作為後續核心處理器擷取資料的位址。在這同時，則會觸發核心處理器的中斷事件旗標訊號。

在訊號捕捉模式下，當在 CCPx 腳位有一個特定的事件發生時，CCPR1H 與 CCPR1L 暫存器將會捕捉計時器 TIMER1、TIMER3 或 TIMER5 的暫存器內容。所謂特定的事件定義為下列項目之一：

- 每一個訊號下降邊緣。
- 每一個訊號上升邊緣。
- 每四個訊號上升邊緣。
- 每十六個訊號上升邊緣。

事件定義的選擇是藉由控制位元 CCPxM3: CCPxM0 所設定的。當完成一個訊號捕捉時，PIR1/2/4 暫存器中相對應的中斷旗標位元 CCPxIF 將會被設定為 1；這個中斷旗標位元必須要用軟體才能夠清除。如果另外一次的捕捉事件在 CCPR1 暫存器的內容被讀取之前發生，則舊的訊號捕捉數值將會被新的訊號捕捉結果改寫而消失。如果在輸入訊號捕捉功能開啓時改變捕捉的模式，可能會引發錯誤的中斷觸發。如果要避免這樣的錯誤，建議在更換 CCP 模式時，將相關 PIE1/2/4 暫存器的中斷致能位元 CCPxIE 關閉；而且開啓模組之前，最好將相關的 CCPxIF 中斷旗標位元先清除為 0，以免開啓模組功能時發生不可預期的中斷。

使用輸入訊號捕捉功能時，必須要開啓一個對應的 16 位元計時器才能使用。使用者可以藉由 CCPTMRS1 與 CCPTMRS0 暫存器的各個 CCP 模組對應的計時器選擇位元設定對應的計時器。例如，如果 ECCP1 被開啓且設定為輸入訊號捕捉功能時，如果 CCPTMRS0 暫存器的 C1TSEL<1:0> 位元被設定 00，則將使用 TIMER1；如果 C1TSEL<1:0> 被設定 01，則將使用 TIMER3；以此類推。同樣的設定也適用於輸出訊號比較的對應器設定。但是如果 CCP 或 ECCP 模組被設定為 PWM 功能時，則對應使用的計時器將會是 TIMER2/TIMER4/TIMER6。

▌輸入捕捉模組的前除頻器

```
#define      NEW_CAPT_PS 0x06
CLRF         CCPxCON, F                    ;關閉 CCP 模組
MOVLW        NEW_CAPT_PS
MOVWF        CCPxCON                       ;載入新的除頻器比例並開啓模組
```

▌睡眠模式下的輸入捕捉

輸入捕捉的執行需要一個 16 位元的計時器 TIMER1/TIMER3/TIMER5，作為計時的基礎。所選擇的計時器可以依照計時器的功能選擇四種計時器的驅動方式：

1. 系統時脈（F_{osc}）

2. 指令時脈（$F_{osc}/4$）

3. 輔助外部時脈

4. TxCKI 外部時脈輸入

　　當計時器選擇使用系統時脈或指令時脈時，在微控制器進入睡眠模式時，計時器將會因爲系統時脈或指令時脈被關閉而不會繼續計時。因此，如果要在睡眠模式下繼續使用輸入捕捉功能，必須使用外部時脈或輔助外部時脈，以免得到錯誤的結果。

11.3　輸出訊號比較模式

　　輸出訊號比較模式的操作結構示意圖如圖 11-2 所示。

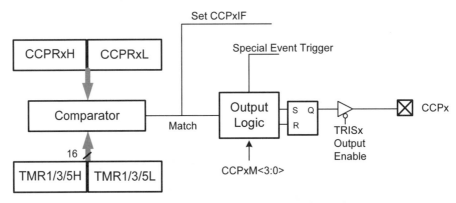

圖 11-2　輸出訊號比較模式的結構示意圖

　　在輸出訊號比較的結構圖中，所選定的 TIMER1/3/5 計時器的 16 位元（TMRxH 與 TMRL）內容，將透過一個比較器與 CCPx 模組暫存器（CCPxRH 及 CCPxRL）所儲存的數值做比較。當兩組暫存器的數值符合時，比較器將會發出一個訊號；這個輸出訊號將觸發一個中斷事件，而且將觸發 CCPxCON 控制暫存器所設定的輸出邏輯。輸出邏輯電路將會根據控制暫存器所設定的內容，將訊號輸出腳位透過 SR 正反器設定爲高或低電位訊號狀態，而且也會啓動特殊事件觸發訊號。特別要注意到，SR 正反器的輸出必須通過資料方向控制暫存器位元 TRIS 的管制，才能夠傳輸到輸出腳位。

在輸出訊號比較模式下，16 位元長的 CCPRx 暫存器的數值將持續地與計時器 TMR1/3/5 暫存器的內容比較。當兩者的數值內容符合時，對應的 CCPx 腳位將會發生下列動作的其中一種：

- 提升為高電位。
- 降低為低電位。
- 輸出訊號反轉（H → L 或 L → H）。
- 保持不變。

藉由 CCPxM3: CCPxM0 的設定，應用程式可以選擇上述四種動作中的一種。在此同時，PIR1/2/4 暫存器中相對應的中斷旗標位元 CCPxIF 將會被設定為 1。這個旗標位元必須由軟體清除為 0。

▌CCP 模組設定

在輸出訊號比較的模式下，CCPx 腳位必須藉由 TRIS 控制位元設定為訊號輸出的功能。在這個模式下，所選用的計時器模組（TIMER1/3/5）必須要設定在計時器模式或者同步計數器模式之下執行。如果設定為非同步計數器模式，輸入訊號捕捉的工作可能沒辦法有效地執行。應用程式可以藉由 CCPTMRS0 與 CCPTMRS1 控制暫存器，來設定 CCP 模組所使用的計時器。

▌軟體中斷

當模組被設定產生軟體中斷訊號模式時，CCPx 腳位的狀態將不會受到影響，而只會產生一個內部的軟體中斷訊號。

▌特殊事件觸發器

在這個模式下，將會有一個內部硬體觸發器的訊號產生，而這個訊號可以被用來觸發一個核心處理器的動作。

　　CCP5 模組的特殊事件觸發輸出，將會把計時器 TIMER1/3/5 暫存器的內容清除爲 0。這樣的功能，在實務上將會使得 CCPR5 成爲 TIMERx 計時器的可程式 16 位元週期暫存器，類似 TIMER2/4/6 的 PR2/4/6 暫存器。

　　CCP5 模組的特殊事件觸發輸出，都可以被用來將計時器 TIMER1/3/5 暫存器的內容清除爲 0。除此之外，如果類比訊號模組的觸發轉換功能被開啓，CCP5 的特殊事件觸發器也可以被用來啓動類比數位訊號轉換。

睡眠模式下的輸出比較

　　輸出比較的執行需要一個 16 位元的計時器 TIMER1/TIMER3/TIMER5 作爲計時的基礎，當計時器選擇使用系統時脈或指令時脈時，在微控制器進入睡眠模式時，計時器將會因爲系統時脈或指令時脈被關閉，而不會繼續計時。因此，如果要在睡眠模式下繼續使用輸出比較功能，必須要使用外部時脈或輔助外部時脈，以免得到錯誤的結果。一般使用下，輸出比較通常是作爲精確時脈輸出或計時使用，所以如果計時器使用系統時脈或指令時脈作爲計時基礎時，應在進入睡眠模式前將輸出比較功能關閉，以免發生不可預期的結果。

　　在下面的範例中，首先讓我們以範例程式來說明如何利用輸出比較模組產生一個週期反覆改變的訊號。

範例 11-1

　　將微控制器的 CCP 模組設定爲輸出比較模式，配合計時器 TIMER1 於每一次訊號發生時，進行可變電阻的電壓採樣，並將類比訊號採樣結果顯示在發光二極體上；然後使用類比電壓值改變輸出訊號的週期，並以此訊號週期觸發 LED0，顯示訊號的變化。

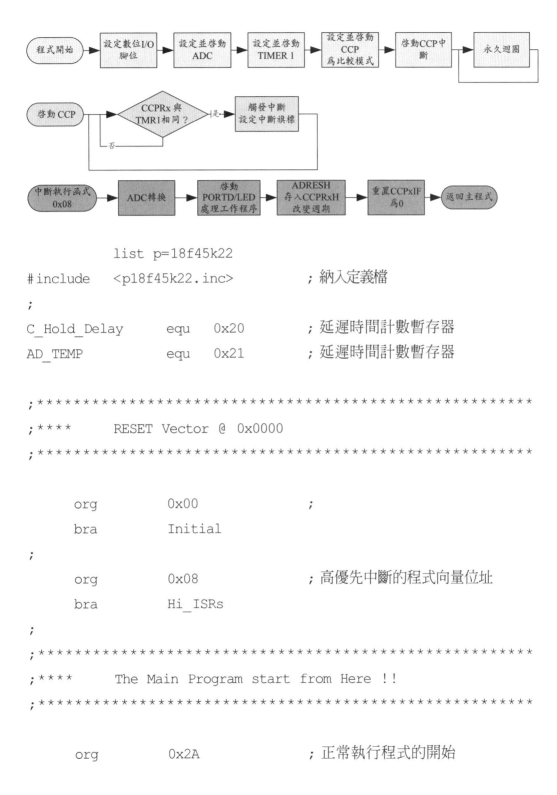

```
            list    p=18f45k22
#include     <p18f45k22.inc>                 ; 納入定義檔
;
C_Hold_Delay          equ      0x20          ; 延遲時間計數暫存器
AD_TEMP               equ      0x21          ; 延遲時間計數暫存器


;***************************************************
;****       RESET Vector @ 0x0000
;***************************************************


        org           0x00                  ;
        bra           Initial
;
        org           0x08                  ; 高優先中斷的程式向量位址
        bra           Hi_ISRs
;
;***************************************************
;****       The Main Program start from Here !!
;***************************************************


        org           0x2A                  ; 正常執行程式的開始
```

CHAPTER

11

```
Initial:
        call        Init_IO             ; 以函式的方式宣告所有的輸出入腳位
        call        Init_Timer1         ; 以函式的方式設定 TIMER1 計時器
        call        Init_AD             ; 呼叫類比訊號轉換模組初始化函式
        call        Init_CCP2           ; 呼叫 CCP2 模組初始化函式
;
        bsf         RCON, IPEN          ; 啟動中斷優先順序的功能
        bsf         INTCON, GIEH        ; 啟動所有的高優先中斷
;
Main:
        goto        Main                ; 重複無窮迴圈
;
;************************************************************
;****        Initial the PORTD for the output port
;************************************************************
Init_IO:
        banksel     ANSELD
        clrf        ANSELD,  BANKED     ; 將 PORTD 類比功能解除，
                                        ; 設定數位輸入腳位
        bcf         ANSELA,4,BANKED     ; 將 RA4 類比功能解除，設
                                        ; 定數位輸入腳位
                                        ; TRISA,  4 腳位預設為數位輸入
        bsf         ANSELA,0,BANKED     ; 將 RA0 設定類比功能


        clrf        TRISD               ; 設定所有的 PORTD 腳位為輸出
        clrf        LATD                ; 清除所有的 LATD 腳位值
        return
;************************************************************
;****        Initial Timer1 as a 500ms Timer
```

```
;************************************************
Init_Timer1:
        movlw       B'00110011'             ; 16 位元非同步計數器模
                                            ; 式，開啓 1:8 前除器
        movwf       T1CON, 0                ; 使用外部 32768Hz 震盪器
                    ; 並開啓 Timer1
;
        clrf        TMR1H, 0                ; 設定計時器高位元組資料
        clrf        TMR1L, 0                ; 設定計時器低位元組資料
;
        bcf         PIE1,TMR1IE, 0          ; 關閉 Timer1 中斷功能
;
        return
;************************************************
;****       Initial A/D converter
;************************************************
Init_AD:    ; 類比訊號模組初始化函式
        movlw       b'00000001'             ; 選擇 AN0 通道轉換，
        movwf       ADCON0, 0               ; 啓動 A/D 模組
;
        movlw       b'0000000'              ; 設定 VDD/VSS 爲參考電壓
        movwf       ADCON1, 0
;
        movlw       b'00111010'             ; 結果向左靠齊並
        movwf       ADCON2, 0               ; 設定採樣時間 20TAD，轉
                                            ; 換時間爲 Fosc/32
;
        bcf         PIE1,ADIE               ; 停止 A/D 中斷功能
```

```
        return


;************************************************
;  探樣保持時間延遲函式  (50uS)
;************************************************
C_Hold_Time:
        movlw       .250
        movwf       C_Hold_Delay, 0
        nop
        nop
        decfsz      C_Hold_Delay,F,  0
        bra         $-6
        return


;************************************************
;****        Initial CCP Module
;************************************************
Init_CCP2:                              ; CCP2 模組初始化函式
        banksel     ANSELB              ; 解除 RB3 腳位類比功能
        bcf         ANSELB, 3,  BANKED
        bcf         TRISB,3             ; 設定 RB3 為輸出
        movlw       B'00001011'         ; 設定 CCP2 為 compare 模式
        movwf       CCP2CON,  BANKED
        clrf        CCPR2H,  BANKED
        clrf        CCPR2L,  BANKED
        bsf         CCPR2L,7,  BANKED
        clrf        CCPTMRS0,  BANKED   ;CCP1/2/3 使用 TIMER1/2

        bsf         IPR2,  CCP2IP
        bsf         PIE2,  CCP2IE
```

```
        bcf            PIR2, CCP2IF


        return


;***********************************************
;****ISRs(): 中斷執行函式
;****
;***********************************************
Hi_ISRs; 高優先中斷執行函式


        bcf            INTCON,GIEH,0          ; 關閉所有的高優先中斷
        btg            LATD, 0
;
        call           C_Hold_Time            ; 延遲 50uS 完成類比訊號採
                                              ; 樣保持
        bsf            ADCON0,GO,0            ; 啓動類比訊號轉換
        btfsc          ADCON0,GO,0            ; 檢查類比訊號轉換是否完成？
        bra            $-2                    ; 否，迴圈繼續（倒退一行，
                                              ; 2/2=1）
        movff          ADRESH, AD_TEMP        ; 是，將結果轉移到 PORTD
        bcf            STATUS, C,0
        rlcf           AD_TEMP, 1,0
        btfsc          LATD, 0
        bsf            AD_TEMP, 0
        movff          AD_TEMP, PORTD
        movff          ADRESH, CCPR2H
        nop
        bcf            PIR2, CCP2IF,0         ; 清除 CCP2 中斷旗標
        bsf            INTCON,GIEH,0          ; 啓動所有的高優先中斷
        retfie         FAST                   ; Return with shadow register
```

```
;
        END
```

範例程式中利用 CCP1 與 TIMER1 計時器之間的互動關係，首先將類比訊號轉換值設為訊號輸出比較模組的數值，當計時器 TIMER1 的計數內容符合這個比較數值時，將會使計時器重置為 0 並觸發 CCP1IF 的中斷事件。讀者要注意到，所觸發的不是 TIMER1 計時器的中斷，而是 CCP1 的中斷。然後在中斷執行函式中，進行類比訊號採樣，並重新設定訊號輸出比較的設定值。因此，藉由 btg 位元反向的指令，便可以在發光二極體 LED0 看到訊號閃爍的變化；同時藉由循環的指令，使類比訊號採樣的結果顯示在其他七個發光二極體上。

11.4 CCP 模組的基本 PWM 模式

在波寬調變（PWM）的操作模式下，CCPx 腳位可以產生一個高達 10 位元解析度的波寬調變輸出訊號。由於 CCPx 腳位與一般數位輸出入的腳位多工共用，因此必須將對應腳位的 TRIS 控制位元清除為 0，使 CCPx 腳位成為一個訊號輸出腳位。

PWM 模式操作的結構示意圖如圖 11-3 所示。

從 PWM 模式的結構示意圖中，可以看到 TIMER2/4/6 計時器的計數內容將與兩組暫存器的內容做比較。首先，TIMER2/4/6 計數的內容將與 PR2/4/6 暫存器的內容做比較；當內容相符時，比較器將會對 SR 正反器發出一個設定訊號使輸出值為 1。同時，TIMER2/4/6 計數的內容將和 CCPRxH 與 CCPxCON<5:4> 共組的 10 位元內容做比較；當這兩組數值內容符合時，比較器將會對 SR 正反器發出一個清除的訊號，使腳位輸出低電壓訊號。而且 SR 正反器的輸出訊號必須受到 TRIS 控制位元輸出入方向的管制。波寬調變的輸出，是一個以時間定義為基礎的連續脈衝。

基本上，波寬調變的操作必須要定義一個固定的脈衝週期（Period）以及一個輸出訊號保持為高電位的工作週期（Duty Cycle）時間，如圖 11-4 所示。

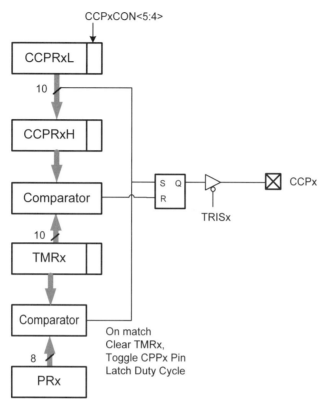

圖 11-3　PWM 模式的結構示意圖

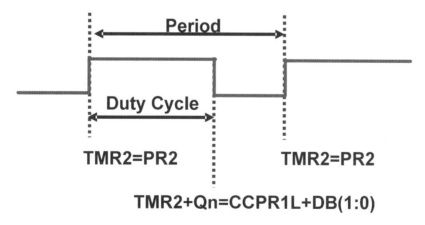

圖 11-4　波寬調變的脈衝週期及工作週期時間定義

PWM 週期

波寬調變的週期是由計時器 TIMER2/4/6 相關的 PR2/4/6 暫存器的內容所定義。波寬調變的週期可以用下列的公式計算：

$$PWM\ period = [PRx + 1]*4*Tosc*(TMRx\ prescale\ value)$$

波寬調變的頻率就是週期的倒數。

當計時器 TIMER2/4/6 的內容等於 PR2/4/6 週期暫存器的所設定的內容時，在下一個指令執行週期將會發生下列的事件：

- TMRx 被清除為 0。
- CCPx 腳位被設定為 1（當工作週期被設定為 0 時，CCPx 腳位訊號將不會被設定）。
- 下一個 PWM 脈衝的工作週期將會由 CCPRxL 被栓鎖到 CCPRxH 暫存器中。

PWM 工作週期

PWM 工作週期（Duty Cycle）是藉由寫入 CCPRxL 暫存器，以及 CCPx-CON 暫存器的第 4、5 位元 DCxB<1:0> 的數值所設定，因此總共可以有高達 10 位元的解析度。其中，CCPRxL 儲存著較高位址的 8 個位元，而 CCPxCON 則儲存著較低的兩個位元。下列的公式可以被用來計算 PWM 的工作週期時間：

$$PWM\ duty\ cycle = (CCPRxL:CCPxCON<5:4>)*Tosc *(TMRx\ prescale\ value)$$

CCPRxL 暫存器及 CCPxCON 暫存器的第 4、5 位元可以在任何的時間被寫入數值，但是這些數字將要等到工作週期暫存器 PR2/4/6 與計時器 TIMER2/4/6 內容符合的事件發生時，才會被轉移到 CCPRxH 暫存器。在 PWM 模式下，CCPRxH 暫存器的內容只能被讀取而不能夠被直接寫入。

　　CCPRxH 暫存器和另外兩個位元長的內部栓鎖器被用來作爲 PWM 工作週期的雙重緩衝暫存器。這樣的雙重緩衝器架構可以確保 PWM 模式所產生的訊號不會雜亂跳動。

　　當上述的十個位元長的（CCPRxH+2 位元）緩衝器符合 TIMER2/4/6 暫存器與內部兩位元栓鎖器的內容時，CCPx 腳位的訊號將會被清除爲 0。對於一個特定的 PWM 訊號頻率所能得到的最高解析度可以用下面的公式計算：

$$\text{Resolution} = 2[(PRx + 1) + 2]$$

　　如果應用程式不愼將 PWM 訊號的工作週期設定得比 PWM 訊號週期還長的時候，CCPx 腳位的訊號將不會被清除爲 0。

▋PWM 操作的設定

　　如果要將 CCPx 模組設定爲 PWM 模式的操作時，必須要依照下列的步驟進行：

- 將 CCPTMRS0 或 CCPTMRS1 控制暫存器中的 CxTSEL<1:0> 設定成對應的計時器 TIMER2/4/6。
- 將 PWM 訊號週期（Period）寫入到 PR2/4/6 暫存器週期。
- 將 PWM 工作週期（Duty Cycle）寫入到 CCPRxL:CCPxCON<5:4>。
- 將數位輸出入訊號方向控制位元 TRIS 清除爲 0，使 CCPx 腳位成爲訊號輸出腳位。
- 設定計時器 TIMMR2/4/6 的前除器並開啓 TIMER2/4/6 計時器的功能。
- 將 CCPx 模組設定爲一般 PWM 操作模式。

範例 11-2

　　利用類比數位訊號轉換模組的量測可變電阻的電壓值，並將轉換的結果以 8 位元的方式呈現在 LED 發光二極體顯示。同時以此 8 位元結果作爲 CCP1 的 PWM 模組之工作週期設定值，產生一個頻率爲 4000 Hz 的可調音量蜂鳴器週期波。

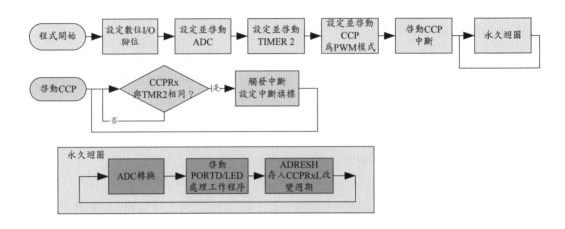

```
        list p=18f45k22
#include <p18f45k22.inc>                ; 納入定義檔
;
; Variables used in this program;
        Count        equ 0x00           ; 時間延遲計數暫存器


; Locates startup code @ the reset vector
        org          0x00               ; 程式重置向量
        nop
        goto         Init


; Locates main code
        org          0x2A               ; 主程式開始
Init
;
        banksel      ADCON0
        movlw        b'00000001'        ; 選擇 AN0 通道轉換,
        movwf        ADCON0             ; 啓動 A/D 模組
        movlw        b'0000000'         ; 設定 VDD/VSS 爲參考電壓
```

```
        movwf       ADCON1
        movlw       b'00111010'     ; 結果向左靠齊並
        movwf       ADCON2          ; 設定採樣時間 20TAD，轉換時間
                                    ; 為 Fosc/32

        movlw       0x9B            ; 設定 PWM 周期為 250us 頻率為 4kHz
        movwf       PR2

        banksel     ANSELC
        bcf         ANSELC, ANSC2
        bcf         TRISC,2         ; 設定 RC2 為輸出
        clrf        ANSELD          ; 設定 PORTD 為輸出

        movlw       B'00001100'     ; 設定 CCP1 為 PWM 模式，工作週期
                                    ; 最高 2 位元為 00
        movwf       CCP1CON
        movlw       B'00000101'     ; 啟動 TIMER2，前除器為 4 倍
        movwf       T2CON
        clrf        LATD            ; 設定 LATD 數值
        clrf        TRISD           ; 設定 PORTD 為輸出

Main
        call        Delay20         ; 延遲 20us
        bsf         ADCON0,GO, 0    ; 開始 A/D 轉換
WaitADC
        btfsc       ADCON0,GO, 0    ; 檢查 AD 轉換是否完成
        goto        WaitADC         ;
        movf        ADRESH,W, 0     ; 儲存轉換結果
        comf        WREG, 0
        movwf       LATD,           ; LED 顯示
```

```
        movwf       CCPR1L, 0           ; 設定 Duty cycle
        goto        Main


;* * * * * * * * * * * * * * * * * * * * * * * * * * * * * * * * *
;*        Delay20 - 延遲 20us
;* * * * * * * * * * * * * * * * * * * * * * * * * * * * * * * * *
Delay20                                 ; 2 Tcy for call
        movlw       0x09                ; 1 Tcy
        movwf       Count, 0            ; 1 Tcy
        nop                             ; 1 Tcy
D20Loop                                 ; 9 * 5 = 45 Tcy
        nop                             ;
        nop
        decfsz      Count, F, 0         ; 1 Tcy for non-skip
        goto        D20Loop             ; 2 Tcy for goto
        return                          ; 2 Tcy for return


        end
```

範例程式中，將週期暫存器 PR2 設定為 155，而且將 CCP1CON 暫存器中與週期有關的另外兩個高位元設定為 00；再加上將 TIMER2 計時器的前除器設為 4 倍，因此將可以計算 PWM 脈衝的週期為：

$$\begin{aligned}
\text{PWM period} &= [PR2 + 1] \times 4 \times Tosc \times (TMR2 \text{ prescale value}) \\
&= [155 + 1] \times 4 \times [1 / (10MHz)] \times (4) \\
&= 0.00025 \text{ sec}
\end{aligned}$$

換算為頻率就是 4000 Hz。另外在範例程式中延遲時間的計算函式方面，也值得讀者詳細地去推敲如何精準地控制延遲時間。

當轉動可變電阻時，類比訊號轉換結果將改變 PWM 的工作週期。當工作週期越大時蜂鳴器的聲音將越大，但是由於蜂鳴器是藉由正負電位變化產生震盪的裝置，因此最大聲音會發生於工作週期為 50% 的時候。當正負電位時間差異加大時震動範圍將縮小而降低聲音。但是如果將 PWM 外接馬達時，則當工作週期越大時馬達的轉速將會愈快。

範例 11-3

利用 CCP1 模組的 PWM 模式產生一個週期變化的訊號，並以可變電阻 VR1 的電壓值調整訊號的週期。然後利用短路線將這個週期變化的訊號傳送至 CCP2 模組的腳位上，利用模組的輸入訊號擷取功能計算訊號的週期變化，並將高位元的結果顯示在發光二極體上。

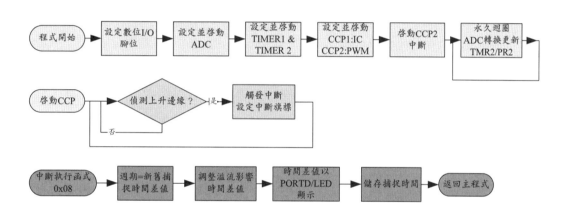

```
        list p=18f45k22
#include <p18f45k22.inc>              ; 納入定義檔 Include file located
                                      ; at defult directory
; 注意 CCP2 腳位多工設定
        CONFIG CCP2MX=PORTB3


; Variables used in this program;
        Count       equ 0x00          ; 時間延遲計數暫存器
        EDGEH       equ 0x01          ; CCP2 高位元計數暫存器
        EDGEL       equ 0x02          ; CCP2 低位元計數暫存器
```

```
;   Locates  startup  code  @  the  reset  vector
        org         0x00                ; 程式重置向量
        nop
        goto        Init

        org         0x08                ; 高優先中斷的程式向量位址
        bra         Hi_ISRs


;  Locates  main  code
        org         0x2A                ; 主程式開始
Init
;  初始化 ADC 模組
        banksel     ADCON0
        movlw       b'00000001'         ; 選擇 AN0 通道轉換，
        movwf       ADCON0              ; 啓動 A/D 模組
        movlw       b'0000000'          ; 設定 VDD/VSS 爲參考電壓
        movwf       ADCON1
        movlw       b'00111010'         ; 結果向左靠齊並
        movwf       ADCON2              ; 設定採樣時間 20TAD，轉換時間
                                        ; 爲 Fosc/32
        bcf         PIE1,ADIE           ; 停止 A/D 中斷功能
                                        ; 初始化 PORTD
        banksel     ANSELD
        clrf        ANSELD, BANKED      ; 將 PORTD 類比功能解除，設定數
                                        ; 位輸入腳位
        bcf         ANSELC,2,BANKED     ; 將 RC2/CCP1 類比功能解除，設定
                                        ; 數位輸入腳位
        bcf         ANSELB,3,BANKED     ; 將 RB3/CCP2 設定類比功能

        clrf        LATD                ; 清除 LATD 數值
```

```
        clrf       TRISD              ; 設定 PORTD 爲輸出
                                      ; 初始化 TIMER1 模組
        movlw      B'00110011'        ; 16 位元非同步計數器模式，關閉
                                      ; 前除器
        movwf      T1CON              ; 使用外部 32768Hz 震盪器並開啓
                                      ; Timer1
                                      ; 初始化 TIMER2 模組
        movlw      B'00000110'        ; 啓動 TIMER2，前除器爲 16 倍
        movwf      T2CON
                                      ; 初始化 CCP1 模組
        clrf       CCPR1L             ; 設定 PWM 工作周期爲 B'0000000010'
        bcf        TRISC,2            ; 設定 RC2 爲輸出
        movlw      B'00101100'        ; 設定 CCP1 爲 PWM 模式，工作週期
                                      ; 最低 2 位元爲 10
        movwf      CCP1CON
                                      ; 初始化 CCP2 模組
        bsf        TRISB,3            ; 設定 RC1 爲輸入
        movlw      B'00000100'        ; 設定 CCP2 爲 Capture 模式，捕捉
                                      ; 每個下降邊緣
        movwf      CCP2CON,  BANKED


        bsf        IPR2,  CCP2IP      ; 設 CCP2 定中斷功能
        bsf        PIE2,  CCP2IE
        bcf        PIR2,  CCP2IF
        bsf        RCON, IPEN         ; 啓動中斷優先順序的功能
        bsf        INTCON,GIEH        ; 啓動所有的高優先中斷
;



Main
```

```
        call        Delay20                 ; 延遲 20us
        bsf         ADCON0,GO,0             ; 開始 A/D 轉換
WaitADC
        btfsc       ADCON0,GO,0             ; 檢查 AD 轉換是否完成
        goto        WaitADC                 ;
        movlw       .2
        subwf       ADRESH, W,0
        btfss       STATUS, C,0
        addlw       0x03                    ; 將最小 PR2 調整為 5，避免 PR2
                                            ; 小於 2
;       addlw       0x02
        movwf       PR2,0                   ; 設定 Duty cycle
        goto        Main


;*******************************************
;*          Delay20 - 延遲 20us
;*******************************************
Delay20                                     ; 2 Tcy for call
        movlw       0x09                    ; 1 Tcy
        movwf       Count,0                 ; 1 Tcy
        nop                                 ; 1 Tcy
D20Loop                                     ; 9 * 5 = 45 Tcy
        nop                                 ; 1 Tcy
        nop                                 ; 1 Tcy
        decfsz      Count,F,0               ; 1 Tcy for non-skip
        goto        D20Loop                 ; 2 Tcy for goto
        return                              ; 2 Tcy for return


;***********************************************
;
;****        ISRs() : 中斷執行函式
```

```
;****
;*********************************************************
Hi_ISRs      ;  高優先中斷執行函式


        banksel     INTCON
        bcf         INTCON,GIEH,0      ; 啓動所有的高優先中斷
        movf        EDGEH, W,0         ; 計算兩次觸發邊緣時間差
        subwf       CCPR2H,W, BANKED
        bnn         LED                ; 時間差 >0
        addlw       0xff               ; 時間差 <0, +256
        incf        WREG,0
LED:
        movwf       LATD,0
        movff       CCPR2H, EDGEH
        movff       CCPR2L, EDGEL
        bcf         PIR2, CCP2IF,0     ; 清除 Timer1 中斷旗標
        bsf         INTCON,GIEH,0      ; 啓動所有的高優先中斷
        retfie FAST                    ;  Return with shadow register
;
        END
```

CHAPTER

11

　　在範例程式中，將 CCP2 模組的輸入訊號捕捉功能設定爲在每一次訊號下降邊緣時觸發；然後藉由與前一次觸發時的計時器數值比較，計算出兩次訊號下降邊緣的時間間隔，也就是一個完整訊號的週期。爲了降低訊號的頻率，使讀者容易由 CCP2 所聯結的發光二極體上觀察訊號的變化，程式中將 TIMER2 計時器的前除器調整爲最大比例。

11.5　加強型 ECCP 模組的 PWM 控制

　　較新的微控制器，如 PIC18F45K22 的 ECCP1~3 模組除了基本的 CCP 功

能之外，也提供更完整的 PWM 波寬調變功能。包括：

- 可提供 1、2 或 4 組 PWM 輸出。
- 可選擇輸出波型的極性。
- 可設定的空乏時間（Dead Time）。
- 自動關閉與自動重新啓動。

加強的 PWM 模組結構示意圖如圖 11-5 所示。

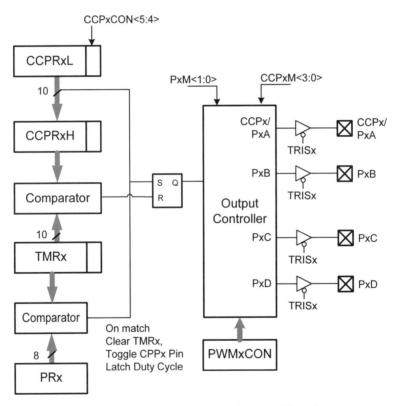

圖 11-5　加強的 PWM 模組結構示意圖

加強的 PWM 波寬調變模式提供了額外的波寬調變輸出選項，以應付更廣泛的控制應用需求。這個模組仍然保持了與傳統模組的相容性，但是在新的功能上可以輸出高達四個通道的波寬調變訊號。應用程式可以透過控制 CCPx-CON 暫存器中，控制位元的設定，以選擇訊號的極性。

表 11-7(1)   加強型 PWM 相關暫存器 ECCPxAS 控制暫存器位元定義表

R/W-0	R/W-0	R/W-0	R/W-0	R/W-0	R/W-0	R/W-0	R/W-0
CCPxASE	CCPxAS<2:0>			PSSxAC<1:0>		PSSxBD<1:0>	

bit 7   bit 0

bit 7   **CCPxASE:** CCPx Auto-shutdown Event Status bit　ECCP 自動關閉事件狀態位元

if PxRSEN = 1;

1 =   An Auto-shutdown event occurred; CCPxASE bit will automatically clear when event goes away; CCPx outputs in shutdown state

0 =   ACCPx outputs are operating

if PxRSEN = 0;

1 =   AAn Auto-shutdown event occurred; bit must be cleared in software to restart PWM; CCPx outputs in shutdown state

0 =   ACCPx outputs are operating

bit 6-4   **CCPxAS<2:0>:** CCPx Auto-Shutdown Source Select bits　ECCP 自動關閉來源設定位元

000 =   Auto-shutdown is disabled

001 =   Comparator C1 (async_C1OUT) – output high will cause shutdown event

010 =   Comparator C2 (async_C2OUT) – output high will cause shutdown event

011 =   Either Comparator C1 or C2 – output high will cause shutdown event

100 =   FLT0 pin – low level will cause shutdown event

101 =   FLT0 pin – low level or Comparator C1 (async_C1OUT) – high level will cause shutdown event

110 =   FLT0 pin – low level or Comparator C2 (async_C2OUT) – high level will cause shutdown event

111 =   FLT0 pin – low level or Comparators C1 or C2 – high level will cause shutdown event

CHAPTER

11

CHAPTER

11

bit 3-2 **PSSxAC<1:0>**: Pins PxA and PxC Shutdown State Control bits PxA 與 PxC 預設的關閉狀態控制位元

00 = Drive pins PxA and PxC to '0'

01 = Drive pins PxA and PxC to '1'

1x = Pins PxA and PxC tri-state

bit 1-0 **PSSxBD<1:0>**: Pins PxB and PxD Shutdown State Control bits PxB 與 PxD 預設的關閉狀態控制位元

00 = Drive pins PxB and PxD to '0'

01 = Drive pins PxB and PxD to '1'

1x = Pins PxB and PxD tri-state

註：如果 CM2CON1 暫存器中的 C1SYNC 或 C2SYNC 位元被設定為 1 時，關閉的 發生將會被計時器 TIMER1 延遲。

表 11-7(2) 加強型 PWM 相關暫存器 PWMxCON 控制暫存器位元定義表

R/W-0	R/W-0	R/W-0	R/W-0	R/W-0	R/W-0	R/W-0	R/W-0
PxRSEN	PxDC<6:0>						
bit 7							bit 0

bit 7 **PxRSEN**: PWM Restart Enable bit 重新開始啓動位元

1 = Upon auto-shutdown, the CCPxASE bit clears automatically once the shutdown event goes away; the PWM restarts automatically

0 = Upon auto-shutdown, CCPxASE must be cleared in software to restart the PWM

bit 6-0 **PxDC<6:0>**: PWM Delay Count bits PWM 延遲計數位元

PxDCx = Number of FOSC/4 (4 * TOSC) cycles between the scheduled time when a PWM signal should transition active and the actual time it transitions active

表 11-7(3) 加強型 PWM 相關暫存器 PSTRxCON 控制暫存器位元定義表

U-0	U-0	U-0	R/W-0	R/W-0	R/W-0	R/W-0	R/W-1
—	—	—	STRxSYNC	STRxD	STRxC	STRxB	STRxA
bit 7							bit 0

bit 7-5 **Unimplemented:** Read as '0' 未使用

bit 4 **STRxSYNC:** Steering Sync bit 操控同步設定位元

    1 = Output steering update occurs on next PWM period

    0 = Output steering update occurs at the beginning of the instruc-
tion cycle boundary

bit 3 **STRxD:** Steering Enable bit D PxD 腳位操控致能位元

    1 = PxD pin has the PWM waveform with polarity control from
CCPxM<1:0>

    0 = PxD pin is assigned to port pin

bit 2 **STRxC:** Steering Enable bit C PxC 腳位操控致能位元

    1 = PxC pin has the PWM waveform with polarity control from
CCPxM<1:0>

    0 = PxC pin is assigned to port pin

bit 1 **STRxB:** Steering Enable bit B PxB 腳位操控致能位元

    1 = PxB pin has the PWM waveform with polarity control from CCPxM<1:0>

    0 = PxB pin is assigned to port pin

bit 0 **STRxA:** Steering Enable bit A PxA 腳位操控致能位元

    1 = PxA pin has the PWM waveform with polarity control from CCPxM<1:0>

    0 = PxA pin is assigned to port pin

    註：PWM 操控模式只有當 CCPxCON 暫存器的位元 CCPxM<3:2> = 11 且
PxM<1:0> = 00 時才有作用。

PWM 輸出設定

利用 CCPxCON 暫存器中的 PxM1:PxM0 位元可以設定波寬調變輸出為下
列四種選項之一：

    00 = 單一輸出：PxA 設定為 PWM 腳位。PxB、PxC、PxD 為一般數位
輸出入腳位。

    01 = 全橋正向輸出：PxD 設定為 PWM 腳位，PxA 為高電位。PxB、PxC
為一般數位輸出入腳位。

    10 = 半橋輸出：PxA、PxB 設定為 PWM 腳位並附空乏時間控制。PxC、
PxD 為一般數位腳位。

11 = 全橋逆向輸出：PxB 設定為 PWM 腳位，PxB 為高電位。PxA、PxD 為一般數位輸出入腳位。

表 11-8　加強型 PWM 設定模式與輸出腳位選擇

ECCP Mode	PxM<1:0>	CCPx/PxA	PxB	PxC	PxD
Single	00	Yes	Yes	Yes	Yes
Half-Bridge	10	Yes	Yes	No	No
Full-Bridge, Forward	01	Yes	Yes	Yes	Yes
Full-Bridge, Reverse	11	Yes	Yes	Yes	Yes

註：在單一腳位模式（Single）下，只有開啟操控功能（Steering）時，可以輸出至PxA 以外的腳位

在單一輸出的模式下，只有 CCPx/PxA 腳位會輸出 PWM 的波型變化，這是與標準 PWM 相容的操作模式。

在半橋輸出的模式下，只使用 PxA 與 PxB 腳位輸出 PWM 訊號並附有空乏時間的控制，如圖 11-6 所示。

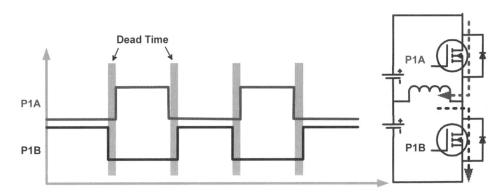

圖 11-6　加強的 PWM 波寬調變模組半橋輸出的模式

全橋正向輸出：PxD 設定為 PWM 腳位，PxA 為高電位。PxB、PxC 為一般數位輸出入腳位，如圖 11-7 所示。

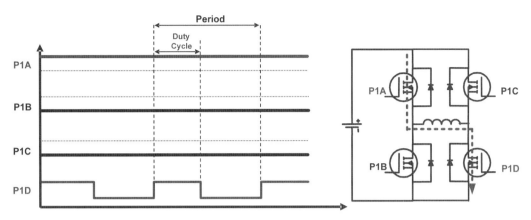

圖 11-7　加強的 PWM 波寬調變模組全橋正向輸出的模式

　　全橋逆向輸出：PxB 設定為 PWM 腳位，PxB 為高電位。PxA、PxD 為一般數位輸出入腳位，如圖 11-8 所示。

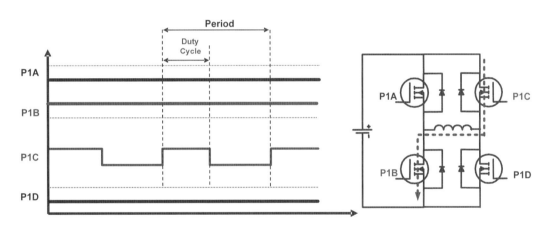

圖 11-8　加強的 PWM 波寬調變模組全橋逆向輸出的模式

　　在半橋或全橋模式下，如圖 11-7 與 11-8 所示，因為 PxA 與 PxB 所控制的場效電晶體不能夠同時開啟而形成短路，使得在應用程式中必須要將 PxA 與 PxB 輸出的 PWM 波寬調變波型在切換之間加上空乏時間（Dead Time）予以區隔。PIC18F45K22 微控制器所具備的加強 PWM 模組便提供了一個使用者可設定的空乏時間延遲功能。應用程式可以藉由 PWMxCON 控制暫存器中的 PDC6：PDC0 位元設定 0 到 128 個指令執行週期（Tcy）的空乏時間延遲長度。這一個暫存器的內容與位元定義如表 11-7 所示。

◎▌自動關閉的功能

當模組被設定為加強式的 PWM 模式時，訊號輸出的腳位可以被設定為自動關閉模式。這自動關閉的模式下，當關閉事件發生時，將會把加強式 PWM 訊號輸出腳位強制改為所預設的關閉狀態。關閉事件包括：

- 任何一個類比訊號比較器模組
- INT 腳位上的低電壓訊號
- 以程式設定 CCPxASE 位元

比較器可以用來監測一個與電橋電路上所流通電流成正比的電壓訊號；當電壓超過設定的一個門檻值時，表示這個時候電流過載，比較器便可以觸發一個關閉訊號；除此之外，也可以利用 INT 腳位上的外部數位觸發訊號引發一個關閉事件；也可以單純利用軟體以程式設定 CCPxASE 位元觸發自動關閉訊號輸出的腳位。應用程式可以藉由 ECCPxAS 暫存器的 ECCPAS2:ECCPAS0 位元設定選擇使用上述三種關閉事件訊號源。而關閉事件發生時，每一個 PWM 訊號輸出腳位的預設狀態也可以在 ECCPxAS 暫存器中 PSSxAC<1:0> 跟 PSSxBD<1:0> 位元設定各個腳位的關閉狀態。可設定的狀態包括：

- 1: 高電壓
- 0: 低電壓
- 高阻抗（Tri-State, High Impedanct）

這個 ECCPxAS 暫存器的內容與相關位元定義如表 11-7 所示。

當自動關閉事件發生時，ECCPxASE 位元將會被設定為 1。如果自動重新開始（PWMxCON<7>）的功能未被開啟的話，則在關閉事件消逝之後，這個位元將必須由軟體清除為 0；如果自動重新開始的功能被開啓的話，則在關閉事件消逝之後，這個位元將會被自動清除為 0。

自動重新啟動模式

當 PWM 模組因爲觸發自動關閉而停止 PWM 訊號輸出時，要回復 PWM 訊號的輸出可以利用適當的設定選擇所需要的自動重新啓動條件。當 PWMx-CON 暫存器中的 PxRSEN 位元設定爲 1 時，當觸發自動關閉的訊號被移除後，PWM 訊號將自動重新啓動。例如，如果設定爲 INT 腳位上的低電壓會自動關閉時，當 INT 腳位回復成高電壓時，PWM 訊號就會重新開始。如果 PxRSEN 位元是被清除爲 0 的話，則除了觸發自動關閉的訊號地需要移除之外，也必須要利用程式將 PxRSEN 位元清除爲 0，才能夠回復 PWM 訊號的輸出。

由於加強式的 PWM 波寬調變訊號模組功能變得更爲完整卻也變得更爲複雜，使用者在撰寫相關應用程式時必須要適當地規劃各個功能，包括：

- 選擇四種 PWM 輸出模式之一。
- 如果必要的話，設定延遲時間。
- 設定自動關閉的功能、訊號來源與自動關閉時輸出腳位的狀態。
- 設定自動重新開始的功能。

PWM 操控模式

在單一輸出的模式下，應用程式可以使用 PWM 輸出到任何一個或多個指定的 PWM 腳位輸出作爲調變訊號。

在單一輸出模式下，CCPxCON 暫存器的位元 CCPxM<3:2> = 11 及 PxM<1:0> = 00，藉由設定 PSTRxCON 暫存器的 STRxA、STRxB、STRxC 及 STRxD 可以選擇將 PWM 訊號輸出到 PxA、PxB、PxC 或 PxD。操控模式的控制示意圖如圖 11-9 所示。輸出訊號的極性也可以藉由 CCPxCON 暫存器

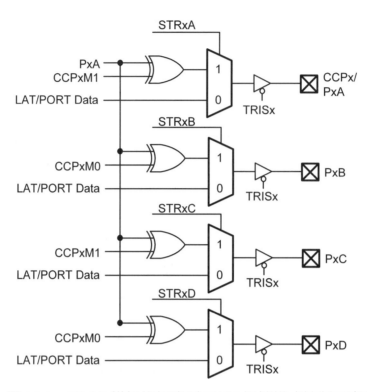

圖 11-9　ECCP 模組的加強型 PWM 操控模式控制示意圖

的 CCPxM<1:0> 位元。如果有開啟自動關閉的功能時，只有開啟操控功能的腳位才會被關閉訊號。

操控訊號同步

PSTRxCON 暫存器 STRxSYNC 位元，讓使用者可以選擇兩個操控模式發生的時間。

STRxSYNC=0 時，操控訊號同步會在寫入 PSTRxCON 暫存器時立即發生。在這個情況下，PxA 、PxB 、PxC 或 PxD 將會有立即的改變，但是因為發生的時間點可能會造成一個不完整的 PWM 週期訊號。這種設定在需要立即移除 PWM 訊號時非常有用。

STRxSYNC=1 時，操控訊號的效果會在下一個 PWM 週期才會發生；因此，每一個 PWM 週期的訊號都會是完整可用的。

使用者可以根據應用的需求自行決定所需要的設定。

CCP/ECCP 模組相關的暫存器位元表

表 11-9　CCP/ECCP 模組相關的暫存器位元表

Name	Bit 7	Bit 6	Bit 5	Bit 4	Bit 3	Bit 2	Bit 1	Bit 0
ECCP1AS	CCP1ASE	CCP1AS<2:0>			PSS1AC<1:0>		PSS1BD<1:0>	
CCP1CON	P1M<1:0>		DC1B<1:0>		CCP1M<3:0>			
ECCP2AS	CCP2ASE	CCP2AS<2:0>			PSS2AC<1:0>		PSS2BD<1:0>	
CCP2CON	P2M<1:0>		DC2B<1:0>		CCP2M<3:0>			
ECCP3AS	CCP3ASE	CCP3AS<2:0>			PSS3AC<1:0>		PSS3BD<1:0>	
CCP3CON	P3M<1:0>		DC3B<1:0>		CCP3M<3:0>			
CCPTMRS0	C3TSEL<1:0>		—	C2TSEL<1:0>		—	C1TSEL<1:0>	
INTCON	GIE/GIEH	PEIE/GIEL	TMR0IE	INT0IE	RBIE	TMR0IF	INT0IF	RBIF
IPR1	—	ADIP	RC1IP	TX1IP	SSP1IP	CCP1IP	TMR2IP	TMR1IP
IPR2	OSCFIP	C1IP	C2IP	EEIP	BCL1IP	HLVDIP	TMR3IP	CCP2IP
IPR4	—	—	—	—	—	CCP5IP	CCP4IP	CCP3IP
PIE1	—	ADIE	RC1IE	TX1IE	SSP1IE	CCP1IE	TMR2IE	TMR1IE
PIE2	OSCFIE	C1IE	C2IE	EEIE	BCL1IE	HLVDIE	TMR3IE	CCP2IE
PIE4	—	—	—	—	—	CCP5IE	CCP4IE	CCP3IE
PIR1	—	ADIF	RC1IF	TX1IF	SSP1IF	CCP1IF	TMR2IF	TMR1IF
PIR2	OSCFIF	C1IF	C2IF	EEIF	BCL1IF	HLVDIF	TMR3IF	CCP2IF
PIR4	—	—	—	—	—	CCP5IF	CCP4IF	CCP3IF
PMD0	UART2MD	UART1MD	TMR6MD	TMR5MD	TMR4MD	TMR3MD	TMR2MD	TMR1MD
PMD1	MSSP2MD	MSSP1MD	—	CCP5MD	CCP4MD	CCP3MD	CCP2MD	CCP1MD
PR2	Timer2 Period Register							
PR4	Timer4 Period Register							
PR6	Timer6 Period Register							
PSTR1CON	—	—	STR1SYNC	STR1D	STR1C	STR1B	STR1A	
PSTR2CON	—	—	—	STR2SYNC	STR2D	STR2C	STR2B	STR2A
PSTR3CON	—	—	—	STR3SYNC	STR3D	STR3C	STR3B	STR3A
PWM1CON	P1RSEN	P1DC<6:0>						

表 11-9　（續）

Name	Bit 7	Bit 6	Bit 5	Bit 4	Bit 3	Bit 2	Bit 1	Bit 0
PWM2CON	P2RSEN	P2DC<6:0>						
PWM3CON	P3RSEN	P3DC<6:0>						
T2CON	—	T2OUTPS<3:0>				TMR2ON	T2CKPS<1:0>	
T4CON	—	T4OUTPS<3:0>				TMR4ON	T4CKPS<1:0>	
T6CON	—	T6OUTPS<3:0>				TMR6ON	T6CKPS<1:0>	
TMR2	Timer2 Register							
TMR4	Timer4 Register							
TMR6	Timer6 Register							
TRISA	TRISA7	TRISA6	TRISA5	TRISA4	TRISA3	TRISA2	TRISA1	TRISA0
TRISB	TRISB7	TRISB6	TRISB5	TRISB4	TRISB3	TRISB2	TRISB1	TRISB0
TRISC	TRISC7	TRISC6	TRISC5	TRISC4	TRISC3	TRISC2	TRISC1	TRISC0
TRISD	TRISD7	TRISD6	TRISD5	TRISD4	TRISD3	TRISD2	TRISD1	TRISD0
TRISE	WPUE3	—	—	—	—	TRISE2	TRISE1	TRISE0

CHAPTER 12

通用非同步接收傳輸模組

　　在微控制器的使用上，資料傳輸與通訊介面是一個非常重要的部分。對於某一些簡單的工作而言，或許微控制器本身的硬體功能就可以完全地應付。但是對於一些較為複雜的工作，或者是需要與其他遠端元件做資料的傳輸或溝通時，資料傳輸與通訊介面的使用就變成是不可或缺的程序。例如微處理器如果要和個人電腦做資料的溝通，便需要使用個人電腦上所具備的通訊協定／介面，包括 RS-232 與 USB 等等。如果所選擇的微控制器並不具備這樣的通訊硬體功能，則應用程式所能夠發揮的功能將會受到相當的限制。

　　PIC18 系列微控制器提供許多種通訊介面作為與外部元件溝通的工具與橋梁，包括 USART（Universal Synchronous Asynchronous Receiving and Transmission）、SPI、I²C 與 CAN 等等通訊協定相關的硬體。由於這些通訊協定的處理已經建置在相關的微控制器硬體，因此在使用上就顯得相當地直接而容易。一般而言，在使用時不論是上述的哪一種通訊架構，應用程式只需要將傳輸的資料存入到特定的暫存器中，PIC 微控制器中的硬體將自動地處理後續的資料傳輸程序而不需要應用程式的介入；而且當硬體完成傳輸的程序之後，也會有相對應的中斷旗標或位元的設定提供應用程式作為傳輸狀態的檢查。同樣地，在資料接收的方面，PIC18 系列微控制器的硬體將會自動地處理接收資料的前端作業；當接收到完整的資料並存入暫存器時，控制器將會設定相對應的中斷旗標或位元，觸發應用程式對所接收的資料做後續的處理。

　　一般的 PIC18 微控制器配置至少一個通用同步／非同步接收傳輸模組，這個資料傳輸模組有許多不同的使用方式。這個 USART 資料傳輸模組可以被設定成為一個全雙工非同步的系統，作為與其他周邊裝置的通訊介面，例如資料終端機或者個人電腦；或者它可以被設定成為一個半雙工同步通訊介面，可以用來與其他的周邊裝置傳輸資料，例如微控制器外部的 AD/DA 訊號擷取裝置或者串列傳輸的 EEPROM 資料記憶體。新的 PIC18 微控制器則配置有加強型的通用同步 / 非同步接收傳輸模組（Enhanced, USART, EUSART），除了原有的 USART 功能之外，加強了採樣電路、自動鮑率偵測、中斷訊號等等的相關功能，使其可以適用於較為複雜的 LIN（Local Interconnect Network）匯流排的通訊協定。

在這一章將以最廣泛使用的通用非同步接收傳輸模組 UART 的使用為範例，說明如何使用 PIC 微控制器中的通訊模組。並引導使用者撰寫相關的程式並與個人電腦作資訊的溝通。

12.1　通用同步 / 非同步接收傳輸簡介

PIC18F45K22 的加強型用同步 / 非同步接收傳輸模組 EUSART，基本上是以 USART 為基礎，再加上一些適用於 LIN Bus 的硬體功能組合而成的。EUSART 基本上是一個串列通訊（Serial Communication）的周邊模組，可以跟周邊外加元件或適當距離內的其他系統進行資料的交換。所謂的串列傳輸，就是一筆資料以二進位的方式，將每個位元一個接一個地傳遞給其他元件，或者從其他系統接收一個又一個的位元，並將它們整合成一筆正確而有意義的資料。

PIC18F45K22 的 EUSART 模組包含了進行串列傳輸所需要的時脈產生器、移位暫存器跟資料暫存器等等硬體，得以在不需要程式介入的條件下，獨立完成資料的串列傳輸與接收。EUSART，有時也被稱作串列通訊介面（Serial Communication Interface, SCI），可以被設定成非同步的全雙工（Asynchronous Full Duplex）或同步的半雙工（Synchronous Half Duplex）的使用方式，這也是它的名稱由來。

所謂的全雙工指的是在任何時間，模組可以同時進行雙向的資料傳輸；半雙工則是指在同一時間，模組只能夠進行傳送或接收兩者其中之一的功能，但是藉由適當的操作，仍可以完成雙向傳送或接收的工作。所謂的同步與非同步，則視在傳輸資料的同時，是否存在或需要同步的時脈訊號藉此定義每一個位元傳輸的時間；如果有同步時脈訊號則稱為同步傳輸，如果沒有則稱為非同步傳輸。同步傳輸因為有伴隨資料的時脈訊號作為硬體判斷資料的時間依據，因此可以在沒有特定速率的設定下傳輸資料；相反地，非同步傳輸則因爲沒有伴隨資料的同步時脈訊號，所以必須由收發資料的兩端，依照事先定義的傳輸速率，以各自的內部時脈產生器依照所訂定的速度，把資料一個一個位元依照次序傳輸或接收。一般同步傳輸都會由一個主控端產生時脈提供給其他從屬端使用，以減少從屬端的資料成本。

PIC18F45K22 的用同步 / 非同步接收傳輸（USART）模組包含了下列的功能：

- 非同步全雙工接收傳輸
- 兩層輸入緩衝器
- 一層輸出緩衝器
- 可程式設定 8 位元或 9 位元長度資料
- 9 位元模式下的通訊位址（站號）偵測
- 輸入緩衝器溢流錯誤偵測
- 接收資料格式錯誤偵測
- 同步半雙工主控端
- 同步半雙工受控端
- 可程式規劃的時脈訊號與極性設定

除此之外，也加強了下列的功能（EUSART），使得 PIC18F45K22 也可以適用於 LIN Bus 的系統中，包括：

- 自動鮑率偵測與校正
- 接收中止訊號的喚醒
- 13 位元中止訊息的傳輸

PIC18F45K22 微控制器的功能示意圖如圖 12-1 與 12-2 所示。

CHAPTER

12

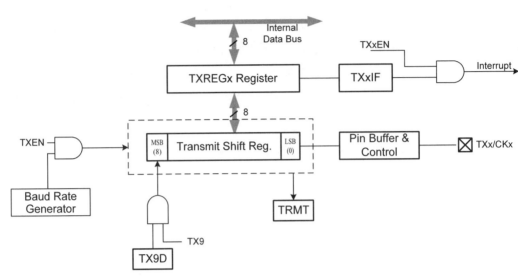

圖 12-1　PIC18F45K22 微控制器 EUSART 傳送資料功能示意圖

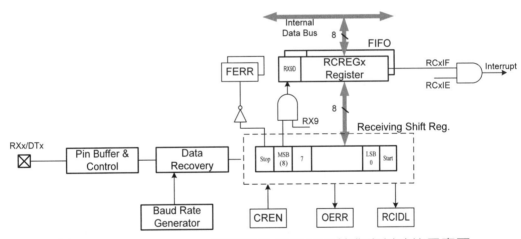

圖 12-2　PIC18F45K22 微控制器 EUSART 接收資料功能示意圖

　　如果要將這個模組所需要的資料傳輸腳位 RC6/TX/CK 與 RC7/RX/DT 設定作為 EUSART 資料傳輸使用時，必須要做下列的設定：

- RCSTA 暫存器的 SPEN 位元必須要設定為 1
- TRISC<6> 位元必須要清除為 0
- TRISC<7> 位元必須要設定為 1

　　EUSART 模組中與資料傳輸狀態或控制相關的暫存器內容定義如表 12-1
所示。

表 12-1(1)　PIC18F45K22 的 EUASRT 模組 TXSTAx 暫存器內容定義表

R/W-0	R/W-0	R/W-0	R/W-0	R/W-0	R/W-0	R-1	R/W-0
CSRC	TX9	TXEN	SYNC	SENDB	BRGH	TRMT	TX9D

bit 7　　　　　　　　　　　　　　　　　　　　　　　　　　　　bit 0

bit 7　**CSRC:**　Clock Source Select bit

　　　　<u>Asynchronous mode:</u>（非同步傳輸模式）

　　　　無作用。

　　　　<u>Synchronous mode:</u>（同步傳輸模式）

　　　　1 = 主控端，將產生時序脈波。

　　　　0 = 受控端，將接受外部時序脈波。

bit 6　**TX9:**　9-bit Transmit Enable bit

　　　　1 = 選擇 9 位元傳輸。

　　　　0 = 選擇 8 位元傳輸。

bit 5　**TXEN:**　Transmit Enable bit

　　　　1 = 啟動資料傳送。

　　　　0 = 關閉資料傳送。

　　　　註：同步模式下，SREN / CREN 位元設定強制改寫 TXEN 位元設定。

bit 4　**SYNC:**　USART Mode Select bit

　　　　1 = 同步傳輸模式。

　　　　0 = 非同步傳輸模式。

bit 3　**SENDB:**　Send Break Character bit

　　　　<u>Asynchronous mode:</u>

　　　　1 = 下次傳輸時發出同步中斷（由硬體清除為 0）。

　　　　0 = 同步中斷完成。

　　　　<u>Synchronous mode:</u>無作用。

bit 2　**BRGH:**　High Baud Rate Select bit

　　　　<u>Asynchronous mode:</u>

　　　　1 = 高速。

　　　　1 = 低速。

　　　　2 <u>Synchronous mode:</u>無作用。

bit 1 **TRMT:** Transmit Shift Register Status bit

    1 = TSR 暫存器資料空乏。

    0 = TSR 暫存器填滿資料。

bit 0 **TX9D:** 9th bit of Transmit Data

    9 位元傳輸模式下可作爲位址或資料位元，或同位元檢查位元。

表 12-1(2)　PIC18F45K22 的 EUASRT 模組 RCSTAx 暫存器內容定義表

R/W-0	R/W-0	R/W-0	R/W-0	R/W-0	R-0	R-0	R-0
SPEN	RX9	SREN	CREN	ADDEN	FERR	OERR	RX9D

bit 7 　　　　　　　　　　　　　　　　　　　　　　　　　　　　　　bit 0

bit 7 **SPEN:** Serial Port Enable bit

    1 = 啓動串列傳輸埠腳位傳輸功能。

    0 = 關閉串列傳輸埠腳位傳輸功能。

bit 6 **RX9:** 9-bit Receive Enable bit

    1 = 設定 9 位元接收模式。

    0 = 設定 8 位元接收模式。

bit 5 **SREN:** Single Receive Enable bit

    Asynchronous mode:

    無作用。

    Synchronous mode - Master:

    1 = 啓動單筆資料接收。

    0 = 關閉單筆資料接收。單筆資料接收完成後自動清除爲 0。

    Synchronous mode - Slave:

    無作用。

bit 4 **CREN:** Continuous Receive Enable bit

    Asynchronous mode:

    1 = 啓動資料接收模組。

    0 = 關閉資料接收模組。

    Synchronous mode:

    1 = 啓動資料連續接收模式，直到 CREN 位元被清除爲 0。（CREN 設定高於 SREN）

    0 = 關閉資料連續接收模式。

bit 3 **ADDEN:** Address Detect Enable bit

    Asynchronous mode 9-bit (RX9 = 1):

1 = 啓動位址偵測、中斷功能與 RSR<8>=1 資料載入接收緩衝器的功能。

0 = 關閉位址偵測，所有位元被接收與第九位元可作為同位元檢查位元。

bit 2 **FERR:** Framing Error bit

1 = 資料定格錯誤（Stop 位元爲 0），可藉由讀取 RCREG 暫存器清除。

0 = 無資料定格錯誤。

bit 1 **OERR:** Overrun Error bit

1 = 資料接收溢流錯誤，可藉由清除 CREN 位元清除。

0 = 無資料接收溢流錯誤。

bit 0 **RX9D:** 9th bit of Received Data

9 位元接收模式下可作爲位址或資料位元，或應用程式提供的同位元檢查位元。

表 12-1(3) PIC18F45K22 的 EUASRT 模組 BAUDCONx 暫存器內容定義表

R/W-0	R-1	R/W-0	R/W-0	R/W-0	U-0	R/W-0	R/W-0
ABDOVF	RCIDL	DTRXP	CKTXP	BRG16	—	WUE	ABDEN
bit 7							bit 0

bit 7 **ABDOVF:** Auto-Baud Detect Overflow bit 自動鮑率偵測溢流旗標位元

非同步模式（Asynchronous mode）：

1 = 自動鮑率計時器溢流（意指計時時間可能發生錯誤）

0 = 自動鮑率計時器無溢流發生

同步模式（Synchronous mode）：無作用

bit 6 **RCIDL:** Receive Idle Flag bit 接收閒置旗標位元

非同步模式（Asynchronous mode）：

1 = 接收閒置

0 = 偵測到起始位元且資料接收正在進行

同步模式（Synchronous mode）：無作用

bit 5 **DTRXP:** Data/Receive Polarity Select bit 資料 / 接收極性選擇位元

非同步模式（Asynchronous mode）：

1 = 資料接收腳位（RXx）爲負邏輯訊號（active-low）

0 = 資料接收腳位（RXx）爲正邏輯訊號（active-high）

同步模式（Synchronous mode）：

1 = 資料腳位（DTx）爲負邏輯訊號（active-low）

0 = 資料腳位（DTx）爲正邏輯訊號（active-high）

bit 4 **CKTXP:** Clock/Transmit Polarity Select bit 時脈 / 傳輸極性選擇位元

非同步模式（Asynchronous mode）：

1 = 傳輸腳位（TXx）閒置狀態為低電位

0 = 傳輸腳位（TXx）閒置狀態為高電位

同步模式（Synchronous mode）：

1 = 資料在時脈訊號下降邊緣更新且在上升邊緣採樣

0 = 資料在時脈訊號上升邊緣更新且在下降邊緣採樣

bit 3 **BRG16:** 16-bit Baud Rate Generator bit 16 位元鮑率產生器位元

1 = 使用 16 位元鮑率產生器（SPBRGHx:SPBRGx）

0 = 使用 8 位元鮑率產生器（SPBRGx）

bit 2 **Unimplemented:** Read as '0' 未使用

bit 1 **WUE:** Wake-up Enable bit 喚醒致能位元

非同步模式（Asynchronous mode）：

1 = 設定為 1 時，接收器等待一個下降邊緣訊號。下降邊緣訊號發生時，RCxIF
將會被設定為 1，且 WUE 被清除為 0，但下降邊緣訊號不列入資料的一部分。

0 = 接收器正常操作

同步模式（Synchronous mode）：無作用

bit 0 **ABDEN:** Auto-Baud Detect Enable bit 自動鮑率偵測致能位元

非同步模式（Asynchronous mode）：

1 = 啟動自動鮑率偵測，完成鮑率偵測時自動清除為 0

0 = 關閉自動鮑率偵測

同步模式（Synchronous mode）：無作用

12.2　鮑率產生器

在 EUSART 模組中，接收與傳輸模組各自有獨立的處理電路，唯一共用的就是鮑率產生器，也就是時序脈波電路。

鮑率產生器（Baud Rate Generator, BRG）同時支援非同步與同步模式的 EUSART 操作，它是一個專屬於 EUSART 模組的 8 位元或 16 位元時脈產生器，並利用 BAUDCONx 暫存器控制一個獨立運作的 8 位元或 16 位元計時器的計時週期。在非同步的狀況下，TXSTAx 暫存器的 BRGH 與 BAUDCONx 暫存器的 BRG16 控制位元也會與鮑率的設定有關。但是在同步資料傳輸的模式下，BRGH 控制位元的設定將會被忽略。

在決定所需要的非同步傳輸鮑率及微控制器的時脈頻率後，SPBRGHx 與

SPBRGx 兩個暫存器共 16 位元決定鮑率產生器中的一個獨立計時器的週期。
BRH16 控制位元選擇使用 8 位元或 16 位元的計時器運作方式。它的運作與
TIMER2/4/6 類似，但是它是一個 16 位元的暫存器；而 SPBRGHx 與 SPBRGx
兩個暫存器就好像 PR2/4/6 週期暫存器的角色。在不同的模式與設定下，所需
要 SPBRGHx 與 SPBRGx 兩個暫存器的設定值可以藉由表 12-2 的公式計算。

表 12-2　PIC18F45K22 微控制器 EUSART 的鮑率計算公式表

Configuration Bits			BRG/EUSART Mode	Baud Rate Formula
SYNC	BRG16	BRGH		
0	0	0	8-bit/Asynchronous	Fosc/[64 (n+1)]
0	0	1	8-bit/Asynchronous	Fosc/[16 (n+1)]
0	1	0	16-bit/Asynchronous	
0	1	1	16-bit/Asynchronous	Fosc/[4 (n+1)]
1	0	x	8-bit/Synchronous	
1	1	x	16-bit/Synchronous	

註：n為SPBRGHx與SPBRGx兩個暫存器的設定數值

　　例如：系統時脈為 Fosc=10 MHz，非同步模式與 8 位元計時器，當需要
鮑率為 9600 bits/second 時，相關的計算如下：

　　1. 如果 BRG16=1，BRGH=0

　　　　所需鮑率 9600= Fosc/ (16 (n + 1))

　　　　n = ((Fosc / 9600 / 16) −1

　　　　n = ((10000000 / 9600) / 16) −1

　　　　n = [64.1042] = 64 (最接近的整數)

　　　　SPBRGHx = 0000 0000 = 0x00

　　　　SPBRGx = 0100 0000 = 0x40

　　　　實際鮑率 = 10000000 / (16 (64 + 1)) = 9615

　　　　誤差 = (9615−9600) / 9600 = 0.16%

2. 如果 BRG16=1，BRGH=1

所需鮑率 9600= Fosc/ (4 (n + 1))

n = 259

SPBRGHx = 0x01

SPBRGx = 0x03

必要的話，可以將控制位元 BRGH 設定為 1 或者使用 16 位元鮑率產生器（BRG16=1），而得到不同的 SPBRGHx 與 SPBRGx 設定值。建議讀者使用不同的設定值並計算鮑率誤差，然後選擇誤差較小的設定值使用。

在大部分的微控制器應用中，多半會以非同步模式接收與傳輸模式進行資料溝通。同樣的方式可以對應到工業通訊協定 RS-232 與 RS-485 的傳輸裝置，在早期電腦上所常見的 COM 通訊埠，就是以 RS-232 為標準所建立的；在工業上的可程式邏輯控制器（Programmable Logic Controller, PLC）或者人機介面裝置（Human Machine Interface, HMI）也都提供 RS-232 與 RS-485 的通訊埠作為與其他裝置的資料傳輸介面。所以使用 EUSART 在一般工業應用是非常基礎且普遍的功能。

接下來的章節中，就將以非同步模式接收與傳輸模式（UART）的傳輸與接收資料的相關操作程序及設定進行詳細的介紹。

非同步模式通訊模式

在非同步模式通訊模式下，EUSART 模組使用標準的 non-return-to-zero（NRZ）格式，也就是一個起始（Start）位元、八或九個資料位元加上中止（Stop）位元的格式。最為廣泛使用的是 8 位元資料的模式。微處理器上內建專屬的 8 或 16 位元鮑率產生器，可以從微控制器的震盪時序中產生標準的鮑率。EUSART 模組在傳輸資料時，將會由低位元資料開始傳輸。EUSART 的資料接收器與傳輸器在功能上是獨立分開的，但是它們將會使用同樣的資料格式與鮑率。根據控制位元 BRG16 與 BRGH 的設定，鮑率產生器將會產生一個 16 倍或 64 倍的時脈訊號。EUSART 模組的硬體並不支援同位元檢查，但是可以利用軟體程式來完成。這時候，同位元將會被儲存在第 9 個位元資料的位

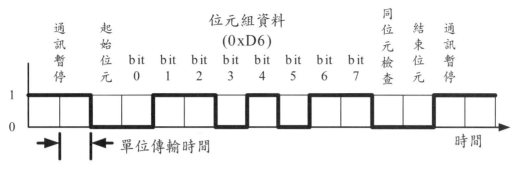

圖 12-3　標準的 UART 通訊協定傳輸資料時序與格式

址。在睡眠的模式下，非同步資料傳輸模式將會被中止。標準的 UART 傳輸資料格式如圖 12-3 所示。每一個位元的資料傳輸將占據一個鮑率時脈週期，所以當設定鮑率爲 9600 時，每一秒中最多就可以連續傳輸 9600 個位元資料。

　　藉由設定 TXSTAx 暫存器的 SYNC 控制位元爲 0，可以將 EUSART 設定爲非同步操作模式。EUSART 非同步資料傳輸模組包含了下列四個重要的元件：

1. 鮑率產生器。
2. 探樣電路。
3. 非同步傳輸器。
4. 非同步接收器。

▌EUSART 非同步資料傳輸

　　EUSART 非同步資料傳輸的方塊圖如圖 12-1 所示。串列傳輸移位暫存器（Transmit Shift Register, TSR）是資料傳輸器的核心，TSR 移位暫存器將透過可讀寫的傳輸緩衝暫存器 TXREGx 得到所要傳輸的資料。所需要傳輸的資料可以經由程式指令將資料載入 TXREGx 暫存器。TSR 暫存器必須要等到前一筆資料傳輸的中止位元被傳送出去之後，才會將下一筆資料由 TXREGx 暫存器載入。一旦 TXREGx 暫存器的資料被移轉到 TSR 暫存器時，TXREGx 暫存器的內容將會被清除，而且 PIR1/PIR3 暫存器的中斷旗標位元 TX1IF/TX2IF

將會被設定為 1。中斷的功能可以藉由設定 PIE1/PIE3 暫存器中的中斷致能位元 TX1IE/TX2IE 開啓或關閉。無論中斷的功能是否開啓，在資料傳輸完畢的時候，TXxIF 中斷旗標位元都會被設定為 1，而且不能由軟體將它清除。一直到有新的資料被載入到 TXREGx 暫存器時，這個中斷旗標位元才會被清除為 0。當資料傳輸功能被開啓（TXEN=1），中斷旗標將會被設定為 1。如同中斷旗標位元 TXxIF 用來顯示 TXREGx 暫存器的狀態，TXSTAx 暫存器中另外一個狀態位元 TRMT 則被用來顯示 TSR 暫存器的狀態。當暫存器的資料空乏時，TRMT 狀態位元將會被設定為 1，而且它只能夠被讀取而不能寫入。TRMT 位元的狀態與中斷無關，因此使用者只能夠藉由輪詢（Polling）的方式來檢查這個 TRMT 位元，藉以決定 TSR 暫存器是否空乏。TSR 暫存器並未被映射到資料記憶體，因此使用者無法直接檢查這個暫存器的內容。

　　使用者可以依照下面的步驟開啓非同步資料傳輸：

1. 根據所需要的資料傳輸鮑率設定 SPBRGHx 與 SPRBGx 暫存器。如果需要較高的傳輸鮑率，可以將控制位元 BRG16 與 BRGH 設定為不同的組合。
2. 將 TXx 腳位設定為數位輸出，也就是 ANSELx 清除為 0，TRIS 位元設定為 0。
3. 將控制位元 SYNC 清除為 0，並設定控制位元 SPEN 為 1 以開啓非同步串列傳輸埠的功能。
4. 如果需要使用中斷的功能時，將控制位元 TXxIE 設定為 1。
5. 如果需要使用 9 位元資料傳輸格式的話，將控制位元 TX9 設定為 1。
6. 如果需要相反的訊號極性，將 CKTXP 設為 1。
7. 藉由設定 TXEN 位元來開啓資料傳輸的功能，這同時也會將中斷旗標位元 TXxIF 設定為 1。
8. 如果選擇 9 位元資料傳輸模式時，先將第九個位元的資料載入到 TX9D 位元中。
9. 將資料載入到 TXREGx 暫存器中，這個動作將會開啓資料傳輸的程序。

　　與非同步資料傳輸相關的暫存器如表 12-5 所示。

表 12-5 與非同步資料傳輸相關的暫存器

Name	Bit 7	Bit 6	Bit 5	Bit 4	Bit 3	Bit 2	Bit 1	Bit 0
BAUDCON1	ABDOVF	RCIDL	DTRXP	CKTXP	BRG16	—	WUE	ABDEN
BAUDCON2	ABDOVF	RCIDL	DTRXP	CKTXP	BRG16	—	WUE	ABDEN
INTCON	GIE/GIEH	PEIE/GIEL	TMR0IE	INT0IE	RBIE	TMR0IF	INT0IF	RBIF
IPR1	—	ADIP	RC1IP	TX1IP	SSP1IP	CCP1IP	TMR2IP	TMR1IP
IPR3	SSP2IP	BCL2IP	RC2IP	TX2IP	CTMUIP	TMR5GIP	TMR3GIP	TMR1GIP
PIE1	—	ADIE	RC1IE	TX1IE	SSP1IE	CCP1IE	TMR2IE	TMR1IE
PIE3	SSP2IE	BCL2IE	RC2IE	TX2IE	CTMUIE	TMR5GIE	TMR3GIE	TMR1GIE
PIR1	—	ADIF	RC1IF	TX1IF	SSP1IF	CCP1IF	TMR2IF	TMR1IF
PIR3	SSP2IF	BCL2IF	RC2IF	TX2IF	CTMUIF	TMR5GIF	TMR3GIF	TMR1GIF
PMD0	UART2MD	UART1MD	TMR6MD	TMR5MD	TMR4MD	TMR3MD	TMR2MD	TMR1MD
RCSTA1	SPEN	RX9	SREN	CREN	ADDEN	FERR	OERR	RX9D
RCSTA2	SPEN	RX9	SREN	CREN	ADDEN	FERR	OERR	RX9D
SPBRG1	EUSART1 Baud Rate Generator, Low Byte							
SPBRGH1	EUSART1 Baud Rate Generator, High Byte							
SPBRG2	EUSART2 Baud Rate Generator, Low Byte							
SPBRGH2	EUSART2 Baud Rate Generator, High Byte							
TXREG1	EUSART1 Transmit Register							
TXSTA1	CSRC	TX9	TXEN	SYNC	SENDB	BRGH	TRMT	TX9D
TXREG2	EUSART2 Transmit Register							
TXSTA2	CSRC	TX9	TXEN	SYNC	SENDB	BRGH	TRMT	TX9D

CHAPTER

12

▌EUSART 非同步資料接收

資料接收器的結構方塊圖如圖 12-2 所示。RXx 腳位將會被用來接收資料並驅動資料還原區塊（Data Recovery Block）。資料還原區塊實際上是一個高速移位暫存器，它是以 16 倍的鮑率頻率來運作的。相對地，主要資料接收串列移位的操作程序則是以 Fosc 或者資料位元傳輸的頻率來運作的。這個操作模式通常被使用在 RS-232 的系統中。

使用者可以依照下列的步驟來設定非同步的資料接收：

1. 根據所需要的資料傳輸鮑率設定 SPBRGHx 與 SPRBGx 暫存器。如果需要較高的傳輸鮑率，可以將控制位元 BRGH 設定為 1，或者開啟 16 位元計時器設定 (BRG16=1)。

2. 將 RXx 腳位設定為數位輸入，也就是 ANSELx 清除為 0，TRIS 位元設定為 1。

3. 將控制位元 SYNC 清除為 0，並設定控制位元 SPEN 為 1 以開啟非同步串列傳輸埠的功能。

4. 如果需要使用中斷的功能時，將控制位元 RCxIE 設定為 1。

5. 如果需要使用 9 位元資料傳輸格式的話，將控制位元 RX9 設定為 1。

6. 如果需要相反的訊號極性，將 DTRXP 設為 1。

7. 將控制位元 CREN 設定為 1 以開啟資料接收的功能。

8. 當資料接收完成時，中斷旗標位元 RCxIF 將會被設定為 1、如果 RCxIE 位元被設定為 1 的話，將會產生一個中斷事件的訊號。

9. 如果開啟 9 位元資料傳輸模式的話，先讀取 RCSTAx 暫存器的資料以得到第九個位元的數值，並決定是否有任何錯誤在資料接收的過程中發生。讀取 RCREGx 暫存器中的資料以得到 8 位元的傳輸資料。

10. 如果有任何錯誤發生的話，藉由清除控制位元 CREN 為 0 以清除錯誤狀態。

11. 如果想要使用中斷的功能，必須確保 INTCON 控制暫存器中的 GIE 與 PEIE 控制位元都被設定為 1。

與非同步資料接收相關的暫存器如表 12-6 所示。

表 12-6　與非同步資料接收相關的暫存器

Name	Bit 7	Bit 6	Bit 5	Bit 4	Bit 3	Bit 2	Bit 1	Bit 0
BAUDCON1	ABDOVF	RCIDL	DTRXP	CKTXP	BRG16	—	WUE	ABDEN
BAUDCON2	ABDOVF	RCIDL	DTRXP	CKTXP	BRG16	—	WUE	ABDEN
INTCON	GIE/GIEH	PEIE/GIEL	TMR0IE	INT0IE	RBIE	TMR0IF	INT0IF	RBIF
IPR1	—	ADIP	RC1IP	TX1IP	SSP1IP	CCP1IP	TMR2IP	TMR1IP
IPR3	SSP2IP	BCL2IP	RC2IP	TX2IP	CTMUIP	TMR5GIP	TMR3GIP	TMR1GIP

表 12-6　（續）

Name	Bit 7	Bit 6	Bit 5	Bit 4	Bit 3	Bit 2	Bit 1	Bit 0
PIE1	—	ADIE	RC1IE	TX1IE	SSP1IE	CCP1IE	TMR2IE	TMR1IE
PIE3	SSP2IE	BCL2IE	RC2IE	TX2IE	CTMUIE	TMR5GIE	TMR3GIE	TMR1GIE
PIR1	—	ADIF	RC1IF	TX1IF	SSP1IF	CCP1IF	TMR2IF	TMR1IF
PIR3	SSP2IF	BCL2IF	RC2IF	TX2IF	CTMUIF	TMR5GIF	TMR3GIF	TMR1GIF
PMD0	UART2MD	UART1MD	TMR6MD	TMR5MD	TMR4MD	TMR3MD	TMR2MD	TMR1MD
RCREG1	EUSART1 Receive Register							
RCSTA1	SPEN	RX9	SREN	CREN	ADDEN	FERR	OERR	RX9D
RCREG2	EUSART2 Receive Register							
RCSTA2	SPEN	RX9	SREN	CREN	ADDEN	FERR	OERR	RX9D
SPBRG1	EUSART1 Baud Rate Generator, Low Byte							
SPBRGH1	EUSART1 Baud Rate Generator, High Byte							
SPBRG2	EUSART2 Baud Rate Generator, Low Byte							
SPBRGH2	EUSART2 Baud Rate Generator, High Byte							
TRISB	TRISB7	TRISB6	TRISB5	TRISB4	TRISB3	TRISB2	TRISB1	TRISB0
TRISC	TRISC7	TRISC6	TRISC5	TRISC4	TRISC3	TRISC2	TRISC1	TRISC0
TRISD	TRISD7	TRISD6	TRISD5	TRISD4	TRISD3	TRISD2	TRISD1	TRISD0
ANSELC	ANSC7	ANSC6	ANSC5	ANSC4	ANSC3	ANSC2	—	—
ANSELD	ANSD7	ANSD6	ANSD5	ANSD4	ANSD3	ANSD2	ANSD1	ANSD0
TXSTA1	CSRC	TX9	TXEN	SYNC	SENDB	BRGH	TRMT	TX9D
TXSTA2	CSRC	TX9	TXEN	SYNC	SENDB	BRGH	TRMT	TX9D

以上所介紹的非同步資料傳輸接收模式，是一般最廣泛使用的資料傳輸模式，包括與個人電腦上的 COM 通訊埠，便是使用這個模式的 RS-232 通訊協定。EUSART 模組還有許多其他不同的資料傳輸模式，例如同步資料傳輸的主控端模式，或者受控端模式；有興趣的讀者可以參考相關的資料手冊以學習各個不同操作模式的使用方法。

除了傳輸一般的 8 位元二進位資料之外，通常 EUSART 傳輸模組也會使用常見的 ASCII 文字符號。ASCII（American Standard Code for Information Interchange）編碼是全世界所公認的符號編碼表，許多文字符號資料的傳輸都

CHAPTER

12

是藉由這個標準的編碼方式進行資料的溝通，例如個人電腦視窗作業系統下的超級終端機程式。ASCII 符號編碼的內容如第一章表 1-1 所示。

　　接下來，就讓我們使用範例程式來說明如何完成上述非同步資料傳輸接收的設定與資料傳輸；在範例程式中，將使用個人電腦上的超級終端機介面程式與 PIC18F45K22 微控制器作資料的傳輸介紹，藉以達到由個人電腦掌控微控制器或者由微控制器擷取資料的功能。

範例 12-1

　　量測可變電阻 VR1 的類比電壓值，並將 10 位元的量測結果轉換成 ASCII 編碼並輸出到個人電腦上的 VT-100 終端機（可使用超級終端機®（Hyper Terminal）、TeraTerm®或其他類似的終端機軟體。當電腦鍵盤按下 'c' 按鍵時，開始輸出資料；當按下按鍵 'p' 時，停止輸出資料。

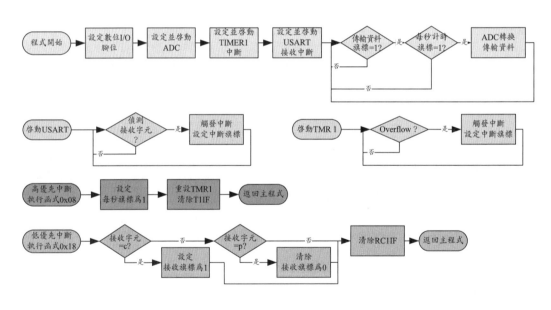

```
        list p=18f45k22
#include <p18f45k22.inc>                 ;納入定義檔
;
RX_Temp EQU       0x20
;
```

```
        CBLOCK      0x00              ; 由暫存器位址 0x00 開始宣告保留
                                      ; 變數的位址
            C_Hold_Delay             ; 類比訊號採樣保持時間延遲計數
                                      ; 暫存器
            TxD_Flag                 ; 資料傳輸延遲時間旗標
            Hex_Temp                 ; 編碼轉換暫存器
        ENDC                         ; 結束變數宣告

        CBLOCK 0x010                  ; 由暫存器位址 0x20 開始
            WREG_TEMP                ; 儲存處理器資料重要變數
            STATUS_TEMP              ; 以便在進出函式時，暫存重要資料
            BSR_TEMP
        ENDC
;
#define  TMR1_VAL .32768        ; 定義 Timer1 計時器週期 1 SEC
;
;* * * * * * * * * * * * * * * * * * * * * * * * * * * * * * * * * * * * * * * * * *
;****    RESET Vector @ 0x0000
;* * * * * * * * * * * * * * * * * * * * * * * * * * * * * * * * * * * * * * * * * *


        org       0x00              ; 重置向量
        bra       Init
;

        org       0x08              ; 高優先中斷向量
        bra       Hi_ISRs
;

        org       0x18              ; 低優先中斷向量
        bra       Low_ISRs
;
;* * * * * * * * * * * * * * * * * * * * * * * * * * * * * * * * * * * * * * * * * *
```

CHAPTER

12

```
;****    The Main Program start from Here !!
;* * * * * * * * * * * * * * * * * * * * * * * * * * * * * * * * * * * * * * * * * * * * * * * * * * *


          org       0x02A                    ; 主程式開始位址
Init:
          call      Init_IO
          call      Init_Timer1
          call      Init_AD
          call      Init_USART
;
          bsf       RCON, IPEN, 0            ; 啓動中斷優先順序
          bsf       INTCON, GIEH, 0         ; 啓動高優先中斷功能，以利用
                                             ; TIMER1 計時器中斷
          bsf       INTCON,GIEL,0           ; 啓動並優先中斷功能，以利用 USART
                                             ; RD 中斷
          clrf      TxD_Flag, ACCESS        ; 清除計時旗標
;
Main:
          nop
          btfsc     TxD_Flag, 1, ACCESS    ; 旗標等於 0，繼續傳送類比訊號資料
          bra       Main                    ; 旗標等於 1，停止傳送類比訊號資料
;
          btfss     TxD_Flag, 0, ACCESS    ; 檢查計時是否超過 1 Sec?
          bra       Main                    ; 否，繼續迴圈
          bcf       TxD_Flag, 0, ACCESS    ; 是，清除 1S 中計時器錶
          call      AD_Convert              ; 開始類比訊號轉換
;
          movf      ADRESH, W, ACCESS      ; 將轉換結果 A/D<b9:b8> 轉成
                                             ; ASCII 並由 UART 送出
          andlw     b'00000011'
```

```
        call    Hex_ASCII
        call    Tx_a_Byte
;
        swapf   ADRESL,W,ACCESS    ;將轉換結果 A/D<b7:b4> 轉成
                                   ; ASCII 並由 UART 送出
        andlw   h'0F'
        call    Hex_ASCII
        call    Tx_a_Byte
;
        movf    ADRESL,W,ACCESS    ;將轉換結果 A/D <b3:b0> 轉成
                                   ; ASCII 並由 UART 送出
        andlw   h'0F'
        call    Hex_ASCII
        call    Tx_a_Byte
;
        movlw   h'0a'              ;送出符號 0x0A & 0x0D 以便在終
                                   ;端機換行
        call    Tx_a_Byte
        movlw   h'0d'
        call    Tx_a_Byte
;
        bra     Main               ;無窮迴圈



;
;******  Send a byte to USART  ******
Tx_a_Byte:
        movwf   TXREG1,ACCESS      ;透過 USART 送出去的位元符號
        nop                        ;
        btfss   PIR1,TXIF,ACCESS   ;檢查資料傳輸完成與否？
```

CHAPTER

12

```
        bra      $-4                   ; No, 繼續檢查旗標位元 TXIF
        bcf      PIR1,TXIF,ACCESS      ; Yes, 清楚旗標位元 TXIF
        return
;
;*******  Convert low nibble to ASCII code  *******
Hex_ASCII:
        banksel  Hex_Temp
        andlw    h'0F'                 ; 確定 high nibble 為 "0000"
        movwf    Hex_Temp,BANKED
        movlw    h'9'                  ; 跟 9 比較
        cpfsgt   Hex_Temp,BANKED
        bra      Less_9
        movf     Hex_Temp,W,BANKED     ; > 9, 數字加 0x37
        addlw    h'37'
        return
Less_9
        movf     Hex_Temp,W,BANKED     ; < = 9, 數字加 0x30
        addlw    h'30'
        return
;
;*****  Connvert the 10-bit A/D  *****
AD_Convert:
        call     C_Hold_Time           ; 延遲 50uS 完成訊號採樣保持
        bsf      ADCON0,GO,ACCESS      ; 開始 A/D 轉換
        nop                            ; Nop
        btfsc    ADCON0,GO,ACCESS      ; 檢查 A/D 轉換是否完成
        bra      $-4                    ; 否，繼續檢查
        return
;
;*************************************************************
```

```
;****   Initial I/O Port
;* * * * * * * * * * * * * * * * * * * * * * * * * * * * * * * * * * * * *
Init_IO:                         ; 設定數位輸入腳位
        banksel  ANSELD
        clrf     ANSELD, BANKED  ; 將 PORTD 類比功能解除，設定數
                                 ; 位輸入腳位
        bcf      ANSELC, 6, BANKED ; 將 TX1/RX1 (RC6/RC7) 腳位類比
                                 ; 功能解除
        bcf      ANSELC, 7, BANKED

        clrf     TRISD           ; 將 PORTD 數位輸出入埠設為輸出
        clrf     LATD
        bcf      TRISC, 6
        bsf      TRISC, 7

        return
;
;* * * * * * * * * * * * * * * * * * * * * * * * * * * * * * * * * * * *
;****   Initial Timer1 as a 1 Sec Timer
;* * * * * * * * * * * * * * * * * * * * * * * * * * * * * * * * * * * *
Init_Timer1:
        movlw    B'10001111'     ; 16 位元模式、1 倍前除器、非同
                                 ; 步計數模式
        movwf    T1CON, ACCESS   ; 使用外部震盪器，開啟計時器
;
        movlw    (.65536-TMR1_VAL)/.256 ; 計算計時器 Timer1 高位元
                                       ; 組資料
        movwf    TMR1H, ACCESS
        movlw    (.65536-TMR1_VAL)%.256 ; 計算計時器 Timer1 低位元
                                       組資料
```

```
        movwf      TMR1L,ACCESS
;

        bsf        IPR1,TMR1IP,ACCESS          ; 設定 Timer1 高優先中斷
        bcf        PIR1,TMR1IF,ACCESS          ; 清除中斷旗標
        bsf        PIE1,TMR1IE,ACCESS          ; 開啓計時器中斷功能
;

        return
;
;************************************************************
;****    Initial A/D converter
;************************************************************
Init_AD:
        movlw      b'00000001'                 ; 選擇 AN0 通道轉換，
        movwf      ADCON0,ACCESS               ; 啓動 A/D 模組
;

        movlw      b'0000000'                  ; 設定 VDD/VSS 爲參考電壓
        movwf      ADCON1,ACCESS
;

        movlw      b'10111010'                 ; 結果向右靠齊並
        movwf      ADCON2,ACCESS               ; 設定採樣時間 20TAD，轉
                                               ; 換時間爲 Fosc/32
;

        bcf        PIE1,ADIE,ACCESS            ; 停止 A/D 中斷功能

        return
;
;************************************************************
;****    Initial USART as 9600,N,8,1
;************************************************************
```

```
Init_USART:
        movlw    b'00100100'          ;8 位元模式非同步傳輸
        movwf    TXSTA1,ACCESS        ;高鮑率設定,啟動傳輸功能
;
        movlw    b'10010000'          ;啟動 8 位元資料接收功能
        movwf    RCSTA1,ACCESS        ;連續接收模式,停止位址偵測點
;
        movlw    0x08                 ;設定 16 位元鮑率參數
        movwf    BAUDCON1,ACCESS
        movlw    0x03                 ;設定鮑率為 9600
        movwf    SPBRG1,ACCESS        ; BRG16=1,  BRGH=1,
                                      ; X=(10M/9600/4-1)=259
        movlw    0x01                 ; SPBRGH1=0x01,  SPBRG1=0x03
        movwf    SPBRGH1,ACCESS
;
        bcf      PIR1,TXIF,ACCESS     ;清除資料傳輸中斷旗標
        bcf      PIE1,TXIE,ACCESS     ;停止資料傳輸中斷功能
;
        bcf      IPR1,RCIP,ACCESS     ;設定資料接收低優先中斷
        bcf      PIR1,RCIF,ACCESS     ;清除資料接收中斷旗標
        bsf      PIE1,RCIE,ACCESS     ;啟動資料接收中斷
;
        return


;
;**********************************************************
;****    Sample Hold (Charge) time delay routine (50uS)
;**********************************************************
C_Hold_Time:
        movlw    .200
```

```
        movwf    C_Hold_Delay,ACCESS
        nop
        nop
        decfsz   C_Hold_Delay,F,ACCESS
        bra      $-4
        return


;****************************************************
;****  Hi_ISRs : Hi-Priority Interrupt reotine
;****************************************************
Hi_ISRs

        bcf      PIR1,TMR1IF,ACCESS        ;清除 Timer1 中斷旗標
;
        movlw    (.65536-TMR1_VAL)/.256 ;計算計時器 Timer1 高位元
                                          ;組資料
        movwf    TMR1H,ACCESS
        movlw    (.65536-TMR1_VAL)%.256 ;計算計時器 Timer1 低位元
                                          ;組資料
        movwf    TMR1L,ACCESS
;
        bsf      TxD_Flag,0,ACCESS        ;設定 1 Sec計時旗標
;
        retfie   FAST                     ;利用 shadow register 返回
;
;****************************************************
;****  Low_ISRs : Low-Priority Interrupt reotine
;****
;****************************************************
Low_ISRs:
```

```
        movff    STATUS,STATUS_TEMP       ; 儲存處理器資料重要變數
        movff    WREG,WREG_TEMP
        movff    BSR,BSR_TEMP
;
        bcf      PIR1,RCIF,ACCESS         ; 清除資料接收中斷旗標
        movff    RCREG1,  RX_Temp         ; 將接收資料顯示在 LED
        movff    RX_Temp,  LATD           ; 將接收資料顯示在 LED

        movlw    a'c'                     ; 檢查接收資料是否為 'c'?
        cpfseq   RX_Temp,ACCESS
        bra      No_EQU_C
        bcf      TxD_Flag,1,ACCESS        ;  Yes, 啟動傳輸資料
        bra      Exit_Low_ISR
No_EQU_C
        movlw    a'p'                     ; 檢查接收資料是否為 'p'?
        cpfseq   RX_Temp,ACCESS
        bra      Exit_Low_ISR             ;  No, 不作動
        bsf      TxD_Flag,1,ACCESS        ;  Yes, 停止傳送資料
;
Exit_Low_ISR
        movff    BSR_TEMP,BSR             ; 回復重要資料暫存器
        movff    WREG_TEMP,WREG
        movff    STATUS_TEMP,STATUS
        retfie                            ; 一般中斷返回
;
        END
```

　　範例程式中，藉由 TXSTA1 與 RCSTA1 暫存器適當地設定將 EUSART 傳輸模組設定為非同步傳輸模式，傳輸速率則定在 9600 bps 的鮑率，傳輸格式則為 8-N-1 的資料格式。同時藉由開啟資料接收中斷的功能，在任何時候只要

有資料傳入微控制器的 RCREG1 暫存器，則藉由低優先中斷的功能檢查輸入的字元符號，再依照符號的內容設定資料傳輸的旗標；當程式回復到主程式的執行後，根據所設定的旗標與計時器的時間數值綜合判斷，決定是否傳輸資料。如果需要傳輸的話，藉由十六進位編碼轉換 ASCII 編碼的格式轉換函式，將類比數位轉換的結果轉換成可以在終端機軟體顯示的 ASCII 編碼字元符號。

　　程式中同時利用 TIMER1 計時器與高優先中斷建立每秒更新的類比訊號轉換結果顯示。由於同時有兩個中斷功能開啟，因此在中斷執行程式中分別以狀態旗標變數設定的方式記錄中斷的發生；然後再回到正常程式中，再藉由狀態旗標變數的檢查決定是否進行相關的資料傳輸與類比訊號轉換程序。藉此方法可以避免在中斷執行程式時間過長影響其他程式執行的現象。而且為了計時的精準，故將計時器中斷列為高優先，資料接收列為低優先中斷；因此，即使在資料接收中斷程序中，仍可以精準地計時。

12.3　加強的 EUSART 模組功能

　　除了上述的一般 USART 模組功能之外，較新的 PIC18F45K22 微控制器配置有加強型的 EUSART 功能，主要增加的功能包括：

- 採樣電路。
- 自動鮑率偵測（Auto Baud Rate Detection）。
- 13 位元中斷字元傳輸（13-bit Break Character Transmit）。
- 同步中斷字元自動喚醒（Auto-Wake-up）。

◎自動鮑率偵測

　　在加強的 EUSART 模組中，可以利用採樣電路與 16 位元鮑率產生器（SP-BRGH & SPBRG）對於特定的輸入位元組訊號 0x55=01010101B 進行鮑率的偵測；在偵測時，16 位元鮑率產生器將作為一個計數器使用藉以偵測的輸入位元組訊號變化的時間，進了利用計數器的數值計算所需要的鮑率。在偵測完成時，會自動將適當的鮑率設定值存入到鮑率產生器中，便可以進行後續的資料傳輸與接收。

　　由於需要特殊輸入位元組訊號的配合，因此在使用上必須要求相對應的資料發送端在資料傳輸的開始時先行送出 0x55 的特殊訊號，否則將無法完成自動鮑率偵測的作業。

自動喚醒功能

　　在加強的 EUSART 模組中，應用程式也可以藉由接收腳位 RXx/DTx 的訊號變化將微控制器從閒置的狀態中喚醒。

　　在微控制器的睡眠模式下，所有傳輸到 EUSART 模組的時序將會被暫停。因此，鮑率產生器的工作也將暫停而無法繼續地接受資料。此時，自動喚醒功能將可以藉由偵測資料接收腳位上的訊號變化來喚醒微控制器，而得以處理後續的資料傳輸作業。但是這種自動喚醒的功能，只能夠在非同步傳輸的模式下使用。藉由將控制位元 WUE 設定為 1，便可以啟動自動喚醒的功能。在完成設定後，正常的資料接收程序將會被暫停，而模組將會進入閒置狀態，並且監視在資料接收腳位 RXx/DTx 上是否有喚醒訊號的發生。所需要的喚醒訊號是一個由高電壓變成低電壓的下降邊緣訊號，這個訊號與 LIN 通訊協定中的同步中斷或者喚醒訊號位元的開始狀態是相同的。也就是說，藉由適當的自動喚醒設定，EUART 模組將可以使用在 LIN 通訊協定的環境中。在接收到喚醒的訊號時，如果微控制器是處於睡眠模式時，EUSART 模組將會產生一個 RCxIF 的中斷訊號。這個中斷訊號將可以藉由讀取 RCREGx 資料暫存器的動作而清除為 0。在接收到喚醒訊號（下降邊緣）之後，RXx 腳位上的下一個上升邊緣訊號將會自動的將控制位元 WUE 清除為 0。這個上升邊緣的訊號通常也就是同步中斷訊號的結束，此時模組將會回歸到正常的操作狀態。

CHAPTER 13

EEPROM 資料記憶體

　　除了一般的動態資料記憶體（RAM）之外，通常在微控制器中也配置有可以永久儲存資料的電氣可抹除資料記憶體（Electrical Erasable Programmable ROM, EEPROM）。EEPROM 主要的用途是將一些應用程式所需要使用的永久性資料儲存在記憶體中，無論微控制器的電源中斷與否，這一些資料都會永久地保存在記憶體中不會消失。因此，當應用程式需要儲存永久性的資料時，例如資料表、函式對照表、固定不變的常數等等，便可以將這些資料儲存在 EE-PROM 記憶體中。

　　當然這些固定不變的資料也可以藉由程式的撰寫，將它們安置在應用程式的一部分；但是這樣的作法一方面增加程式的長度，另一方面則由於資料隱藏在程式中間，如果需要做資料的修改或者更新時，便需要將程式重新地更新燒錄才能夠修正原始的資料。但是如果將資料儲存在 EEPROM 記憶體中時，則資料的更新可以藉由軟體做線上自我更新，或是藉由燒錄器單獨更新 EEPROM 中的資料而不需要改寫程式。如此一來，便可將應用程式與永久性資料分開處理，可以更有效地進行資料管理與程式維修。

13.1　EEPROM 資料記憶體讀寫管理

　　PIC18 系列微控制器的 EEPROM 資料記憶體可以在正常程式執行的過程中，利用一般的操作電壓完成 EEPROM 記憶資料的讀取或寫入。但是這些永久性的資料記憶體並不是直接映射到一般的暫存器空間，替代的方式是將它們透過特殊功能暫存器的使用以及間接定址的方式進行資料的讀取或寫入。

　　與 EEPROM 資料記憶體讀寫相關的特殊功能暫存器有下列四個：

CHAPTER

13

- EECON1
- EECON2
- EEDATA
- EEADR

■ EEADR

EEPROM 記憶體的讀寫是以位元組（byte）為單位進行的。在讀寫 EE-PROM 資料的時候，EEDATA 特殊功能暫存器儲存著所要處理的資料內容，而 EEADR 特殊功能暫存器則儲存著所需要讀寫的 EEPROM 記憶體位址。PIC18F45K22 微控制器總共配置有 256 個位元組的 EEPROM 資料記憶體，它們的位址定義為 0x00～0xFF，是由 EEADR 暫存器的 8 個位元決定的。

由於硬體的特性，EEPROM 資料記憶體需要較長的時間才能完成抹除與寫入的工作。在 PIC18F45K22 微控制器硬體的設計上，當執行一個寫入資料的動作時，將自動地先將資料抹除後再進行寫入的動作（erase-before-write）。資料寫入所需要的時間是由微控制器內建的計時器所控制。實際資料寫入所需的時間與微控制器的操作電壓和溫度有關，而且由於製造程序的關係，不同的微控制器也會有些許的差異。

與 EEPROM 資料記憶體讀寫相關的特殊功能暫存器如表 13-1 所示。

表 13-1   與 EEPROM 資料記憶體讀寫相關的特殊功能暫存器

Name	Bit 7	Bit 6	Bit 5	Bit 4	Bit 3	Bit 2	Bit 1	Bit 0	Value on: POR, BOR	Value on All Other RESETS
INTCON	GIE/GIEH	PEIE/GIEL	T0IE	INTE	RBIE	T0IF	INTF	RBIF	0000 000x	0000 000u
EEADR	EEPROM Address Register								0000 0000	0000 0000
EEDATA	EEPROM Data Register								0000 0000	0000 0000
EECON2	EEPROM Control Register2 (not a physical register)								—	—
EECON1	EEPGD	CFGS	—	FREE	WRERR	WREN	WR	RD	xx-0 x000	uu-0 u000
IPR2	OSCFIP	CMIP	—	EEIP	BCLIP	LVDIP	TMR3IP	CCP2IP	11-1 1111	11-1 1111
PIR2	OSCFIF	CMIF	—	EEIF	BCLIF	LVDIF	TMR3IF	CCP2IF	00-0 0000	00-0 0000
PIE2	OSCFIE	CMIE	—	EEIE	BCLIE	LVDIE	TMR3IE	CCP2IE	00-0 0000	00-0 0000

EECON1 與 EECON2 暫存器

EECON1 是管理 EEPROM 資料記憶體讀寫的控制暫存器。EECON2 則是一個虛擬的暫存器，它是用來完成 EEPROM 寫入程序所需要的暫存器。如果讀取 EECON2 暫存器的內容，將會得到 0 的數值。

EECON1 控制暫存器定義

EECON1 相關的暫存器位元定義表如表 13-2 所示。

表 13-2　EECON1 控制暫存器內容定義

R/W-x	R/W-x	U-0	R/W-0	R/W-x	R/W-0	R/S-0	R/S-0
EEPGD	CFGS	—	FREE	WRERR	WREN	WR	RD

bit 7　　　　　　　　　　　　　　　　　　　　　　　　　　bit 0

bit 7 **EEPGD:** FLASH Program or Data EEPROM Memory Select bit
　　1 = 讀寫快閃程式記憶體。
　　0 = 讀寫 EEPROM 資料記憶體。

bit 6 **CFGS:** FLASH Program/Data EE or Configuration Select bit
　　1 = 讀寫結構設定或校正位元暫存器。
　　0 = 讀寫快閃程式記憶體或 EEPROM 資料記憶體。

bit 5 **Unimplemented:** Read as '0'

bit 4 **FREE:** FLASH Row Erase Enable bit
　　1 = 在下一次寫入動作時，清除由 TBLPTR 定址的程式記憶列內容，清除動作完成時回復為 0。
　　0 = 僅執行寫入動作。

bit 3 **WRERR:** FLASH Program/Data EE Error Flag bit
　　1 = 寫入動作意外終止（由 MCLR 或其他 RESET 引起）。
　　0 = 寫入動作順利完成。
　　註：當 WRERR 發生時，EEPGD 或 FREE 狀態位元將不會被清除以便追蹤錯誤來源。

bit 2 **WREN:** FLASH Program/Data EE Write Enable bit
　　1 = 允許寫入動作。
　　0 = 禁止寫入動作。

bit 1 **WR:** Write Control bit

    1 = 啓動 EEPROM 資料或快閃程式記憶體寫入動作，寫入完成時自動清除爲 0。
        軟體僅能設定此位元爲 1。

    0 = 寫入動作完成。

bit 0 **RD:** Read Control bit

    1 = 開始 EEPROM 資料或快閃程式記憶體讀取動作，讀取完成時自動清除爲 0。
        軟體僅能設定此位元爲 1。當 EEPGD = 1 時，無法設定此位元爲 1。

    0 = 未開始 EEPROM 資料或快閃程式記憶體讀取動作。

EECON1 暫存器中的控制位元 RD 與 WR 分別用來啓動讀取與寫入操作的程序，軟體只可以將這些位元的狀態設定爲 1 而不可以清除爲 0。在讀寫的程序完成之後，這些位元的內容將會由硬體清除爲 0。這樣的設計目的是要避免軟體意外地將 WR 位元清除爲 0 而提早結束資料寫入的程序，這樣的意外將會造成寫入資料的不完全。

當設定 WREN 位元爲 1 時，將會開始寫入的程序。在電源開啓的時候，WREN 位元是被預設爲 0 的。當寫入的程序被重置、監視計時器重置或者其他的指令中斷而沒有完成的時候，WRERR 狀態位元將會被設定爲 1，使用者可以檢查這個位元，以決定是否在重置之後需要重新將資料寫入到同一個位址。如果需要重新寫入的話，由於 EEDATA 資料暫存器與 EEADR 位址暫存器的內容在重置時被清除爲 0，因此必須將相關的資料重新載入。

13.2　讀寫 EEPROM 記憶體資料

▍讀取 EEPROM 記憶體資料

要從一個 EEPROM 資料記憶體位址讀取資料，應用程式必須依照下列的步驟：

1. 先將想要讀取資料的記憶體位址寫入到 EEADR 暫存器，共 8 個位元。
2. 將 EEPGD 控制位元清除爲 0。
3. 將 CFGS 控制位元清除爲 0。

4. 然後將 RD 控制位元設定為 1。

在完成這樣的動作後，資料在下一個指令週期的時間將可以從 EEDATA 暫存器中讀取。EEDATA 暫存器將持續地保留所讀取的數值，直到下一次的 EEPROM 資料讀取，或者是應用程式寫入新的資料到這個暫存器。

由於這是一個標準的作業程序，所以讀者可以參考下面的標準組合語言範例進行 EEPROM 資料記憶體的讀取。

```
MOVLW    DATA_EE_ADDR              ;
MOVWF    EEADR, ACCESS             ; 被讀取資料記憶體低位元位址
BCF      EECON1, EEPGD, ACCESS     ; 設定為資料記憶體
BCF      EECON1, CFGS, ACCESS      ; 開啟記憶體路徑
BSF      EECON1, RD, ACSESS        ; 讀取資料
MOVF     EEDATA, W, ACCESS         ; 資料移入工作暫存器 WREG
```

◉ 寫入 EEPROM 記憶體資料

要將資料寫入到一個 EEPROM 資料記憶體位址，應用程式必須依照下列的步驟：

1. 先將想要寫入資料的記憶體位址寫入到 EEADR 暫存器。
2. 將要寫入的資料儲存到 EEDATA 暫存器。

接下來的動作較為繁複，但是由於寫入的程序是一個標準動作，因此則可以參考下面的範例來完成資料寫入 EEPROM 記憶體的工作。

```
MOVLW    DATA_EE_ADDR
MOVWF    EEADR, ACCESS             ; 寫入資料記憶體 8 位元位址
MOVLW    DATA_EE_DATA             ;
```

```
BCF     EECON1, EEPGD, ACCESS    ; 指向 EEPROM 資料記憶體
MOVLW   DATA_EE_DATA             ; 存入寫入資料
MOVWF   EEDATA                   ;
                                 ; EEPROM memory
BSF     EECON1, WREN, ACCESS     ; Enable writes
BCF     INTCON, GIE, ACCESS      ; 將所有的中斷關閉
MOVLW   55h                      ; Required Sequence
MOVWF   EECON2, ACCESS           ; Write 55h
MOVLW   AAh
MOVWF   EECON2, ACCESS           ; Write AAh
BSF     EECON1, WR, ACCESS       ; Set WR bit to begin write
BSF     INTCON, GIE, ACCESS      ; 重新啓動中斷功能
                                 ; user code execution
    ⋮
BCF     EECON1, WREN, ACCESS     ; Disable writes on write complete
                                 ; (EEIF set)
```

　　如果應用程式沒有完全依照上列的程式內容來撰寫指令，則資料寫入的程序將不會被開啓。而爲了避免不可預期的中斷發生而影響程式執行的順序，強烈建議應用程式碼在執行上述的指令之前，必須要將所有的中斷關閉。

　　除此之外，EECON1 暫存器中的 WREN 控制位元必須要被設定爲 1 才能夠開啓寫入的功能。這一個額外的機制可以防止不可預期的程式執行意外地啓動 EEPROM 記憶體資料寫入的程序。除了在更新 EEPROM 資料記憶體的內容之外，WREN 控制位元必須要永遠保持設定爲 0 的狀態。而且 WREN 位元一定要由軟體清除爲 0，它不會被硬體所清除。

　　一旦開始寫入的程序之後，EECON1、EEADR 與 EEDATA 暫存器的內容就不可以被更改。除非 WREN 控制位元被設定爲 1，否則 WR 控制位元將會被禁止設定爲 1。而且這兩個位元必須要用兩個指令依照順序先後地設定爲 1，而不可以使用 movlw 或其他的指令在同一個指令週期將它們同時設定爲 1。

這樣的複雜程序主要是為了保護 EEPROM 記憶體中的資料不會被任何不慎或者意外的動作所改變。

在完成寫入的動作之後，WR 狀態位元將會由硬體自動清除為 0，而且將會把 EEPROM 記憶體寫入完成中斷旗標位元 EEIF 設定為 1。應用程式可以利用開啟中斷功能或者是輪詢檢查這個中斷位元來決定寫入的狀態。EEIF 中斷旗標位元只能夠用軟體清除。由於寫入動作的複雜，建議讀者在完成寫入動作之後，檢查數值寫入的資料是否正確。建立一個好的程式撰寫習慣是程式執行正確的開始。如果應用程式經常地在改寫 EEPROM 資料記憶體的內容時，建議在應用程式的開始適當地將 EEPROM 資料記憶體的內容重置為 0，然後再有效地使用資料記憶體，以避免錯誤資料的引用。讀者可以參考下面的範例程式將所有的 EEPROM 資料記憶體內容歸零。

```
        clrf    EEADR EECON1,        ; 由位址 0 的記憶體開始
        bcf     CFGS                 ; 開啟記憶體路徑
        bcf     EECON1, EEPGD        ; 設定為資料記憶體
        bcf     INTCON,GIE           ; 停止中斷
        bsf     EECON1,WREN          ; 啟動寫入
Loop                                 ; 清除陣列迴圈
        bsf     EECON1,RD            ; 讀取目前位址資料
        movlw   55h                  ; 標準程序
        movwf   EECON2               ; Write 55h
        movlw   AAh                  ;
        movwf   EECON2               ; Write AAh
        bsf     EECON1,WR            ; 設定 WR 位元開始寫入
        btfsc   EECON1,WR            ; 等待寫入完成
        bra     $-2
        incfsz  EEADR,F              ; 遞加位址，並判斷結束與否
        bra     Loop                 ; Not zero, 繼續迴圈
        bcf     EECON1,WREN          ; 關閉寫入
        bsf     INTCON,GIE           ; 啟動中斷
```

對於進階的使用者，也可以將資料寫入到 FLASH 程式記憶體的位址；將資料寫入到 FLASH 程式記憶體的程序和 EEPROM 資料的讀寫程序非常的類似，但是需要較長的讀寫時間。而且在讀寫的過程中除了可以使用單一位元組的讀寫程序之外，同時也可以藉由表列讀取（Table Read）或者表列寫入（Table Write）的方式一次將多筆資料同時寫入或讀取。由於這樣的讀寫需要較高的程式技巧，有興趣的讀者可以參考相關微控制器的資料手冊，以了解如何將資料寫入到程式記憶體中。

範例 13-1

量測可變電阻的類比電壓值，並將 10 位元的量測結果轉換成 ASCII 編碼並輸出到個人電腦上的 VT-100 終端機。當電腦鍵盤按下下列按鍵時，進行以下的動作：

- 按下按鍵 'c' 開始輸出資料；
- 按下按鍵 'p' 停止輸出資料；
- 按下按鍵 'r' 讀取 EEPROM 的資料；
- 按下按鍵 'w' 更新 EEPROM 的資料；
- 按下按鍵 'e' 清除 EEPROM 的資料。

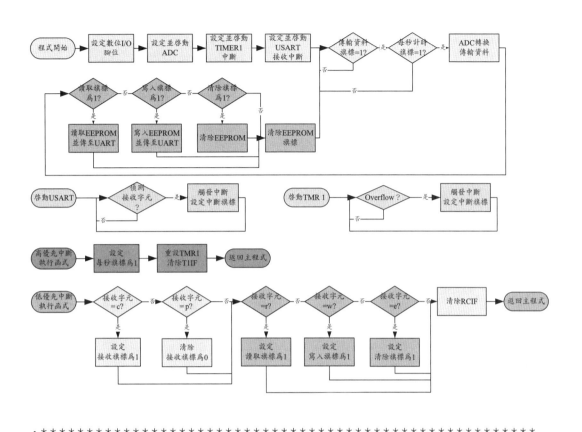

CHAPTER

13

```
;***********************************************
;     Ex13_1.asm
;***********************************************


          list  p=18f45k22
#include  <p18f45k22.inc>              ; 納入定義檔
;
RX_Temp   EQU        0x30
          CBLOCK     0x00              ; 由暫存器位址 0x00 開始宣告保
                                       ; 留變數的位址
          C_Hold_Delay                 ; 類比訊號採樣保持時間延遲計數暫存器
          TxD_Flag                     ; 資料傳輸延遲時間旗標
          Hex_Temp                     ; 編碼轉換暫存器
          ENDC                         ; 結束變數宣告
```

CHAPTER

13

```
        CBLOCK          0x010          ; 由暫存器位址 0x20 開始
        WREG_TEMP                      ; 儲存處理器資料重要變數
        STATUS_TEMP                    ; 以便在進出函式時，暫存重要資料
        BSR_TEMP
        ENDC
;
        CBLOCK          0x20
        Data_EE_Addr                   ; EEPROM 資料位址
        Data_EE_Data                   ; EEPROM 資料
        ADCRH                          ; 高位元資料變數
        ADCRL                          ; 低位元資料變數
        ENDC
;
#define  EEP_ADRL   0                  ; Define EEPROM Low Byte Address
#define  EEP_ADRH   1                  ; Define EEPROM High Byte Address
#define  TMR1_VAL   .32768             ; 定義 Timer1 計時器週期 1 SEC
;


;*********************************************************
;****   RESET Vector @ 0x0000
;*********************************************************


        org    0x00                    ; 重置向量
        bra    Init
;
        org    0x08                    ; 高優先中斷向量
        bra    Hi_ISRs
;
        org    0x18                    ; 低優先中斷向量
```

```
          bra      Low_ISRs
;


;***********************************************
;****   The Main Program start from Here !!
;***********************************************


          org      0x02A                    ;  主程式開始位址
Init:
          call     Init_IO
          call     Init_Timer1
          call     Init_AD
          call     Init_USART
;
          bsf      RCON,IPEN,ACCESS         ;  啓動中斷優先順序
          bsf      INTCON,GIEH,ACCESS       ;  啓動高優先中斷功能，以
                                            ;  利用 TIMER1 計時器中斷
          bsf      INTCON,GIEL,ACCESS       ;  啓動並優先中斷功能，以
                                            ;  利用 USART RD 中斷
          clrf     TxD_Flag,ACCESS          ;  清除計時旗標
;
Main:
          nop
          btfsc    TxD_Flag,1,ACCESS        ;  旗標等於 0，繼續傳送類
                                            ;  比訊號資料
          bra      Main                     ;  旗標等於 1，停止傳送類
                                            ;  比訊號資料
;
          btfss    TxD_Flag,0,ACCESS        ;  檢查計時是否超過 1 Sec?
          braMain                           ;  否，繼續迴圈
```

```
        bcf     TxD_Flag, 0, ACCESS      ; 是，清除 1s 中計時器錶
        call    AD_Convert               ; 開始類比訊號轉換
;
        movff   ADRESH,  ADCRH
        movff   ADRESL,  ADCRL

        movlw   b'00001100'              ; Do nothing if TxD_
                                         ; Flag(2:3)=00
        andwf   TxD_Flag,  w, ACCESS
        btfsc   STATUS,  Z, ACCESS
        bra     UART_DIS
;
        btfsc   TxD_Flag,  3, ACCESS
        bra     Not_R_EE
;
        movlw   EEP_ADRL
        movwf   Data_EE_Addr, ACCESS
        call    READ_EEPROM
        movff   EEDATA,  ADCRL
        movlw   EEP_ADRH
        movwf   Data_EE_Addr, ACCESS
        call    READ_EEPROM
        movff   EEDATA,  ADCRH
        bcf     TxD_Flag,  2, ACCESS
;
        bra     UART_DIS
;
Not_R_EE:
        btfsc   TxD_Flag,  2, ACCESS
        bra     Not_W_EE
```

```
;

        movlw    EEP_ADRL
        movwf    Data_EE_Addr,ACCESS
        movff    ADCRL,  Data_EE_Data
        call     WRITE_EEPROM
        movff    EEDATA,  ADCRL
        movlw    EEP_ADRH
        movwf    Data_EE_Addr,ACCESS
        movff    ADCRH,  Data_EE_Data
        call     WRITE_EEPROM
        movff    EEDATA,  ADCRH
        bcf      TxD_Flag,  3,ACCESS
;

        bra      UART_DIS
;
Not_W_EE
;

        movlw    EEP_ADRL
        movwf    Data_EE_Addr,ACCESS
        clrf     Data_EE_Data,ACCESS
        clrf     ADCRL,ACCESS
        clrf     ADCRH,ACCESS
        call     WRITE_EEPROM
        movlw    EEP_ADRH
        movwf    Data_EE_Addr,ACCESS
        call     WRITE_EEPROM
;

        bcf      TxD_Flag,  2,ACCESS
        bcf      TxD_Flag,  3,ACCESS
;
```

```
UART_DIS:
        movf    ADCRH,W,ACCESS      ; 將轉換結果 A/D <b9:b8>
                                    ; 轉成 ASCII 並由 UART 送出
        andlw   b'00000011'
        call    Hex_ASCII
        call    Tx_a_Byte
;
        swapf   ADCRL,W,ACCESS      ; 將轉換結果 A/D <b7:b4>
                                    ; 轉成 ASCII 並由 UART 送出
        andlw   h'0F'
        call    Hex_ASCII
        call    Tx_a_Byte
;
        movf    ADCRL,W,ACCESS      ; 將轉換結果 A/D <b3:b0>
                                    ; 轉成 ASCII 並由 UART 送出
        andlw   h'0F'
        call    Hex_ASCII
        call    Tx_a_Byte
;
        movlw   h'0a'               ; 送出符號 0x0A & 0x0D
                                    ; 以便在終端機換行
        call    Tx_a_Byte
        movlw   h'0d'
        call    Tx_a_Byte
;
        bra     Main                ; 無窮迴圈
;
;******   Send a byte to USART   ******
Tx_a_Byte:
        movwf   TXREG1,ACCESS       ; 透過 USART 送出去的位元符號
```

```
        nop                          ;
        btfss    PIR1,TXIF,ACCESS    ; 檢查資料傳輸完成與否？
        bra      $-4                 ; No, 繼續檢查旗標位元 TXIF
        bcf      PIR1,TXIF           ; Yes, 清楚旗標位元 TXIF
        return
;
;*******    Convert low nibble to ASCII code    *******
Hex_ASCII:
        andlw    h'0F'               ; 確定 high nibble 為 "0000"
        movwf    Hex_Temp,ACCESS
        movlw    h'9'                ; 跟 9 比較
        cpfsgt   Hex_Temp,ACCESS     ,
        bra      Less_9
        movf     Hex_Temp,W,ACCESS   ; > 9, 數字加 0x37
        addlw    h'37'
        return
Less_9  movf     Hex_Temp,W          ; < = 9, 數字加 0x30
        addlw    h'30'
        return


;
;*****    Connvert the 10-bit A/D    *****
AD_Convert:
        call     C_Hold_Time         ; 延遲 50uS 完成訊號採樣保持
        bsf      ADCON0,GO,ACCESS    ; 開始 A/D 轉換
        nop                          ; Nop
        btfsc    ADCON0,GO,ACCESS    ; 檢查 A/D 轉換是否完成
        bra      $-4                 ; 否，繼續檢查
        return
;
```

CHAPTER

13

CHAPTER

13

```
;*************************************************
;****    Initial I/O Port
;*************************************************
Init_IO:                                ; 設定數位輸入腳位

        banksel  ANSELD
        clrf     ANSELD,  BANKED        ; 將 PORTD 類比功能解除，
                                        ; 設定數位輸入腳位

        bcf      ANSELC,  6,  BANKED    ; 將 TX1/RX1 (RC6/RC7) 腳
                                        ; 位類比功能解除

        bcf      ANSELC,  7,  BANKED


        clrf     TRISD                  ; 將 PORTD 數位輸出入埠設
                                        ; 為輸出

        clrf     LATD
        bsf      TRISA,RA0              ; 將腳位 RA0 設為輸入
        return
;
;*************************************************
;****    Initial Timer1 as a 1 Sec Timer
;*************************************************
Init_Timer1:
        movlw    B'10001111'           ; 16 位元模式、1 倍前除
                                        ; 器、非同步計數模式
        movwf    T1CON,ACCESS          ; 使用外部外部震盪器，開
                                        ; 啓計時器
;
        movlw    (.65536-TMR1_VAL)/.256  ; 計算計時器 Timer1 高位
                                        ; 元組資料
        movwf    TMR1H,ACCESS
        movlw    (.65536-TMR1_VAL)%.256  ; 計算計時器 Timer1 低位
```

CHAPTER

13

```
                                          ;  元組資料
        movwf      TMR1L,ACCESS
;

        bsf        IPR1,TMR1IP              ;  設定 Timer1 高優先中斷
        bcf        PIR1,TMR1IF              ;  清除中斷旗標
        bsf        PIE1,TMR1IE              ;  開啟計時器中斷功能
;

            return
;
;*********************************************************
;**** Initial A/D converter
;*********************************************************
Init_AD:
        movlw      b'00000001'             ;  選擇 AN0 通道轉換，
        movwf      ADCON0,ACCESS           ;  啟動 A/D 模組
;

        movlw      b'0000000'              ;  設定 VDD/VSS 為參考電壓
        movwf      ADCON1,ACCESS
;

        movlw      b'10111010'             ;  結果向右靠齊並
        movwf      ADCON2,ACCESS           ;  設定採樣時間 20TAD，轉
                                           ;  換時間為 Fosc/32
;

        bcf        PIE1,ADIE,ACCESS        ;  停止 A/D 中斷功能

        return
;
;*********************************************************
;****    Initial USART as 9600,N,8,1
;*********************************************************
```

```
nit_USART:
        movlw    b'00100100'            ; 8 位元模式非同步傳輸
        movwf    TXSTA1,ACCESS          ; 高鮑率設定，啓動傳輸功能
;
        movlw    b'10010000'            ; 啓動 8 位元資料接收功能
        movwf    RCSTA1,ACCESS          ; 連續接收模式，停止位址
                                        ; 偵測點
;
        movlw    0x08                   ; 設定 16 位元鮑率參數
        movwf    BAUDCON1,ACCESS
        movlw    0x03                   ; 設定鮑率爲 9600
        movwf    SPBRG1,ACCESS          ; BRG16=1,  BRGH=1,
                                        ; X=(10M/9600/4-1)=259
        movlw    0x01                   ; SPBRGH1=0x01, SPBRG1=0x03
        movwf    SPBRGH1,ACCESS
;
        bcf      PIR1,TXIF,ACCESS       ; 清除資料傳輸中斷旗標
        bcf      PIE1,TXIE,ACCESS       ; 停止資料傳輸中斷功能


        return


;
;*****************************************************
;****    Sample Hold (Charge) time delay routine (50uS)
;*****************************************************
C_Hold_Time:
        movlw    .200
        movwf    C_Hold_Delay,ACCESS
        nop
        nop
```

```
            decfsz    C_Hold_Delay,F,ACCESS
            bra       $-4
                return


;************************************************
;****    Hi_ISRs : Hi-Priority Interrupt reotine
;****
;************************************************
Hi_ISRs


            bcf       PIR1,TMR1IF,ACCESS          ; 清除 Timer1 中斷旗標
;
            movlw     (.65536-TMR1_VAL)/.256      ; 計算計時器 Timer1 高位
                                                  ; 元組資料
            movwf     TMR1H,ACCESS
            movlw     (.65536-TMR1_VAL)%.256      ; 計算計時器 Timer1 低位
                                                  ; 元組資料
            movwf     TMR1L,ACCESS
;
            bsf       TxD_Flag,0,ACCESS           ; 設定 1 Sec 計時旗標
;
            retfie    FAST                        ; 利用 shadow register 返回
;
;************************************************
;****    Low_ISRs : Low-Priority Interrupt reotine
;****
;************************************************
Low_ISRs:
            movff     STATUS,STATUS_TEMP          ; 儲存處理器資料重要變數
            movff     WREG,WREG_TEMP
```

```
            movff      BSR,BSR_TEMP
;
            bcf        PIR1,RCIF,ACCESS        ; 清除資料接收中斷旗標
            movff      RCREG,  RX_Temp         ; 將接收資料顯示在 LED
            movff      RX_Temp, LATD           ; 將接收資料顯示在 LED
;
            movlw      a'c'                    ; 檢查接收資料是否為 'c'?
            cpfseq     RX_Temp,ACCESS
            bra        No_EQU_c                ; No, 不作動
            bcf        TxD_Flag,1,ACCESS       ; Yes, 啓動傳輸資料
            bra        Exit_Low_ISR
No_EQU_c
movlw    a'p'                                  ; 檢查接收資料是否為 'p'?
            cpfseq     RX_Temp,ACCESS
            bra        No_EQU_p                ; No, 不作動
            bsf        TxD_Flag,1,ACCESS       ; Yes, 停止資料傳輸
            bra        Exit_Low_ISR
No_EQU_p
            movlw      a'r'                    ; 檢查接收資料是否為 'r' ?
            cpfseq     RX_Temp
            bra        No_EQU_r                ; No, 不作動
            bcf        TxD_Flag,3,ACCESS       ; 設定讀取 EEPROM 旗標
            bsf        TxD_Flag,2,ACCESS       ;
            bcf        TxD_Flag,1,ACCESS       ; Yes, 啓動傳輸資料
            bra        Exit_Low_ISR
No_EQU_r
            movlw      a'w'                    ; 檢查接收資料是否為
                                               ; 'w'?
            cpfseq     RX_Temp,ACCESS
            bra        No_EQU_w                ; No, 不作動
```

```
        bsf      TxD_Flag, 3, ACCESS      ; 設定寫入 EEPROM 旗標
        bcf      TxD_Flag, 2, ACCESS      ;
        bcf      TxD_Flag, 1, ACCESS      ; Yes, 啟動傳輸資料
        bra      Exit_Low_ISR
No_EQU_w
        movlw    a'e'                     ; 檢查接收資料是否為 'e'?
        cpfseq   RX_Temp, ACCESS
        bra      Exit_Low_ISR             ; No, 不作動
        bsf      TxD_Flag, 2, ACCESS      ; 設定清除 EEPROM 旗標
        bsf      TxD_Flag, 3, ACCESS      ;
        bcf      TxD_Flag, 1, ACCESS      ; Yes, 啟動傳輸資料
        bra      Exit_Low_ISR

;
Exit_Low_ISR
        movff    BSR_TEMP, BSR            ; 回復重要暫存器資料
        movff    WREG_TEMP, WREG
        movff    STATUS_TEMP, STATUS
        retfie
;
;
;------ INTERNAL EEPROM READ ------
;
READ_EEPROM                              ; 讀取 eeprom 標準程序
        movff    Data_EE_Addr, EEADR
;
        bcf      INTCON, GIE, ACCESS
        bcf      EECON1, EEPGD, ACCESS
        bcf      EECON1, CFGS, ACCESS
        bsf      EECON1, RD, ACCESS
```

```
            movf      EEDATA, W, ACCESS
            bsf       INTCON, GIE, ACCESS
            return
;
;----INTERNAL EEPROM WRITE-----
;
WRITE_EEPROM                                      ; 寫入 eeprom 標準程序
            movff     Data_EE_Addr, EEADR
            movff     Data_EE_Data, EEDATA
;
            BCF       EECON1, EEPGD, ACCESS
            BCF       EECON1, CFGS, ACCESS

            BSF       EECON1, WREN, ACCESS
            BCF       INTCON, GIE, ACCESS
;
            MOVLW     0X55
            MOVWF     EECON2, ACCESS
            MOVLW     0XAA
            MOVWF     EECON2, ACCESS
            BSF       EECON1, WR, ACCESS
;
            BSF       INTCON, GIE, ACCESS

LOOP1       BTFSS     PIR2,  EEIF, ACCESS         ; 檢查寫入動作是否完成
            GOTO      LOOP1
;
            BCF       EECON1, WREN, ACCESS
            BCF       PIR2, EEIF, ACCESS
```

```
RETURN

END
```

在範例程式中，利用了標準的 EEPROM 指令程序在相對應的電腦按鍵觸發而經由 UART 資料接收中斷的功能，在中斷執行函式中判斷所接收的資料符號為何。然後根據所接收到的符號設定相對應的動作旗標，再依照標準的 EEPROM 讀取或寫入的程序完成所發出的動作。

看完了這個範例程式，讀者還會覺得 EEPROM 的讀寫很困難嗎？

CHAPTER

13

CHAPTER 14

LCD 液晶顯示器

在一般的微控制器應用程式中，經常需要以數位輸出入埠的管道來進行與其他外部周邊元件的訊息溝通。例如外部記憶體、七段顯示器、發光二極體與液晶顯示器等等。為了加強使用者對於這些基本需求的應用程式撰寫能力，在這個章節中，將會針對以組合程式語言撰寫一般微控制器常用的 LCD 液晶顯示器驅動程式做一個詳細的介紹。希望藉由這樣的練習可以加強撰寫應用程式的能力，並可以應用到其他類似的外部周邊元件驅動程式處理。

在一般的使用上，微控制器的運作時常要與其他的數位元件做訊號的傳遞。除了複雜的通訊協定使用之外，也可以利用輸出入埠的數位輸出入功能來完成元件間訊號的傳遞與控制。在這裡我們將使用一個 LCD 液晶顯示器的驅動程式作為範例，示範如何適當而且有順序地控制控制器的各個腳位。

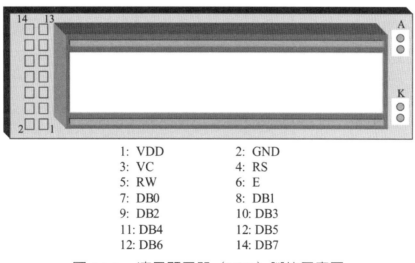

1: VDD	2: GND
3: VC	4: RS
5: RW	6: E
7: DB0	8: DB1
9: DB2	10: DB3
11: DB4	12: DB5
12: DB6	14: DB7

圖 14-1　液晶顯示器（LCD）腳位示意圖

14.1 液晶顯示器的驅動方式

要驅動一個 LCD 顯示正確的資訊，必須要對它的基本驅動方式有一個基本的認識。使用者可以參考 Microchip 所發布的 AN587 使用說明，來了解驅動一個與 Hitachi LCD 控制器 HD44780 相容的顯示器。如圖 14-1 所示，除了電源供應（VDD、GND）、背光電源（A、K）及對比控制電壓（VC）的外部電源接腳之外，LCD 液晶顯示器可分為 4 位元及 8 位元資料傳輸兩種模式的電路配置。基本上，如果使用 4 位元長度的資料傳輸模式，控制一個 LCD 需要七個數位輸出入的腳位。其中四個位元是作為資料傳輸，另外三個則控制了資料傳輸的方向以及採樣時間點。如果使用是 8 位元長度的資料傳輸模式，則需要十一個數位輸出入的腳位。它們的功能簡述如表 14-1。

表 14-1　液晶顯示器腳位功能

腳位	功能	
RS	L: Instruction Code Input H: Data Input	
R/$\overline{\text{W}}$	H: Data Read (LCD module→MPU) L: Data Write (LCD module←MPU)	
E	H→L: Enable Signal L→H: Latch Data	
DB0	8- Bit Data Bus Line	
DB1		
DB2		
DB3		
DB4		4-Bit Data Bus Line
DB5		
DB6		
DB7		

設定一個 LCD 顯示器資料傳輸模式、資料顯示模式以及後續資料傳輸的標準流程可以從下面的圖 14-2 流程圖中看出。

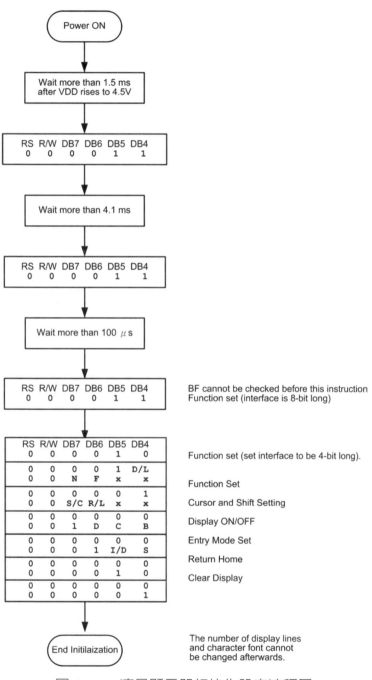

圖 14-2　液晶顯示器初始化設定流程圖

圖 14.2 中的符號定義如下，

I/D = 1: Increment;   I/D = 0: Decrement

S = 1: Accompanies display shift

S/C = 1: Display shift   S/C = 0: Cursor move

R/L = 1: Shift to the right   R/L = 0: Shift to the left

DL = 1: 8 bits   DL = 0: 4 bits

N = 1: 2 lines   N = 0: 1 line

F = 1: 5x10 dots   F = 0: 5x8 dots

D = 1: Display on   D = 0: Display off

C = 1: Cursor on   C = 0: Cursor off

B = 1: Blinking on   B = 0: Blinking off

BF = 1: Internally operating;   BF = 0: Instructions acceptable

顯示器的第一行起始位址為 0x00，第二行起始位址為 0x40，後續的顯示字元位址則由此遞增。如果以 4 位元傳輸模式要修改顯示內容時，依照下列操作步驟依序地將資料由控制器傳至 LCD 顯示器控制器：

1. 將準備傳送的資料中較高 4 位元（Higher Nibble）設定到連接 DB4～DB7 的腳位。

2. 將 E 腳位由 1 清除為 0，此時 LCD 顯示器控制器將接受 DB4～DB7 腳位上的數位訊號。

3. 先將 RS 與 RW 腳位依需要設定其電位（1 或 0）。

4. 緊接著將 E 腳位由 0 設定為 1。

5. 檢查 LCD 控制器的忙碌旗標（Busy Flag, BF）或等待足夠時間以完成傳輸。

6. 重複步驟 1～5，將步驟 1 的資料改為較低 4 位元（Lower Nibble），即可完成 8 位元資料傳輸。

傳輸時序如圖 14-3 所示。各階段所需的時間，如標示 1～7，請參閱 Microchip 應用說明 AN587。

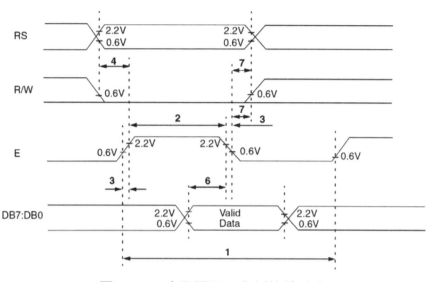

圖 14-3 　液晶顯示器資料傳輸時序

　　因此在應用程式中，使用者必須依照所規定的流程順序控制時間，並依照所要求的資料設定對應的輸出入腳位，才能夠完成顯示器的設定與資料傳輸。在接下來的範例程式中，將針對設定流程中的步驟撰寫函式；並且將這些函式整合完成程式的運作。當控制器檢測到周邊相關的訊號時，將會在顯示器上顯示出相關的資訊。

　　單單是看到設定液晶顯示器的流程，恐怕許多讀者就會望之怯步，不知道要從何著手。但是這個需求反而凸顯出使用函式來撰寫 PIC 微控制器應用程式的優點。我們可以利用組合語言中呼叫函式的功能，將設定與使用 LCD 液晶顯示器的各個程序撰寫成函式；然後在主程式中需要與 LCD 液晶顯示器做訊息溝通時，使用呼叫函式的簡單敘述就可以完成 LCD 液晶顯示器所要求的繁瑣程序。呼叫函式概念廣泛地被運用在組合語言程式的撰寫中。對於複雜繁瑣的工作程序，我們可以將它撰寫成函式。一方面可以將這些冗長的程式碼獨立於主程式之外；另一方面在程式的撰寫與除錯的過程中，也可以簡化程式的需求並縮小程式的範圍與大小，有利於程式的檢查與修改。而對於必須要重複執行的工作程序，使用呼叫函式的概念可以非常有效地簡化主程式的撰寫，避免一再重複的程式碼出現。同時這樣的函式也可以應用在僅有少數差異的重複工作程序中，增加程式撰寫的方便性與可攜性。例如，將不同的字元符號顯示在 LCD 液晶顯示器上的工作程序，便可以撰寫成一個將所要顯示的字元作爲引數的函式，這樣的函式便可以在主程式中重複地被呼叫使用，大幅地簡化主程式的撰寫。

接下來，就讓我們從範例程式學習如何將 LCD 液晶顯示器的工作程序撰寫成函式。

範例 14-0

根據 Microchip 所發布的 AN587 使用說明，撰寫驅動一個與 Hitachi LCD 控制器 HD44780 相容顯示器的函式集。

```
;************************************************
;*                   p18lcd.asm                  *
;************************************************


        list      p=18f45k22
        #include  <p18f45k22.inc>
;
        global    InitLCD
        global    putcLCD
        global    clrLCD
        global    L1homeLCD
        global    L2homeLCD
        global    Send_Cmd
        global    PutHexLCD
        global    Hex2ASCII
        global    Delay_xMS
        global    Delay_1mS
;
;定義 LCD 資料匯流排使用腳位與方向控制位元
```

```
;   PORTD[0:3]-->DB[4:7]

;

LCD_ANSEL     equ          ANSELD

LCD_CTRL      equ          TRISD

LCD_DATA      equ          LATD
```

; 定義 LCD 模組控制使用腳位與方向控制位元

```
; PORTE, 2 --> [E] : LCD operation start signal control

; PORTE, 1 --> [RW]: LCD Read/Write control

; PORTE, 0 --> [RS]: LCD Register Select control

;                   : "0" for Instrunction register (Write),
                      Busy Flag (Read)

;                   : "1" for data register (Read/Write)

#define    LCD_E_ANSEL      ANSELE, 2

#define    LCD_RW_ANSEL     ANSELE, 1

#define    LCD_RS_ANSEL     ANSELE, 0

#define    LCD_E_DIR        TRISE, 2

#define    LCD_RW_DIR       TRISE, 1

#define    LCD_RS_DIR       TRISE, 0

#define    LCD_E            LATE, 2

#define    LCD_RW           LATE, 1

#define    LCD_RS           LATE, 0
```

; LCD 模組相關控制命令

```
CLR_DISP     equ   b'00000001'   ;Clear display and return cursor
                                 ;to home
Cursor_Home equ   b'00000010'   ;Return cursor to home position
ENTRY_DEC    equ   b'00000100'   ;Decrement cursor position & No
                                 ;display shift
ENTRY_DEC_S equ   b'00000101'   ;Decrement cursor position & dis-
```

```
                                       ;play shift
      ENTRY_INC    equ    b'00000110'   ;Increment cursor position & No
                                       ;displa shift
      ENTRY_INC_S equ    b'00000111'   ;Increment cursor position & dis-
                                       ;play shift


      DISP_OFF     equ    b'00001000'   ;Display off
      DISP_ON      equ    b'00001100'   ;Display on control
      DISP_ON_C    equ    b'00001110'   ;Display on, Cursor on
      DISP_ON_B    equ    b'00001111'   ;Display on, Cursor on, Blink
                                       ;cursor


      FUNC_SET     equ    b'00101000'   ;4-bit interface , 2-lines & 5x7
                                       ;dots
      CG_RAM_ADDR equ    b'01000000'   ;Least Significant 6-bit are for
                                       ;CGRAM address
      DD_RAM_ADDR equ    b'10000000'   ;Least Significant 7-bit are for
                                       ;DDRAM address
      ;

      ;宣告資料暫存變數
                    UDATA
      LCD_Byte      RES    1
      LCD_Temp      RES    1
      Count_100uS  RES    1
      Count_1mS     RES    1
      Count_mS      RES    1
      W_BUFR        RES    1
      Hex_Bfr       RES    1
```

; 可攜式程式區塊開始宣告

LCD_CODE   CODE

在上述的宣告中，利用虛擬指令 #define 與 EQU 將程式中所必須使用到的字元符號或者相關的腳位等等作詳細的定義，以便未來在撰寫程式時可以利用有意義的文字符號代替較難了解的 LCD 功能數值定義，有利於未來程式的維護與修改。同時相關腳位的定義方式也有助於未來硬體更替時程式修改的方便性，大幅地提高了這個函式庫的可攜性與應用。除此之外，並使用 udata 虛擬指令來宣告數個變數暫存器的位置，減少宣告式的複雜與困難。而 GLOBAL 全域變數的宣告，使所有的函式可以在專案程式的任何一個部分被使用。最後，利用可攜式程式碼 LCD_CODE CODE 的宣告，讓程式編譯器將後續撰寫的函式透過 MPLINK 聯結器及聯結檔安排到適當的程式記憶區塊。

接下來所撰寫的函式，由於全部宣告為全域變數，因此可以在專案中的任一個部分呼叫相關函式使用。


```
;*********************************************************
;  LCD 模組初始化函式
;*********************************************************
InitLCD
        bcf       LCD_E,  ACCESS     ; Clear LCD control line to Zero
        bcf       LCD_RW,  ACCESS
        bcf       LCD_RS,  ACCESS
;
        banksel   LCD_ANSEL             ; Clear LCD control line Analog Function
        movf      LCD_ANSEL, W, BANKED; get I/O directional settng
        andlw     0x0F
        movwf     LCD_ANSEL,  BANKED ; set LCD bus  DB[4:7] for output
        bcf       LCD_E_ANSEL,  BANKED
        bcf       LCD_RW_ANSEL,  BANKED
        bcf       LCD_RS_ANSEL,  BANKED
```

```
;
        bcf     LCD_E_DIR, ACCESS   ; configure control lines
        bcf     LCD_RW_DIR, ACCESS  ; for Output pin
        bcf     LCD_RS_DIR, ACCESS
;
        movf    LCD_CTRL,W, ACCESS ; get I/O directional settng
        andlw   0x0F
        movwf   LCD_CTRL, ACCESS   ; set LCD bus DB[4:7] for output
;
        movlw   .50                ; Power-On delay 50mS
        rcall   Delay_xMS
;
        movlw   b'00000011'        ; #1 , Init for 4-bit interface
        rcall   Send_Low_4bit
;
        movlw   .10                ; Delay 10 mS
        rcall   Delay_xMS
;
        movlw   b'00000011'        ; #2 , Fully Initial LCD module
        rcall   Send_Low_4bit      ; Sent '0011' data
        rcall   Delay_1mS
;
        movlw   b'00000011'        ; #3 , Fully Initial LCD module
        rcall   Send_Low_4bit      ; Sent '0011' data
        rcall   Delay_1mS
;
        movlw   b'00000010'        ; #4 , Fully Initial LCD module
        rcall   Send_Low_4bit      ; Sent '0010' data
        rcall   Delay_1mS
;
```

```
        movlw       FUNC_SET            ; #5,#6 , Set 4-bit mode , 2
                                          lines & 5 x 7 dots
        rcall       Send_Cmd
        rcall       Delay_1mS
;
        movlw       DISP_ON             ; #7,#8 , Turn display on (0x0C)
        rcall       Send_Cmd
        rcall       Delay_1mS
;
        movlw       CLR_DISP            ; #9,#10 , Clear LCD Screen
        rcall       Send_Cmd
        movlw       .5                  ; Delay 5mS for Clear LCD
                                        ; Command execution
        rcall       Delay_xMS
;
        movlw       ENTRY_INC          ; #11,#12 , Configure cursor movement
        rcall       Send_Cmd
        rcall       Delay_1mS
;
        movlw       DD_RAM_ADDR        ; Set writes for display memory
        rcall       Send_Cmd
        rcall       Delay_1mS
;
        return
```

CHAPTER

14

　　在這些函式庫的撰寫中，我們刻意地使用與低階 PIC 系列微控制器相容的基礎組合語言指令，所以這個函式庫將來可以應用到其他的微控制器。從這個地方也可以讓讀者了解到 Microchip 在設計 PIC 系列的 8 位元控制器時，用心地保留彼此之間高度相容性的優點。

　　在上列的 LCD 模組函式庫中，較為值得注意的有幾個地方。首先，由於硬體上使用四個腳位的資料匯流排模式，因此在 putcLCD 函式中先將較高的四個位元送出；然後藉由 swapf 指令將高低四個位元互換，然後再行送出較低的四個字元而完成一個位元組的資料傳輸。其次，在 LCD 模組初始化的函式 InitLCD 中值得讀者仔細地去學習了解的是 LCD 模組控制位元的訊號切換與先後次序。由於在初始化的過程中，必須要依據規格文件所定義的訊號順序以及間隔時間正確地傳送出相關的初始化訊號並定義 LCD 模組的使用方式，因此使用者必須詳細地閱讀相關的規格文件，例如 AN587，才能夠撰寫出正確的微控制器應用程式。最後，在 Send_High_4bit 函式中，由於 LCD 控制器的規格文件詳細地定義了 RD 、RW 、E 及資料匯流排的訊號切換時間與順序，因此在寫入資料時必須嚴格地遵守規格文件所定義的時序圖才能夠完成正確的資料傳輸。

從這個 LCD 函式庫的撰寫過程中，相信讀者已經瞭解到對於使用外部元件時所可能面臨的問題與困難。雖然相對於大部分的外部元件而言，LCD 模組是一個比較困難使用的元件；但是所必須要經歷的撰寫程式過程卻都是一樣的。在讀者開始撰寫任何一個外部元件的應用程式前，必須詳細地閱讀相關的規格文件了解元件的正確使用方式與控制時序安排，才能夠正確而有效地完成所需要執行的工作。這一點是所有的微控制器使用者的撰寫應用程式時，必須銘記在心的重要過程。

在完整地了解 LCD 顯示器模組的操作順序以及上列的相關函式庫使用觀念之後，讓我們用一個簡單的範例程式體驗函式庫應用的方便與效率。對於初學者而言，如何累積自己的函式庫將會成為日後發展微控制器應用的一個重要資源。或許本書所列舉的範例程式就是一個最好的開始。

範例 14-1

設定適當的輸出入腳位控制 LCD 模組，並在模組上顯示下列字串：

第一行：Welcome To PIC

第二行：Micro-Controller

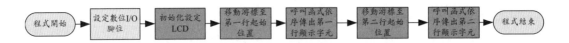

```
        list p = 18f45k22
        #include <p18f45k22.inc>


;
; 定義外部函式
        EXTERN InitLCD, putcLCD, Send_Cmd, L1homeLCD, L2homeLCD, clrLCD


; Locates startup code @ the reset vector


; STARTUP        code
   org            0x00
   goto           Start


; Locates main code
; PROG1          code
Start
   org            0x2A
   call           InitLCD
;
   call           L1homeLCD
   movlw          'W'
   call           putcLCD
   movlw          'e'
   call           putcLCD
   movlw          'l'
   call           putcLCD
   movlw          'c'
   call           putcLCD
   movlw          'o'
   call           putcLCD
```

CHAPTER

14

```
        movlw       'm'
        call        putcLCD
        movlw       'e'
        call        putcLCD
        movlw       ' '
        call        putcLCD
        movlw       'T'
        call        putcLCD
        movlw       'o'
        call        putcLCD
        movlw       ' '
        call        putcLCD
        movlw       'P'
        call        putcLCD
        movlw       'I'
        call        putcLCD
        movlw       'C'
        call        putcLCD
;
        call        L2homeLCD
        movlw       'M'
        call        putcLCD
        movlw       'i'
        call        putcLCD
        movlw       'c'
        call        putcLCD
        movlw       'r'
        call        putcLCD
        movlw       'o'
        call        putcLCD
```

```
movlw          '-'
call           putcLCD
movlw          'C'
call           putcLCD
movlw          'o'
call           putcLCD
movlw          'n'
call           putcLCD
movlw          't'
call           putcLCD
movlw          'r'
call           putcLCD
movlw          'o'
call           putcLCD
movlw          'l'
call           putcLCD
movlw          'l'
call           putcLCD
movlw          'e'
call           putcLCD
movlw          'r'
call           putcLCD
goto           $


end
```

　　在這個範例中，由於程式專案使用了兩個檔案構成，第一個檔案儲存主程式，而第二個檔案則儲存與 LCD 模組使用相關的函式。利用這樣的檔案管理架構可以使得程式的撰寫更為清楚而獨立，有助於未來程式的維護與移轉。但是當一個專案包含兩個以上的程式檔時，這程式必須使用 MPLINK 聯結器將不同檔案中的各種宣告以及資料與程式記憶體安置的位址等等作一個整體的安排與聯結處理。

　　為了要完成這樣一個聯結的動作，專案中必須加入一個聯結檔 18f45K22.lkr。一般而言，大部分的應用程式都可以使用標準的聯結檔；這些標準的聯結檔是由 MPLAB X IDE 所提供的，它們的位址是在程式安裝的目錄 ~\LKR。在這個目錄下，使用者可以找到所有 Microchip PIC 系列微控制器的聯結檔。除非使用者有特別的資料或程式記憶體安排，否則不建議使用者隨意地修改這些標準的聯結檔內容。

14.2　微處理器查表的方式

　　在上面的範例程式中，雖然可以正確地將所要顯示的字串傳輸到 LCD 模組，但是在程式內容卻必須要逐一地將每一個字元符號利用幾個指令列出才能夠傳輸到函式中。由於程式撰寫必須將每一個文字符號逐一地定義，而且也無法使用迴圈來完成，所以讓很簡單的資料傳輸變得相當冗長。這時候，使用者可以利用查表的方式來建立所要顯示的字串；利用這個方法可以將所要顯示的內容與程式主體的執行動作分開，讓程式的內容架構更為清楚。而程式主要是利用 retlw 的指令擷取所需要的文字符號，然後再返回正常程式執行後，便可以從工作暫存器 WREG 直接將資料透過 LCD 相關的函式顯示在 LCD 模組上。

範例 14-2

　　利用 retlw 指令建立顯示在模組上的資料函式，利用查表的方式完成範例 14-1 LCD 模組顯示字串的工作。

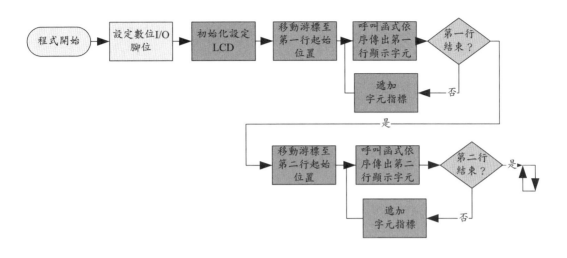

```
        list p = 18f45k22
        include <p18f45k22.inc>


;
; 定義外部函式
        EXTERN InitLCD, putcLCD, Send_Cmd, L1homeLCD, L2homeLCD,
        clrLCD


; Define index variables
        Line1_Ind       equ         0x20        ; 第一行符號數量暫存器
        Line2_Ind       equ         0x21        ; 第二行符號數量暫存器
        L1_char_no      equ         .14         ; 定義第一行符號數量
        L2_char_no      equ         .16         ; 定義第二行符號數量暫存器
; Locates startup code @ the reset vector
        org             0x00
        goto            Start


; Locates main code
        org             0x2A
```

```
Start
      call        InitLCD
;
      call        L1homeLCD


      BANKSEL     Line1_Ind
      clrf        Line1_Ind, BANKED
LCD_line1                                   ; 第一行 LCD 文字符號顯示迴圈
      BANKSEL     Line1_Ind
      rlncf       Line1_Ind, W, BANKED   ; 將位址指標乘 2
      call        Line1
      call        putcLCD


      BANKSEL     Line1_Ind
      incf        Line1_Ind, F, BANKED   ; 每取得一個符號之後，將位
                                          ; 址指標遞加 1
      movlw       L1_char_no             ; 檢查所傳輸的文字符號數量
      subwf       Line1_Ind, W, BANKED
      btfss       STATUS, Z, 0
      GOTO        LCD_line1
;
      call        L2homeLCD
      BANKSEL     Line2_Ind
      clrf        Line2_Ind, BANKED
;
LCD_line2                                   ; 第二行 LCD 文字符號顯示迴圈
      BANKSEL     Line2_Ind
      rlncf       Line2_Ind, W           ; 將位址指標乘 2
      call        Line2
      call        putcLCD
```

```
        BANKSEL      Line2_Ind
        incf         Line2_Ind, F, BANKED  ; 每取得一個符號之後，將
                                            ; 位址指標遞加 1
        movlw        L2_char_no            ; 檢查所傳輸的文字符號數量
        subwf        Line2_Ind, W, BANKED

        btfss        STATUS, Z, 0
        GOTO         LCD_line2

        goto         $

Line1                                      ; 查表函式，第一行所要顯示的文字符號
        ADDWF        PCL, F, 0             ; 由工作暫存器取得需要跳躍的行數
        RETLW        'W'
        RETLW        'e'
        RETLW        'l'
        RETLW        'c'
        RETLW        'o'
        RETLW        'm'
        RETLW        'e'
        RETLW        ' '
        RETLW        'T'
        RETLW        'o'
        RETLW        ' '
        RETLW        'P'
        RETLW        'I'
        RETLW        'C'
;
Line2                                      ; 查表函式，第二行所要顯示的文字
                                           ; 符號
```

CHAPTER

14

```
        ADDWF       PCL,F,0                    ; 由工作暫存器取得需要跳躍的行數
        RETLW       'M'
        RETLW       'i'
        RETLW       'c'
        RETLW       'r'
        RETLW       'o'
        RETLW       '-'
        RETLW       'c'
        RETLW       'o'
        RETLW       'n'
        RETLW       't'
        RETLW       'r'
        RETLW       'o'
        RETLW       'l'
        RETLW       'l'
        RETLW       'e'
        RETLW       'r'
;
        end
```

　　在上面的範例程式中，初始化宣告時程式先定義所要顯示的文字符號長度，然後將所要顯示的字串利用 retlw 指令建立在函式中。當主程式需要擷取文字符號時，只要將適當的符號位址傳入到工作暫存器中，在呼叫函式的時候，便會依照所定義的數值改變程式計數器的內容，而跳換到適當的程式記憶體位址；而在所跳換的位址上，便儲存著所要顯示的文字符號。因為使用 retlw 指令的關係，將會把所要顯示的文字符號儲存在 WREG 工作暫存器後立刻轉換返回到主程式中。接下來，在主程式中只要執行相關的 LCD 顯示指令即可。

14.3　虛擬指令 db 宣告字串與表列讀取資料

　　為了要減少處理類似工作時程式撰寫的長度，並讓程式撰寫更爲容易，因此在 MPASM 編譯器中提供了另外一種使用字串定義的虛擬指令撰寫方式。利用虛擬指令 db 宣告字串，而由組譯器自動地將這些所要顯示的字串以資料的方式儲存在程式記憶體中。稍後在主程式中，必須使用較爲特別的列表讀取指令 TBLRD 來讀取相關的內容。讓我們以範例程式 14-3 作說明。

範例 14-3

　　使用字串定義與列表讀取（TBLRD）的方式改寫範例 14-1 LCD 模組顯示的程式。

```
        list p = 18f45k22
        #include <p18f45k22.inc>
```

; 定義外部函式

```
        EXTERN InitLCD, putcLCD, Send_Cmd, L1homeLCD, L2homeLCD, clrLCD
```

; 定義巨集指令 PUT_Address 讀取所要顯示的字串位址 TARGET_STR
; 並呼叫函式 Put_String 將字串傳輸到 LCD 模組

```
PUT_Address  MACRO    TARGET_STR
             movlw    UPPER    TARGET_STR
             movwf    TBLPTRU, ACCESS
             movlw    HIGH     TARGET_STR
             movwf    TBLPTRH, ACCESS
             movlw    LOW      TARGET_STR
             movwf    TBLPTRL, ACCESS
             call     Put_String               ;
             ENDM
```

```
;
; Locates startup code @ the reset vector

STARTUP code
       org     0x00
       nop
       goto    Start


; Locates main code
       PROG1   code

Start
       call    InitLCD
;
       call    L1homeLCD
       PUT_Address String_1
;
       call    L2homeLCD
       PUT_Address String_2

       goto    $


;
;**************************************************
;****      由程式記憶體讀取 1 個字串，並將字串傳輸到 LCD 模組
;**************************************************


Put_String
              TBLRD*+              ; 利用列表讀取指定將資料
                                   ; 擷取到 TABLAT 暫存器並
```

```
                              ; 將列表指標遞加 1
         movlw   0x00
         cpfseq  TABLAT, 0    ; 檢查是否讀到 0x00?
         goto    Send_String  ; No, 將資料傳輸到 LCD 模
                              ; 組
         return               ; Yes, 返回呼叫程式
;
Send_String  movf   TABLAT,W, 0  ; 將資料傳輸到 LCD 模組
         call    putcLCD      ;
         goto    Put_String   ; 繼續迴圈讀取下 1 筆資料
;


String_1     db  "Welcome To PIC",0x00 ; 文字符號字串定義，並加
                                      ; 上 0x00 作爲檢查
String_2     db  "Micro-Controller",0x00

;
     end
```

在範例程式中定義了一個巨集指令 PUT_Address，在這個機器指令中會根據引數所定義的字串位址更新列表讀取時的列表指標暫存器內容，然後在呼叫函式 Put_String；在函式中，將會利用列表讀取的指令到列表指標所定義的程式記憶體位址將所定義的文字符號擷取，稍後再呼叫相關的 LCD 顯示函式 putcLCD 而完成所有資料的顯示。

經過上面三個範例程式的說明之後，相信讀者可以了解到不同的程式撰寫方式所呈現的效率與結果。要能夠撰寫精簡扼要的應用程式是需要長期的訓練與經驗的累積才能夠培養出紮實的基礎與能力。

Microchip 開發工具

如果讀者決定使用 PIC18 系列微控制器作爲應用的控制器,除了硬體之外,將需要適當的開發工具。整個 PIC18 系列微控制器應用程式開發的過程可以分割爲 3 個主要的步驟:

- 撰寫程式碼
- 程式除錯
- 燒錄程式

每一個步驟將需要一個工具來完成,而這些工具的核心就是 Microchip 所提供的整合式開發環境軟體 MPLAB X IDE。

A.1 Microchip 開發工具概況

▌整合式開發環境軟體 MPLAB X IDE

整合式開發環境軟體 MPLAB X IDE 是由 Microchip 免費提供的,讀者可由 Microchip 的網站免費下載最新版的軟體。這個整合式的開發環境提供使用者在同一個環境下完成程式專案開發從頭到尾所有的工作。使用者不需要另外的文字編輯器、組譯器、編譯器、程式工具,來產生、除錯或燒錄應用程式。MPLAB X IDE 提供許多不同的功能來完成整個應用程式開發的過程,而且許多功能都是可以免費下載或內建的。

附

錄

A

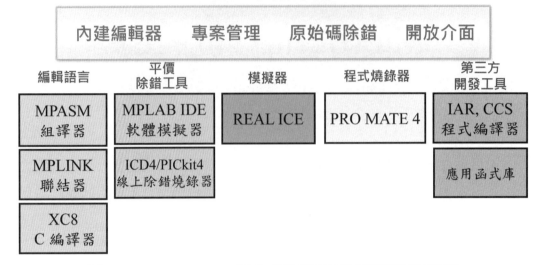

圖 A-1　MPLAB X IDE 整合式開發環境軟體與周邊軟硬體

　　MPLAB X IDE 提供許多免費的功能，包含專案管理器、文字編輯器、MPASM 組譯器、聯結器、軟體模擬器以及許多視窗介面連接到燒錄器、除錯器以及硬體模擬器。

■ 開發專案

　　MPLAB X IDE 提供了在工作空間內產生及使用專案所需的工具。工作空間將儲存所有專案的設定，所以使用者可以毫不費力地在專案間切換。專案精靈可以協助使用者用簡單的滑鼠即可完成建立專案所需的工作。使用者可以使用專案管理視窗，輕易地增加或移除專案中的檔案。

■ 文字編輯器

　　文字編輯器是 MPLAB X IDE 整合功能的一部分，它提供許多的功能使得程式撰寫更為簡便，包括程式語法顯示、自動縮排、括號對稱檢查、區塊註解、書籤註記以及許多其他的功能。除此之外，文字編輯視窗直接支援程式除錯工具，可顯示現在執行位置、中斷與追蹤指標，更可以用滑鼠點出變數執行中的數值等等的功能。

◎ PIC 微控制器程式語言工具

■ 組合語言程式組譯器與聯結器

MPLAB X IDE 整合式開發環境包含了以工業標準 GNU 為基礎所開發的 MPASM 程式組譯器以及 MPLINK 程式聯結器。這些工具讓使用者得以在這個環境下開發 PIC 微控制器的程式而無須購買額外的軟體。MPASM 程式組譯器可將原始程式碼組合編譯成目標檔案（object files），再由聯結器 MPLINK 聯結所需的函式庫程式，並轉換成輸出的十六進位編碼（HEX）檔案。

■ C 語言程式編譯器

如果使用者想要使用 C 程式語言開發程式，Microchip 提供了 MPLAB XC8C 程式編譯器。這個程式編譯器提供免費試用版本，也可以另外付費購買永久使用權的版本。XC8 編譯器讓使用者撰寫的程式可以有更高的可攜性、可讀性、擴充性以及維護性。而且 XC8 編譯器也可以被整合於 MPLAB X IDE 的環境中，提供使用者更緊密的整合程式開發、除錯與燒錄。

除了 Microchip 所提供的 XC8 編譯器之外，另外也有其他廠商供應的 C 程式語言編譯器，例如 Hi-Tech、CCS 等等。這些編譯器都針對 PIC 微控制器提供個別的支援。

■ 程式範本、包含檔及聯結檔

一開始到撰寫 PIC 微控制器應用程式，卻不知如何下手時，怎麼辦呢？這個時候可以參考 MPLAB X IDE 所提供的許多程式範本檔案，這些程式範本可以被複製並使用為讀者撰寫程式的基礎。使用者同時可以找到各個處理器的包含檔，這些包含表頭檔根據處理器技術手冊的定義，完整地定義了各個處理器所有的暫存器及位元名稱，以及它們的位址。聯結檔則提供了程式聯結器對於處理器記憶體的規劃，有助於適當的程式自動編譯與數據資料記憶體定址。

附
錄

A

■ 應用說明 Application Note

AN587

Interfacing PICmicro® MCUs to an LCD Module

圖 A-2　Microchip 應用說明文件

　　如果使用者不曉得如何建立自己的程式應用硬體與軟體設計，或者是想要加強自己的設計功力，或者是工作之餘想打發時間，這時候可到 Microchip 的網站上檢閱最新的應用說明。Microchip 不時地提供新的應用說明，並有實際的範例引導使用者正確地運用 PIC 微控制器於不同的實際應用。

◎ 除錯器與硬體模擬器

　　在 MPLAB X IDE 的環境中，Microchip 針對 PIC 微控制器提供了三種不同的除錯工具：MPLAB X IDE 軟體模擬器、ICD4 線上即時除錯器以及 REAL ICE 硬體模擬器。上述的除錯工具提供使用者逐步程式檢查、中斷點設定、暫存器監測更新以及程式記憶體與數據資料記憶體內容查閱等等。每一個工具都有它獨特的優點與缺點。

■ MPLAB X IDE 軟體模擬器

　　MPLAB X IDE 軟體模擬器是一個內建於 MPLAB X IDE 中功能強大的軟體除錯工具，這個模擬器可於個人電腦上執行模擬 PIC 控制器上程式執行的狀況。這個軟體模擬器不僅可以模擬程式的執行，同時可以配合模擬外部系統輸入及周邊功能操作的反應，並可量測程式執行的時間。

　　由於不需要外部的硬體，所以 MPLAB X IDE 軟體模擬器是一個快速而且簡單的方法來完成程式的除錯，在測試數學運算以及數位訊號處理函式的重複計算時特別有用。可惜的是，在測試程式對於外部實體電路類比訊號時，資料的處理與產生會變得相當地困難與複雜。如果使用者可以提供採樣或合成的資料作為模擬的外部訊號，測試的過程可以變得較為簡單。

　　MPLAB X IDE 軟體模擬器提供了所有基本的除錯功能以及一些先進的功能，例如：

- 碼錶—可作為程式執行時間的偵測
- 輸入訊號模擬—可用來模擬外部輸入與資料接收
- 追蹤—可檢視程式執行的紀錄

■MPLAB REAL ICE 線上硬體模擬器

　　MPLAB REAL ICE 線上硬體模擬器是一個全功能的模擬器，它可以在真實的執行速度下模擬所有 PIC 控制器的功能。它是所有偵測工具中功能最強大的，它提供了優異的軟體程式以及微處理器硬體的透視與剖析。而且它也完整的整合於 MPLAB X IDE 的環境中，並具備有 USB 介面提供快速的資料傳輸。這些特性讓使用者可以在 MPLAB X IDE 的環境下快速地更新程式與數據資料記憶體的內容。

　　這個模組化的硬體模擬器同時支援多種不同的微控制器與不同的包裝選擇。相對於其功能的完整，這個模擬器的價格也相對地昂貴。它所具備的基本偵測功能與特別功能簡列如下：

- 多重的觸發設定—可偵測多重事件的發生，例如暫存器資料的寫入
- 碼錶—可作為程式執行時間的監測
- 追蹤—可檢視程式執行的紀錄
- 邏輯偵測—可由外部訊號觸發或產生觸發訊號給外部測試儀器

■MPLAB ICD4 及 PICkit4 線上除錯燒錄器

　　MPLAB ICD4 線上除錯是一個價廉物美的偵測工具，它提供使用者將所撰寫程式在實際硬體上執行即時除錯的功能。對於大部分無法負擔 REAL ICE

附錄

A

昂貴的價格卻不需要它許多複雜的功能，ICD 4 是一個很好的選擇。

　　ICD4 提供使用者直接對 PIC 控制器在實際硬體電路上除錯的功能，同時也可以用它在線上直接對處理器燒錄程式。雖然它缺乏了硬體模擬器所具備的一些先進功能，例如記憶體追蹤或多重觸發訊號，但是它提供了基本除錯所需要的功能。

　　除了 ICD4 之外，Microchip 也提供更平價的線上除錯燒錄機 PICkit4，雖然速度較為緩慢些，但也可以執行大多數 ICD4 所提供的功能。無論如何，使用者必須選擇一個除錯工具以完成程式的開發。

■ 程式燒錄器 Programmer

　　除了 ICD4 之外，Microchip 也提供了許多程式燒錄器，例如 MPLAB PM4。這些程式燒錄器也已經完整地整合於 MPLAB X IDE 的開發環境中，使用者可以輕易地將所開發的程式燒錄到對應的 PIC 控制器中。由於這些程式燒錄器的價格遠較 ICD4 昂貴，讀者可自行參閱 Microchip 所提供的資料。在此建議使用者初期先以 ICD4 作為燒錄工具，待實際的程式開發完成後，視需要再行購買上述的程式燒錄器。

■ 實驗板

　　Microchip 提供了幾個實驗板供使用者測試與學習 PIC 微控制器的功能，這些實驗板並附有一些範例程式與教材，對於新進的使用者是一個很好的入門工具。有興趣的讀者可自行參閱相關資料。

　　配合本書的使用，讀者可使用相關的 APP025 實驗板，其詳細的硬體與周邊功能將在第五章中有詳細的介紹。

A.2　MPLAB X IDE 整合式開發環境

MPLAB X IDE 概觀

　　在介紹了 PIC 微控制器以及相關的開發工具後，讀者可以準備撰寫一些程式了。在開始撰寫程式之前，必須要對 MPLAB X IDE 的使用有基本的了解，因爲在整個過程中它將會是程式開發的核心環境，無論是程式撰寫、編譯、除錯以及燒錄。我們將以目前的版本爲基礎，介紹 MPLAB X IDE 下列幾個主要的功能：

- 專案管理器—用來組織所有的程式檔案
- 文字編輯器—用來撰寫程式
- 程式編譯器介面—聯結個別程式編譯器用以編譯程式
- 軟體模擬器—用來測試程式的執行
- 除錯器與硬體模擬器介面—聯接個別的除錯器或硬體模擬器用以測試程式
- 程式燒錄介面—作爲個別燒錄器燒錄處理器應用程式的介面

　　爲協助讀者了解前述軟硬體的特性與功能，我們將以簡單的範例程式作一個示範，以實作的方式加強學習的效果。

　　首先，請讀者到 Microchip 網站上下載免費的 MPLAB X IDE 整合式開發環境軟體。安裝的過程相當的簡單，在此請讀者自行參閱安裝說明。

建立專案

■ 專案與工作空間

　　一般而言，所有在 MPLAB X IDE 的工作都是以一個專案爲範圍來管理。一個專案包含了那些建立應用程式，例如原始程式碼，聯結檔等等的相關檔案，以及與這些檔案相關的各種開發工具，例如使用的語言工具與聯結器，以及開發過程中的相關設定。

　　一個工作空間則可包含一個或數個專案，以及所選用的處理器、除錯工具、燒錄器、所開啓的視窗與位置管理，以及其他開發環境系統的設定。通常使用者會選用一個工作空間包含一個專案的使用方式，以簡化操作的過程。

　　MPLAB X IDE 中的專案精靈是建立器專案極佳的工具，整個過程相當地簡單。

在開始之前，請在電腦的適當位置建立一個空白的新資料夾，以作為這個範例專案的位置。在這裡我們將使用 "D:\PIC\EX_for_MPASM_45K22" 作為我們儲存的位置。要注意的是 MPLAB X IDE 目前已經可以支援中文的檔案路徑，讀者可以自行定義其他位置的專案檔案路徑。讀者可將本書所附範例程式複製到上述的位置。

現在讀者可以開啟 MPLAB X IDE 這個的程式，如果開啟後有任何已開啟的專案，請在選單中選擇 File>Close All Projects 將其關閉。然後選擇 File>New Project 選項，以開啟專案精靈。

第 1 步－選擇所需的處理器類別

下列畫面允許使用者選擇所要的處理器類別及專案類型。請選擇 Microchip Embedded>Standalone Project。完成後，點選「下一步」（Next）繼續程式的執行。

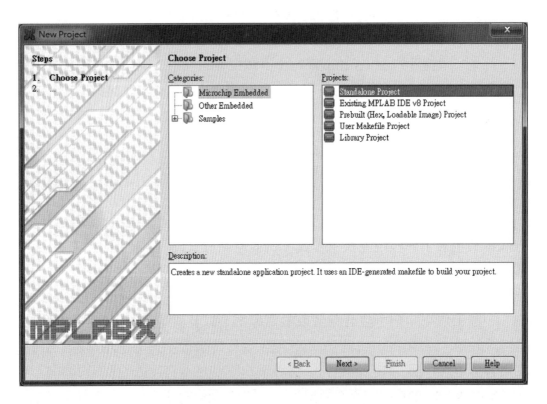

如果讀者有已經存在的專案，特別是以前利用舊版 MPLAB IDE 所建立的檔案，可以選擇其他項目轉換。

第 2 步－選擇所需的微控制器裝置

　　下列畫面允許使用者選擇所要使用的微控制器裝置。請選擇 PIC18F45K22。完成後，點選「下一步」（Next）繼續程式的執行。

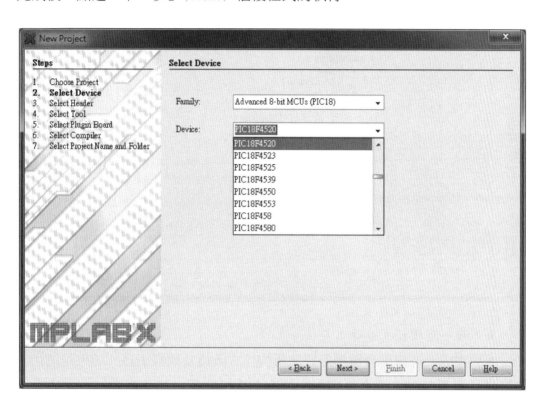

第 3 步－選擇程式除錯及燒錄工具

　　下列畫面允許使用者選擇所要使用的程式除錯及燒錄工具。讀者可是自己擁有的工具選擇，建議讀者可以選擇 ICD4 或 PICkit4，較爲物美價廉。裝置前方如果是綠燈標記，表示爲 MPLAB X IDE 所支援的裝置；如果是黃燈標記，則爲有限度的支援。完成後，點選「下一步」（Next）繼續程式的執行。

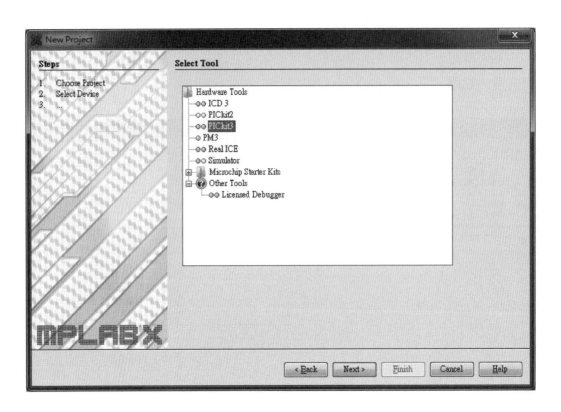

第 4 步－選擇程式編譯工具

　　下列畫面允許使用者選擇所要使用的程式除錯及燒錄工具。如果是使用 C 語言可以選用 XC8，或者是選用內建的 MPASM 組合語言組譯器。完成後，點選「下一步」（Next）繼續程式的執行。

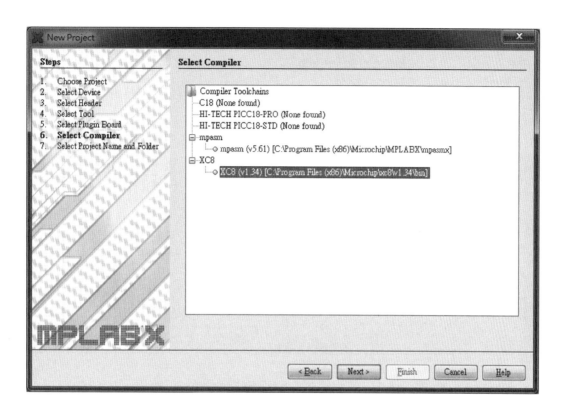

第 5 步－設定專案名稱與儲存檔案的資料夾

在下列畫面中，使用者必須為專案命名。請鍵入 my_first_c_porject 作為專案名稱並且將專案資料夾指定到事先所設定的資料夾 D:\PIC\EX for MPASM_45K22\my_first_project。

特別需要注意的是，如果在程式中需要加上中文註解時，為了要顯示中文，必須要將檔案文字編碼（Encoding）設定為 Big5 或者是 UTF-8，才能正確地顯示。如果讀者有過去的檔案無法正確顯示時，可以利用其他文字編輯程式，例如筆記本，打開後再剪貼到 MPLAB X IDE 中再儲存即可更新。

完成後，點選「結束」（Finish）完成專案的初始化設定。同時就可以看到完整的 MPLAB X IDE 程式視窗。

第 6 步－加入現有檔案到專案

如果需要將已經存在的檔案加入到專案中，可以在專案視窗中對應類別的資料夾上按下滑鼠右鍵，將會出現如下的選項畫面，就可以將現有檔案加入專案中。

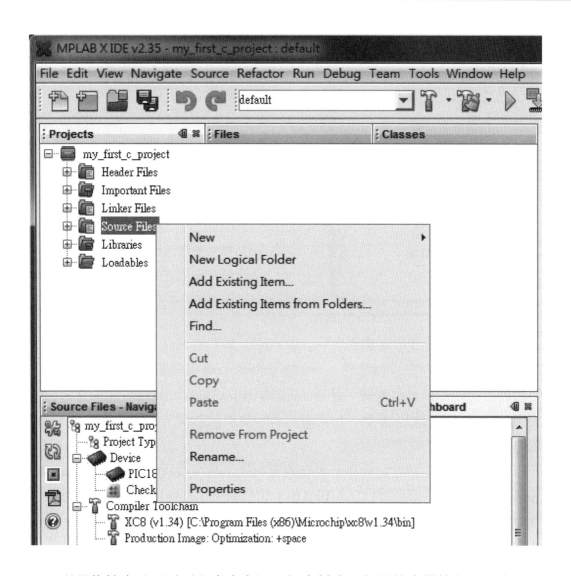

　　所選的檔案並不需要與專案在同一個資料夾，但是將它們放在一起會比較
方便管理。

　　在完成專案精靈之後，MPLAB X IDE 將會顯示一個專案視窗，如下圖：

其中在原始程式檔案類別（Source Files）將包含 "my_first_ code.asm" 檔案。如果讀者發現缺少檔案時，不需要重新執行專案精靈。這時候只要在所需要的檔案類別按滑鼠右鍵，選擇 Add Existing Item，然後尋找所要增加的檔案，點選後即可加入專案。使用者也可以按滑鼠右鍵，選擇 Remove From Project，將不要的檔案移除。

這時候使用者如果檢視專案所在的資料夾，將會發現 my_first_ project.x 專案資料夾與相關資料檔已由 MPLAB X IDE 產生。在專案管理視窗中雙點選 "my_ first_ code.asm"，將可在程式編輯視窗中開啓這個檔案以供編輯。

文字編輯器

MPLAB X IDE 程式編輯視窗中的文字編輯器提供數項特別功能，讓程式撰寫更加方便平順。這些功能包括：

- 程式語法顯示
- 檢視並列印程式行號
- 在單一檔案或全部的專案檔案搜尋文字
- 標記書籤或跳躍至特定程式行

- 雙點選錯誤訊息時，將自動轉換至錯誤所對應的程式行
- 區塊註解
- 括號對稱檢查
- 改變字型或文字大小

　　程式語法顯示是一個非常有用的功能，使用者因此不需要逐字地閱讀程式檢查錯誤。程式中的各項元素，例如指令、虛擬指令、暫存器等等會以不同的顏色與字型顯示，有助於使用者方便地閱讀並了解所撰寫的程式，並能更快地發現錯誤。

▌專案資源顯示

　　在專案資源顯示視窗中，將會顯示目前專案所使用的資源狀況，例如對應的微控制器裝置使用程式記憶體空間大小，使用的除錯燒錄器型別，程式編譯工具等等資訊。除此之外，視窗並提供下列圖案的快捷鍵，讓使用者可以在需要的時候快速查閱相關資料。

　　上列的圖示分別連結到，專案屬性，更新除錯工具狀態，調整中斷點狀態，微控制器資料手冊，以及程式編譯工具說明。

A.3　建立程式碼

▌組譯與聯結

　　建立的專案包括兩個步驟。第一個是組譯或編譯的過程，在此每一個原始程式檔會被讀取並轉換成一個目標檔（object file）。目標檔中將包含執行碼或者是 PIC 控制器相關指令。這些目標檔可以被用來建立新的函式庫，或者被用來產生最終的十六進位編碼輸出檔作為燒錄程式之用。建立程式的第二個

步驟是所謂聯結的步驟。在聯結的步驟中,各個目標檔和函式庫檔中所有 PIC 控制器指令和變數將與聯結檔中所規劃的記憶體區塊,一一地放置到適當的記憶體位置。

■聯結器將會產生兩個檔案

1. .hex 檔案─這個檔案將列出所有要放到 PIC 控制器中的程式、資料與結構記憶。
2. .cof 檔案─這個檔案就是編譯目標檔格式,其中包含了在除錯原始碼時所需要的額外資訊。

在使用 MPASM 組譯器時,程式會自動地完成編譯與聯結的動作,使用者不需要像過去的方式需要自行指定聯結檔。

微控制器系統設定位元

組合語言程式碼中必須包含系統設定位元(Configuration Bits)記憶體的設定,通常可以在程式中會以虛擬指令 config 定義,或以另一個檔案定義。MPLAB X IDE 要求在專案中以設定位元定義設定位元選項後,產生一個相關的定義檔,並加檔案加入到專案中。例如在 my_first_ project 範例中,在燒錄或除錯程式碼之前,我們必須要自行定義系統設定位元。這時候我們可以點選 Window>PIC Memory Views>Configuration Bits 來開啟結構位元視窗。使用者可以點選設定欄位中的文字來編輯各項設定,並選擇下方的程式碼產生按鍵,自動輸出系統設定位元程式檔。

在範例中將系統位元設定儲存微 Config.asm 檔案,並加入到專案中。

建立專案程式

一旦有了上述的程式檔與設定位元檔,專案的微控制器程式就可以被建立了,讀者可點選 RUN>Build Project 選項來建立專案程式。或者選擇工具列中的相關按鍵,如下圖中的紅框中按鍵完成程式建立。

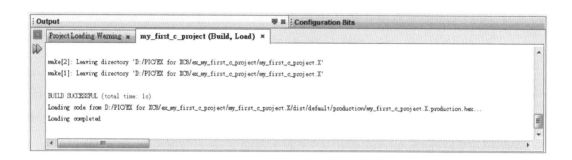

程式建立的結果會顯示在輸出視窗，如果一切順利，這時候視窗的末端將會顯現 Build Successful 的訊息。

現在專案程式已經成功地被建立了，使用者可以開始進行程式的除錯。除錯可以用幾種不同的工具來進行。在後續的章節中，我們將介紹使用 PICkit4 線上除錯器來執行除錯。

A.4　MPLAB X IDE 軟體模擬器

一旦建立了控制器程式，接下來就必須要進行除錯的工作以確定程式的正確性。如果在這一個階段讀者還沒有計畫使用任何的硬體，那麼 MPLAB X IDE 軟體模擬器就是最好的選擇。其實 MPLAB X IDE 軟體模擬器還有一個更大的優點，就是它可以在程式燒錄之前，進行程式執行時間的監測以及各種數學運算結果的檢驗。MPLAB X IDE 軟體模擬器的執行已經完全地與 MPLAB X IDE 結合。它可以在沒有任何硬體投資的情況下模擬使用者所撰寫的程式在硬體上執行的效果，使用者可以模擬測試控制器外部輸入、周邊反應以及檢查內部訊號的狀態，卻不用做任何的硬體投資。

當然 MPLAB X IDE 軟體模擬器還是有它使用上的限制。這個模擬器仍然不能與任何的實際訊號作反應，或者是產生實際的訊號與外部連接。它不能夠觸發按鍵，閃爍 LED，或者與其他的控制器溝通訊號。即使如此 MPLAB X

IDE 軟體模擬器仍然在開發應用程式、除錯與解決問題時，給使用者相當大的彈性。

　　基本上 MPLAB X IDE 軟體模擬器提供下列的功能：

- 修改程式碼並立即重新執行
- 輸入外部模擬訊號到程式模擬器中
- 在預設的時段，設定暫存器的數值

　　PIC 微控制器晶片有許多輸出入接腳與其他的周邊功能作多工的使用，因此這些接腳通常都有一個以上的名稱。軟體模擬器只認識那些定義在標準控制器表頭檔中的名稱為有效的輸出入接腳。因此，使用者必須參考標準處理器的表頭檔案來決定正確的接腳名稱。

　　如果要使用 MPLAB X IDE 軟體模擬器，可以點選 Window>Simulator 開啟相關的模擬功能。

A.5　MPLAB ICD4 與 PICkit4 線上除錯燒錄器

　　ICD4 是一個在程式發展階段中可以使用的燒錄器以及線上除錯器。雖然它的功能不像一個硬體線上模擬器（ICE）一般地強大，但是它仍然提供了許多有用的除錯功能。

　　ICD4 提供使用者在實際使用的控制器上執行所撰寫的程式，使用者可以用實際的速度執行程式或者是逐步地執行所撰寫的指令。在執行的過程中，使用者可以觀察而且修改暫存器的內容，同時也可以在原始程式碼中設立至少一個中斷點。它最大的優點就是，與硬體線上模擬器比較，它的價格非常地便宜。

除此之外，還有另一個選項就是 PICkit4 線上除錯器，它雖然速度較 ICD4 稍微緩慢，但可以提供相似的功能且價格更爲便宜。

接下來我們將會介紹如何使用 PICkit4 線上除錯器。首先，我們必須將前面所建立的範例專案開啓，如果讀者還沒有完成前面的步驟，請參照前面的章節完成。

安裝 PICkit4

在使用者安裝 MPLAB X IDE 整合式開發環境時，安裝過程中將會自動安裝 PICkit3 驅動程式。當 PICkit4 透過 USB 連接到電腦時，將會出現要求安裝驅動程式的畫面。這些驅動程式在安裝 MPLAB X IDE 時，將會自動載入驅動程式完成裝置聯結。

開啟專案

請點選 File>Open Project，打開前面所建立示範專案 my_first_c_project。

選用 PICkit4 線上除錯器

使用 PICkit4 的時候可以透過 USB 將 PICkit4 連接到電腦。這時候可以將電源連接到實驗板上。接著將 PICkit4 經由實驗板的 8-PIN 聯結埠，連接到待測試硬體所在的實驗板上。

如果在專案資源顯示視窗中發現除錯工具不是 PICkit4 的話，可以在 File>Project Properties 的選項下修改除錯工具選項，點選 PICkit4 選項。

建立程式除錯環境

與建立一般程式不同的是，程式除錯除了使用者撰寫的程式之外，必須加入一些除錯用的程式碼以便控制程式執行與上傳資料給電腦以便檢查程式。所以在建立程式時，必須要選擇建立除錯程式選項而非一般程式選項，如下圖所示：

監測視窗與變數視窗

在 PICkit4 線上除錯器功能中，也有許多輔助視窗可以用來顯示微控制器執行中的數據資料幫助除錯。但是這些數據必須要藉由中斷點控制微處理器停止執行時，才會更新數據資料。其中最重要的是除錯監測視窗與變數視窗，它們可以在 Window>Debugging 選項下啟動。

點選 Window>Debugging>Watches 開啟一個新的監測視窗，如下圖所示：

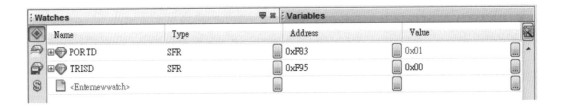

在視窗中只要輸入特殊暫存器或程式中的變數名稱，便可以在程式停止時

更新顯示它們的數值資料。如果跟上一次的內容比較有變動時，將會以紅色數字顯示。數值的顯示型式，也可以選擇以十進位、二進位或十六進位等等方式表示。

點選 Window>Debugging>Variables 開啟一個新的變數視窗，如下圖所示：

變數視窗會將程式目前執行中的所有局部變數（Local Variables）內容顯示出來以供檢查。

程式檢查與執行

使用者現在可以執行程式。執行程式有兩種方式：燒錄執行與除錯執行。

■ 燒錄執行

燒錄執行式將編譯後的程式燒錄到微控制器中，然後由微控制器硬體直接以實際的程式執行，不受 MPLAB X IDE 的控制。也就是以使用者預期的狀態執行所設計的程式。在 MPLAB X IDE 上提供幾個與燒錄執行相關的功能按鍵，如下圖所示。每個圖示的功能分別是，下載並執行程式、下載程式到微控制器、上傳程式到電腦、微控制器執行狀態。

下載並執行程式會降程式燒錄到微控制器後，直接將 MCLR 腳位的電壓提升，讓微控制器直接進入執行狀態，點選後店完成燒錄的動作就可以觀察硬體執行程式的狀況。下載程式到微控制器及上傳程式到電腦。則只進行程式或上傳的程序，並不會進入執行的狀態；程式下載完成後，可以點選微控制器執行狀態的圖示，藉由改變 MCLR 腳位的電壓，啟動或停止程式的執行。點選後的圖示會改變為下圖的圖樣作為執行中的區別。

■ 除錯執行

　　使用燒錄執行時只能藉由硬體的變化，例如燈號的變化或按鍵的觸發來改變或觀察程式執行的狀態，無法有效檢查程式執行的內容。除錯執行則可以利用中斷點、監視視窗與變數視窗等工具，在程式關鍵的位置設置中斷點暫停，透過監視視窗或變數視窗觀察，甚至改變變數內容，有效地檢查程式執行已發現可能的錯誤。使用除錯執行必須要先用建立除錯程式編譯，以便加入除錯執行所需要的程式碼，如下圖所示：

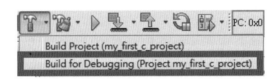

　　要開始除錯執行，必須在編譯除錯程式後，選擇下載除錯程式，如下圖所示，才能進行除錯。

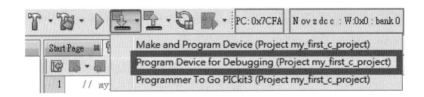

　　接下來，點選下圖中最右邊的圖示便會開始執行除錯程式。

　　使用者也可以直接點選這個圖示一次完成編譯、下載與除錯執行程式的程

序。進入除錯執行的階段時，將會在工具列出下列圖示，分別代表停止除錯執行、暫停程式執行、重置程式、繼續執行、執行一行程式（指令）並跳過函式、執行一行程式（指令）並跳入函式、程式執行至游標所在位置後暫停、將程式計數器移至游標所在位置、將視窗與游標移至程式計數器（程式執行）所在位置。

利用這些功能圖示，使用者可以有效控制程式執行的範圍以決定檢查的範圍。除了監視視窗與變數視窗外，如果是使用組合語言撰寫程式的話，工具列中的程式計數器（Program Counter, PC）與狀態位元的內容也會顯示在下圖中的工具列作為檢查的用途。

PC: 0x7CFA　　N ov z dc c : W:0x0 : bank 0

中斷點

由於使用暫停的功能無法有效控制程式停止的位置，除了利用暫停的功能外，使用者也可以利用中斷點（Breakpoint）讓程式暫停。要設定中斷點，只要在程式暫停執行的時候點選程式最左端，使其出現下圖的紅色方塊圖示即可。只要程式執行完設有中斷點的程式集會暫停並更新監視視窗的內容。

```
4     void main (void) {
5
6             PORTD = 0x00;
7             TRISD = 0;
□             LATDbits.LATD0 = 1;
⇨             while (1) ;
10    }
```

綠色箭頭表示的是程式暫停的位置（尚未執行）。每一種除錯工具所能夠設定的中段點數量會因微控制器型號不同而有差異。以 PICkit4 與 PIC18F45K22 為例，所能提供的硬體中斷點為三個，而且不提供軟體中斷點（通常只有模擬器才有此功能）。

A.6　軟體燒錄程式 Bootloader

除了上述由原廠所提供的開發工具之外，由於 PIC 微控制器的普遍使用，在坊間有許多愛用者為它開發了免費的軟體燒錄程式（Bootloader）。

所謂的軟體燒錄程式是藉由 PIC 系列微控制器所提供的線上自我燒錄程式的功能，事先在微控制器插入一個簡單的軟體燒錄程式，也就是所謂的 Bootloader。當電源啟動或者是系統重置的時候，這個軟體燒錄程式將會自我檢查以確定是否進入燒錄的狀態。檢查的方式將視軟體的撰寫而定，有的是等待一段時間，有的則是檢查某一筆資料，或者是檢查某一個硬體狀態等等。當檢查的狀態滿足時，這項呼叫軟體燒錄函式而進入自我燒錄程式的狀態；當檢查的狀態不滿足的時候，則將忽略燒錄程式的部分而直接進入正常程式執行的執行碼。

AN851

A FLASH Bootloader for PIC16 and PIC18 Devices

由於軟體燒錄程式可以在網際網路上取得，因此不需要特別的費用，甚至 Microchip 也提供了一個包括原始碼在內的 AN851 應用範例提供相關的程式。除此之外，針對 PIC18F 系列微控制器也可以找到支援的軟體燒錄程式，例如 COLT。如果讀者在初期並不想花費金錢添購燒錄硬體，但是又想嘗試微控制器的功能，不妨使用這一類的軟體燒錄程式作為一個開始。可惜的是，通常它們只能作為燒錄或檢查部份的資料記憶體內容，而無法進行程式除錯的

工作。詳細的軟體燒錄程式架構以及使用方法請參見 Microchip 應用範例說明
AN851。

附

錄

A

PIC 實驗板零件表

元件類別	元件編號	規格功能	元件類別	元件編號	規格功能
橋式整流器	BD1	BRIDGE	聯結埠	CON1	6P6C RJ-11
蜂鳴器	BZ1	BUZZER		CON2	DB9-FRS
電容	C1	15P		CON3	USB B_Type
	C2	15P		CON4	HEADER 2
	C3	33P		CON5	SIP 6 For PICkit2
	C4	33P		CON6	POWER Connector
	C5	1uF		CON7	HEADER 2
	C6	1uF	電路開關	DSW1	SW DIP-8
	C7	1uF		DSW2	SW DIP-8
	C8	1uF		DSW3	SW DIP-4
	C10	0.1uF	二極體	DZ1	DIODE
	C11	0.1uF	電容	EC1	100μ/25V
	C12	0.1uF		EC2	100μF/25V
	C13	200P		EC3	47μ/25V
	C14	0.1uF	聯結埠	EJ1	HEADER 10x1
	C15	0.1uF		EJ2	HEADER 10x1
	C16	0.1uF	短路器	JP1	Power Selector
	C17	1uF		JP2	CPU Voltage Selector
	C18	0.1uF		JP3	Power Enable
	C19	0.1uF		JP4	HEADER 3
	C20	0.1uF		JP5	HEADER 3
	C21	1uF		JP6	HEADER 7x2

附
錄

B

元件類別	元件編號	規格功能	元件類別	元件編號	規格功能
	JP7	SIP4		R10	4.7K
	JP8	HEADER 3		R11	33 1/2W
	JP9	SIP2		R12	1K
	JP10	SIP2		R13	4.7K
	JP11	HEADER 8		R14	10K
	JP12	HEADER 8		R15	120
發光二極體	LED0	LED		R16	470
	LED1	LED		R17	10K
	LED2	LED		R18	0
	LED3	LED		R19	10K
	LED4	LED		R20	4.7K
	LED5	LED		R21	20K
	LED6	LED		R22	4.7K
	LED7	LED		R23	22K
	LED8	LED		R24	120
	LED9	LED		R25	470
	LED10	LED		R26	120
	LED11	LED		R27	22K
	LED12	LED		R28	120
電晶體	Q1	NPN ECB		R29	4.7K
電阻	R1	120		R30	470
	R2	120		R31	470
	R3	120		R32	4.7K
	R4	4.7K		R33	4.7K
	R5	4.7K	排阻	RP1	RESISTOR SIP 9
	R6	470	按鍵	SW1	SW
	R7	4.7K		SW2	SW
	R8	470		SW3	SW
	R9	4.7K		SW4	SW

元件類別	元件編號	規格功能
	TP9	EXT CAP
	SW5	SW
	SW6	SW
測試接點	TP1	TEST POINT
	TP2	TEST POINT
	TP3	TEST POINT
	TP4	TEST POINT
	TP5	TEST POINT
	TP6	TEST POINT
	TP7	TEST POINT
	TP8	TEST POINT
	TP9	EXT CAP
	TP10	PULLA
	TP11	PULLB
IC元件	U1	PIC18F45K22-DIP40
	U2	UA7805/TO220
	U3	MCP1700_TO92
	U4	MAX232
	U5	MCP4921
	U6	TCN75A-SOIC8
可變電阻	VR1	RESISTOR VAR
	VR2	RESISTOR VAR
震盪器	Y1	10MHz
	Y2	32.768K

附

錄

B

參考文獻

1. "MPLAB X IDE User's Guide," 50002027D, Microchip, 2015
2. "MPASM Assembler, MPLINK Object Linker, MPLIB Object Librarian User's Guide," 33014L, Microchip, 2013
3. "PIC18FXX2 Datasheet," DS39564C, Microchip, 2006
4. "PIC18F452 to PIC18F4520 Migration," DS39647A, Microchip, 2004
5. "PIC18F2420/2520/4420/4520 Data Sheet," 39631E, Microchip, 2008
6. "PIC18(L)F2X 4XK22 Data Sheet," 40001412G, Microchip, 2016
7. "APP025 EVM User's Manual," Microchip Taiwan
8. "Interfacing PICmicro MCUs to an LCD Module," AN587, Microchip, 1997
9. "A FLASH Bootloader for PIC16 and PIC18 Devices," AN851, Microchip, 2002

國家圖書館出版品預行編目資料

微處理器：組合語言與PIC18微控制器／曾百
由著. -- 初版. -- 臺北市：五南, 2020.01
　　面；　公分

ISBN 978-957-763-782-6(平裝)

1.微處理機 2.組合語言

471.516　　　　　　　　108020127

5DL4

微處理器——
組合語言與PIC18微控制器

作　　　者 ― 曾百由（281.2）

發 行 人 ― 楊榮川

總 總 理 ― 楊士清

總 編 輯 ― 楊秀麗

主　　編 ― 高至廷

責任編輯 ― 金明芬

封面設計 ― 曾慧美

出 版 者 ― 五南圖書出版股份有限公司

地　　　址：106台北市大安區和平東路二段339號4樓

電　　　話：(02)2705-5066　　傳　　真：(02)2706-6100

網　　　址：http://www.wunan.com.tw

電子郵件：wunan@wunan.com.tw

劃撥帳號：01068953

戶　　　名：五南圖書出版股份有限公司

法律顧問　林勝安律師事務所　林勝安律師

出版日期　2020年1月初版一刷

定　　　價　新臺幣690元

經典永恆‧名著常在

五十週年的獻禮——經典名著文庫

五南，五十年了，半個世紀，人生旅程的一大半，走過來了。

思索著，邁向百年的未來歷程，能為知識界、文化學術界作些什麼？

在速食文化的生態下，有什麼值得讓人雋永品味的？

歷代經典‧當今名著，經過時間的洗禮，千錘百鍊，流傳至今，光芒耀人；

不僅使我們能領悟前人的智慧，同時也增深加廣我們思考的深度與視野。

我們決心投入巨資，有計畫的系統梳選，成立「經典名著文庫」，

希望收入古今中外思想性的、充滿睿智與獨見的經典、名著。

這是一項理想性的、永續性的巨大出版工程。

不在意讀者的眾寡，只考慮它的學術價值，力求完整展現先哲思想的軌跡；

為知識界開啟一片智慧之窗，營造一座百花綻放的世界文明公園，

任君遨遊、取菁吸蜜、嘉惠學子！